中国金属学会冶金设备分会推荐

冶金行业液压润滑工程设计简明手册

肖学文 刘 勋 主编

燕山大学出版社
·秦皇岛·

图书在版编目(CIP)数据

冶金行业液压润滑工程设计简明手册/肖学文,刘勋主编.—秦皇岛:燕山大学出版社,2022.10
ISBN 978-7-5761-0416-5

Ⅰ.①冶… Ⅱ.①肖…②刘… Ⅲ.①冶金设备—液压系统—润滑系统—设计—手册 Ⅳ.①TF307.62

中国版本图书馆 CIP 数据核字(2022)第 202663 号

冶金行业液压润滑工程设计简明手册

YEJIN HANGYE YEYA RUNHUA GONGCHENG SHEJI JIANMING SHOUCE

肖学文 刘　勋 主编

出 版 人:陈　玉			
责任编辑:唐　雷			
责任印制:吴　波		封面设计:吴　波	
出版发行 燕山大学出版社 YANSHAN UNIVERSITY PRESS		电　话:0335-8387555	
地　址:河北省秦皇岛市河北大街西段 438 号		邮政编码:066004	
印　刷:秦皇岛墨缘彩印有限公司		经　销:全国新华书店	
开　本:889 mm×1194 mm　1/16		印　张:16.75	
版　次:2022 年 10 月第 1 版		印　次:2022 年 10 月第 1 次印刷	
书　号:ISBN 978-7-5761-0416-5		字　数:522 千字	
定　价:100.00 元			

《冶金行业液压润滑工程设计简明手册》编委会

主 编 单 位： 中冶赛迪工程技术股份有限公司

主　　编： 肖学文　刘　勋

副 主 编： 柏　峰　李　轲　王　琳　钦智新

组 织 策 划： 中国金属学会冶金设备分会

副主编单位： 中冶赛迪技术研究中心有限公司

道达尔润滑油(中国)有限公司

无锡市长江液压缸有限公司

参 编 单 位： 海富泰可液压技术(上海)有限公司

壳牌(中国)有限公司

四川川润股份有限公司

编　　委： 李新有　李宇林　孙天健　童代义　王　渝

吴　卫　胡　俊　刘　玉　沈大乔　邓晓林

陈德国　崔明宇　曹　毅　邢丽华　李　敏

李　军　张文彬　张　翼　李向辉　谢　峰

曹　林　王海文　丁常红　熊　峰　魏　航

康　健　李芬芬　袁　强　李旭久　陈　将

向　豪　顾青青　石　莉　赵静一

前　言

冶金工业是典型的生产过程中的物质流、能量流、信息流三流合一,极其高效率的流程制造工业,是现代工业大生产模式的典型代表,涉及物流储存输送、高温冶金、压力加工(金属轧制)等广泛领域,也决定了冶金工业生产线及其装备的显著特征。冶金装备属于典型的重型机械设备,在高温冶金单元,一般具有高温、强热辐射、粉尘、有毒环境、连续生产、重载、可靠性高及便于检修等特点;在金属轧制单元,一般具有重载、高速、高精度、高度自动化、可靠性高及便于检修等特点。

我国冶金工业历史悠久,新中国成立后逐渐建立起了完整的冶金工业体系。改革开放后,我国大量引进冶金工业发达国家的生产线和技术,通过国内消化吸收移植再创新,实现了冶金工业现代化。目前,全球最先进的工艺流程和生产线在我国实现了人类历史上最为广泛的工业化应用,并创造了全球遥遥领先的钢铁总产量。在制造大国向制造强国进步的过程中,工程设计和装备设计技术规范化、标准化具有极为重要的意义。

在生产线及关键核心技术装备引进及消化移植过程中,以钢铁设计院/工程技术公司为主体的专业人员在建设工程项目与国外公司合作设计中,吸收了大量发达国家的技术、工程经验和规范,并在大规模冶金行业建设中得到应用、完善。在此过程中,从无到有建立了许多常用、实用的工程设计规范,同时还进行了大量自主创新,取得了丰富的知识成果。但是,目前的知识成果对标国际先进水平还存在一定差距,系统性不够,分散度高。为了促进冶金行业工程设计的技术进步,在已有的工程设计、装备设计制造、工程安装调试、长期运营使用等技术规范和经验基础上,需要总结和提炼出代表行业水平的设计技术,形成系统的、全面的、先进的技术规范,以期达到提高工程服务全过程质量、与国际接轨并促进行业技术进步和加强人才培养等的目的,对促进行业的技术发展、建设制造强国大有裨益。

液压润滑系统设备,作为冶金装备基础专业技术,在冶金行业具有应用的普遍性、多样性、复杂性等特点。在工程建设项目中,液压润滑系统设备设计、采购、制造等环节的技术水平要求越来越高。正因为如此,液压润滑系统设备在高水平的大中型生产线建设工程中是高引进比的设备,原因有三:(1)与机械设备关联性极强,由于专利和专有技术保护、设计研发技术水平原因需要引进的机械设备,其相关的液压润滑系统设备也随之引进;(2)液压润滑系统设备设计技术关联到机械设备的静、动态特性,其实现工艺要求的相关环节多且交叉关系复杂,国内缺乏多专业协同的系统设计技术;(3)液压润滑系统设备制造专业化程度很高,制造单位与国外先进水平差距明显,主要表现在标准化、模块化设计、结构设计、加工设备和手段、过程控制方面。随着长期同国外先进公司的合作,钢铁设计院/工程技术公司通过不断的努力逐步掌握了大量的设计、制造以及应用技术,加上国家大力提倡和推进重大技术装备国产化,目前该方面的工作取得了较大的进展。

流体传动及控制,作为机械设备重要的传动及控制方式,以其重载、高精度、高功率密度、控制多样性等传动特点,在冶金装备的传动控制中占据无法替代的重要地位,并得到广泛的应用。随着认识的深入和"中国制造2025"战略的实施，流体传动及控制技术必将在机械运动控制、装备系统集成(功能性能)、智能装备及智能制造、节能降耗、绿色环保等方面，以及系统工程中发挥其关键核心技术作用。

《冶金行业液压润滑工程设计简明手册》编写工作由中国金属学会冶金设备分会组织策划，涉及冶金装备领域液压润滑系统的设计、制造、施工、调试、维护等专业技术，特别适合冶金生产线机械专业和液压专业技术人员使用，也可作为其他工业装备领域的专业技术人员和技术工人参考用书。本手册力求体现系统性、规范性、专业性，采用大量的设计规范和设计计算程序化表格，力求尽量体现实用性及便捷性。

本手册在编写过程中，得到了 Rexroth 公司、Eaton 公司、Moog 公司、Hydac 公司、重庆大学王勇勤教授、严兴春教授团队，以及王勤、余小军、彭晓华、张云飞、方学红、方建忠等的大力支持和帮助，在此特别感谢。

由于涉及工程设计和装备设计内容繁多，限于水平和时间，书中难免有遗漏及错误之处，敬请读者批评指正，希冀以后在修订中加以改进。

目　　录

第1章 钢铁工程液压润滑系统设计

1.1 钢铁工程的工程设计、工厂设计与设备设计

冶金行业的工程建设,以钢铁冶金工程为代表,包括新建工程、技改(扩建)工程以及生产运营管理服务等。钢铁工程设计分为工程项目规划、可行性研究、初步设计、施工图设计等阶段;钢铁工程设计包括工艺设备选型设计、工厂设计、设备设计等内容。

作为钢铁工程设备重要组成部分的机械设备及高度关联的液压润滑系统,其设计包括设备选型设计(标准定型设备设计)、设备设计(非标定制化设备设计),以及参与相应的工艺设备选型设计、工艺设计和工厂设计。

液压润滑系统服务对象为机械设备(标准定型设备和非标定制化设备),与机械设备设计紧密联系,又贯穿于整个工程设计。

冶金行业为流程制造型行业,工艺环节多,长期连续化高强度生产,生产线及机械设备大型化且规模和体量巨大,其液压润滑系统具有以下突出特点:

(一)集中化为主,例如数百米生产线数套机械设备共用一个系统。

(二)大型化,例如每分钟数千升流量需要设置上百立方米的油箱。

(三)油品种类较多,同一生产线根据不同使用工况选择不同的油品。

(四)机械负荷大必须采用大黏度油,导致温度控制要求高(合适的流动性和散热)。

(五)长期连续生产可靠性要求高,检测检修维护难度大,故障停机损失巨大。

(六)加油排油及处理耗时耗力。

(七)生产线及机械设备自动化程度高。

(八)生产线多种类设备协同满足生产工艺用途,设计复杂难度大。

(九)复杂机械设备面对高速重载工况,运动控制及动力学设计要求高。

冶金行业常用润滑系统包括:稀油润滑(油浴、循环油)、干油润滑、油气润滑系统等,本手册内容只涉及最常用的集中循环稀油润滑系统,以下简称润滑系统或稀油润滑系统。

1.2 钢铁工程液压润滑系统设计内容

钢铁工程液压系统一般包括:

(一)液压装置[也称液压设备,一般包括:液压泵站(简称液压站、泵站)、控制阀台(简称阀台)、蓄能器组及装置配管(装置间的内部配管)等]。

(二)中间配管(液压装置与机械设备间的连接管道)。

注1:机械设备执行机构(液压缸和液压马达)及机上配管,一般属于机械设备。

注2:液压系统的电气传动及控制分为液压站电气传动及控制(一般独立设置)和阀台电气控制(一般与机械设备控制统一考虑)。

钢铁工程稀油润滑系统一般包括:

(三)稀油润滑装置(也称稀油润滑设备,一般包括:稀油润滑站、压力油罐、机旁调节阀组及装置配管等)。

(四)中间配管(稀油润滑装置与机械设备间的连接管道)。

减速箱、传动装置、油膜轴承等及机上配管(一般属于机械设备)。

液压润滑系统设计涉及设备设计和工厂设计。

液压润滑系统设备设计包括液压润滑系统设计(原理图设计)、液压润滑装置设计和中间配管设计。

1.2.1 液压润滑系统工厂设计内容

液压润滑系统设计委托工厂设计内容：

（一）液压润滑站房及基础。

（二）给排水、压缩空气、蒸汽。

（三）站房通风、照明。

（四）消防。

（五）环保与劳动安全等内容。

（六）电气接线资料。

1.2.2 液压润滑系统设备设计内容

（一）接收机械设备传动控制液压润滑要求设计任务书。

（二）系统原理图设计。

（三）电气传动及控制任务书设计。

（四）公辅及土建任务书设计。

（五）设备布置设计。

（六）中间配管设计等内容。

1.3 液压润滑系统设计流程

1.3.1 系统设计流程

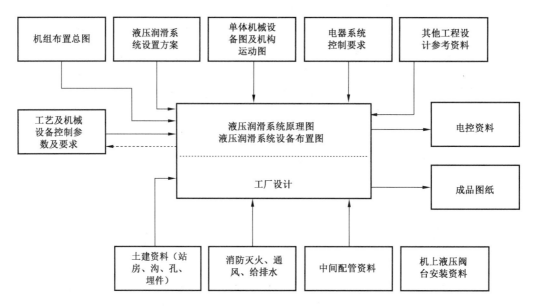

图 1-1 液压润滑系统设计流程

1.3.2 中间配管设计流程

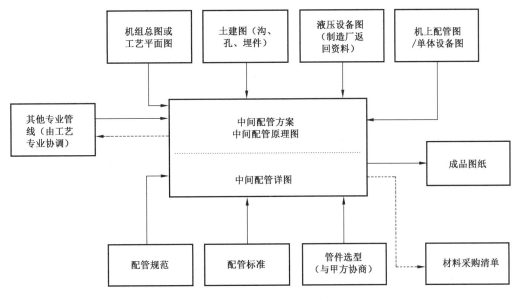

图 1-2 中间配管设计流程

1.4 液压润滑站房和管廊设计

液压润滑装置(液压润滑设备)一般放置在站房内,其站房通常称为液压站、稀油润滑站或集中加排油站等。钢铁冶金行业工程大量设置液压站、稀油润滑站和集中加排油站及连接管廊。液压润滑站房和管廊设计要求:保证设计质量、满足标准规范、工艺先进、产品一流、安全可靠、环境达标、节约能源、造价合理、高效运维、有利管理。

1.4.1 液压润滑站设计通用要求

液压润滑站宜靠近设备或机组布置;应优先考虑地面或半地下敞开式布置;液压润滑泵站、阀台、蓄能器组安装在土建基础上时,宜采用预埋件固定。

当液压润滑装置布置在液压润滑站房中时,一般要注意下列事项:

(一)液压润滑站房原则上设置两处出入口。

(二)液压润滑站房内四周要设有收油沟和集污坑,宜设置自动运转的排水设备,但含油污水不得直接排入下水道内,应集中排到集水坑中;液压润滑站房的排水设备的水位报警信号应远传至操作室。

(三)液压润滑站房和管廊的设计应满足消防标准的要求。

(四)液压润滑站房中宜设置用于维修的起重设备,站内维护吊车宜考虑油泵及电机、过滤器、冷却器等大型设备的吊装,其运行轨道要延伸至检修吊装位。

(五)液压润滑站的设计应满足通风规范的要求。通风量按换气次数计算时,北方地区取 16~18 次,南方地区取 18~20 次。当乳化液站设置在液压润滑站内时应取 22 次。

(六)液压润滑站房中泵组、油箱、控制阀台等的布置要合理,其周围要留有足够空间便于维护检修。

(七)液压润滑站房应按无人值守设计。

(八)液压润滑站房中的油箱排油或注油,应设置专用的通向室外的注油或排油管道;室外管口附近要有足够的空间,以便放置油桶、贮备油罐和进行注排油操作。

(九)地坪设计应采取耐油防滑措施。

(十)液压站房内应设置机旁操作箱、检修电源箱、有线对讲及照明设施。

当液压润滑站布置在敞开空间时,一般要注意下列事项:

(一)液压润滑站旁应设置建筑灭火器。

（二）液压润滑站宜设置围栏。

（三）液压润滑站四周要设有排污沟和集污坑,含油污水汇入集污坑。

（四）液压润滑泵组、油箱、控制阀台等的布置要合理,其周围要留有足够空间便于维护检修。

（五）液压润滑站旁应设置机旁操作箱和检修电源箱设施。

1.4.2 液压润滑站安全保护

1.4.2.1 设计通用要求

液压润滑站房和管廊的安全保护设计应满足相关标准的要求。

所有设备,除满足必要的性能和参数外,还需满足组成部件的安装和维修方便,确保维修人员的人身安全。

（一）对经常检查维修的地点,应设置能通往该处的安全通道(包括平台、走道、梯子等)。如果在检查维修处,有被卷入或危及安全的回转体时,应安装安全罩。

（二）操作人员有可能到达,而又有坠落危险的开口处,应设置盖板或安全栏杆。

（三）纵向布置的连续作业线(胶带机除外),根据需要,在 40 m 长度范围内设置一个过桥或通道。

（四）对于水平移动的设备。在移动范围内操作人员经常靠近,且又有坠入或触及的危险部位,应设置安全栏杆。

1.4.2.2 平台、走道、梯子和过桥

（一）安装在设备上的平台、走道和过桥的宽度应不小于 800 mm。

（二）平台、走道、梯子和过桥的两侧均应设置安全栏杆。栏杆的高度一般为 1 050 mm,下设两根横杆,横杆的间距在 350 mm 以内,底部应设置高度不小于 50 mm 的围护板(梯子处除外)。栏杆上任何部位,应能承受 1 kN 来自任何方向的负荷而不产生塑性变形。

（三）平台、走道、梯子和过桥的踏面应使用花纹钢板、网纹板、格栅板或其他具有防滑措施的钢板。花纹钢板的厚度不小于 4.5 mm。踏面应能承受 3 kN(有特殊要求者除外)移动的集中载荷而不产生塑性变形。

（四）平台、走道和过桥的踏面到头顶上障碍物的距离,一般应大于 2 000 mm。

（五）作业线上的过桥一般要用螺栓连接,以便能拆装。

（六）机械设备上安装的梯子的斜度应在 45°以下,即使不得已情况下也不能超过 75°。

（七）斜梯的踏面间距和踏板宽度,参照表 1-1 设置。各层踏面的间距应相等。

表 1-1 斜梯的踏面间距和踏板宽度

与水平面夹角/(°)	30	35	40	45	50	55	60	65
踏面间距/mm	160	175	185	200	210	225	235	245
踏板宽度/mm	310	280	249	226	208	180	160	145

（八）高于 4 m 室内设备的梯子,每 4 m 左右设长 0.9 m 以上的过渡平台。对于室外高层设备上的螺旋式梯子,应在高 7.5 m 左右设过渡平台,其后每隔 6~10 m 设过渡平台。

（九）竖梯的梯级间距为 250~300 mm,并应等距。踏杆距前方立面间距应不小于 150 mm。梯宽一般为 500 mm 左右。高度超过 10 m 的竖梯,应每隔 6~8 m 设过渡平台。当高度超过 5 m 时应从 2 m 起,装设直径为 650~800 mm 的安全圈,相邻两圈间距为 500 mm,安全圈之间应用 4~5 根均匀分布的纵向连杆连接。安全圈的任何位置都能承受 1 kN 的力。竖梯通向敞开的上层平台时,梯子两侧扶手顶端比最高一级踏面高出 1 050 mm,扶手顶端应向平台方向弯曲。

1.4.2.3 活动部分的防护

（一）驱动链条、驱动胶带或开式齿轮等部分,应设安全罩。

（二）类似推杆往复运动部件，操作时人可能被卷入之处，要设安全罩。

（三）类似电动机发热类设备，设置保护罩时，需要设置不降低设备性能的通风措施。

（四）活动部分的保护罩结构要便于拆卸或便于设备的检查。

（五）为便于吊运，较重的保护罩应设吊环。

（六）只限于非生产时间可以通过的通道，应设活动安全链条，并应设置明显提示标志。

（七）敞开的垂直运动设备，其活动范围附近，应设置安全栏杆。

1.4.2.4 其他危险的防护

（一）平台、走道、梯子或过桥上方 2.5 m 以内，人可能触及的高温配管应采取隔热保护措施。

（二）有高温物料通过的过桥或平台下方，应采取隔热保护措施。

（三）对火焰清理机、砂轮机或锯切机等有火花飞出的设备，要设置保护罩或挡渣板。

（四）可能有意外飞出物位置，一般应设置防护罩网或防护栏板。

（五）对于移动设备（如电动平车），其作业区域有可能危及人身安全的应设置闪光信号或采取其他防护措施。

第2章 液压润滑系统设计制图

2.1 常用液压润滑系统原理图元件符号设计画法

本章对液压润滑系统元件和回路图中符号画法比例进行了统一要求。润滑系统除专用符号外,可借鉴采用。本章所含内容与现行的国家强制性标准相抵触,则按国家强制性标准的相关规定执行。本章未包含而现行的国家标准中有规定的内容,按相关国家标准执行。

2.1.1 基本要求

以国际标准和国家标准为基础,以国际先进公司的标准为参照,选定模数尺寸 $M = 2.5$ mm,线宽为0.25 mm绘制。构造流体系统常用元件符合图例并模块化,便于快速选用。设计回路时,在表达准确、清晰、简洁的基础上,注意图面布局的美观。

2.1.2 图例

表2-1 基本要素

泵、马达、电机	仪表	单向阀(大)
旋转指示箭头	摆动缸/马达	单向阀(小)
阀	开关	过滤器/冷却器
控制方法(标准)	控制方法(拉长)	控制方法(组合)

续表 2-1

缸	柱塞缸活塞杆	活塞杆(小直径)
9 M / 4 M	9 M / 3 M	9 M / 1 M
活塞杆(小直径)	压力源	压力方向(小)
9 M / 1.5 M	2 M / 2 M / 2 M	1 M / 1 M / 1 M
运动方向	插装阀座	插装阀芯(面积比<0.7)
3 M	4 M / 2 M / 6 M	1.75 M / 4 M / 3 M / 1.5 M
插装阀芯(面积比>0.7)	阀控制弹簧	蓄能器/储气罐
1 M / 4 M / 3 M / 3 M	2.5 M / 2 M	8 M / 4 M
插装阀盖板	元件指示箭头,指示压力	流体流过阀的路径和方向
nM / mM	45° / 2.5 M	2 M / 4 M
软管管路	封闭管路或接口	阀内部的流动路径
5 M / 4 M	1 M / 1 M	2 M / 2 M / 2 M / 4 M

表2-2 常用基本符号

泵	马达	马达/摆动缸
缸(不带缓冲)	缸(不带缓冲)	缸(带固定缓冲)
缸(带可调缓冲)	三位电磁阀	三位电液阀
比例阀	伺服阀	减压阀
溢流阀	插装阀(面积比<0.7)	插装阀(面积比>0.7)
单向阀	液控单向阀	双单向阀

表 2-3　常用组合符号

定量泵-电机	恒压变量泵-电机
电磁溢流阀	蓄能器(带安全块)
插装式液控单向阀	插装式电控单向阀
插装式溢流阀	双筒过滤器

表 2-4 润滑系统常用基本符号

截止阀	球阀	闸阀
⧓	⧓	⧓
蝶阀	止回阀	电动阀
⊡	⧓ 流向由空白三角形至非空白三角形	⧓Ⓜ
电动调节阀	自力式调节阀	气动调节阀
Ⓔ		Ⓟ
压力罐		

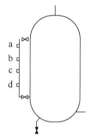

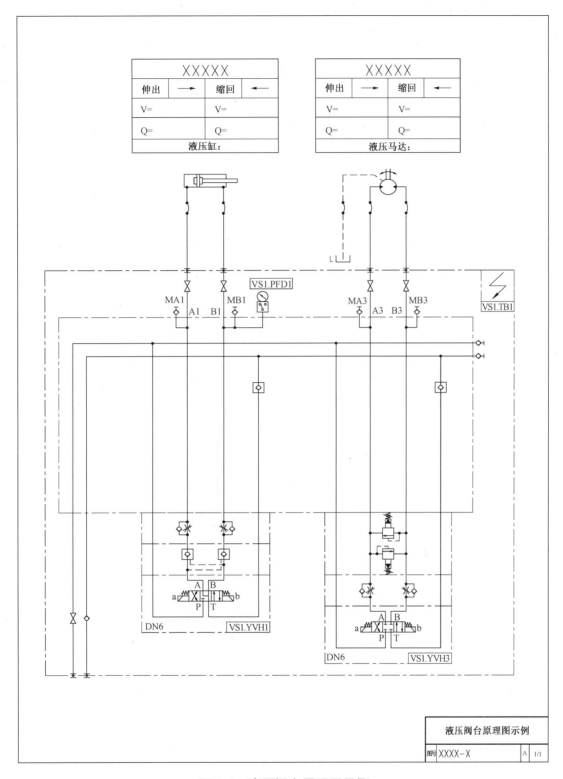

图 2-1　液压阀台原理图示例

2.2　中间配管流程图及管道编号

钢铁冶金企业各类生产线或机组的工艺设备系统和公辅系统管线种类众多繁杂,分布在地面、地下及架空等场合,区域内布置空间较小,其中液压系统、润滑系统最为复杂。中间配管流程图及管道编号方便在工程施工及运行维护工作中快速识别系统构成及管道走向。

2.2.1 流程图

（一）泵站、蓄能器组、阀台在流程图中的总体布置应与实际的物理位置关系尽量一致。必要的生产线或机组信息应体现在流程图中，如机组名称、中心线、传动侧、操作侧、产品流向等。

（二）泵站、蓄能器组、阀台采用矩形框表示，矩形框内应标明设备的名称、编号、对应原理图图号等信息。

（三）泵站、蓄能器组、阀台间的连接管路压力油管 P 和回油管 T 采用粗实线；控制油管 X 和泄漏油管 L 采用粗虚线。

（四）连接管路线段上方应标明管道编号信息。

（五）连接管道间的三通、异径、盲法兰等应用对应符号标识，并标注型号。

2.2.2 管道编号示例

编号共分为六部分，分别为液压润滑系统分类编码、单元及区域编号、系统编号、管道类别、管路材质及压力等级、管路尺寸，如图 2-2 所示。

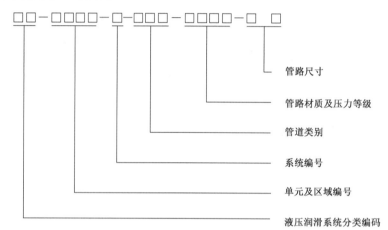

图 2-2　液压润滑系统中间配管管道编号示例

说明如下：

（一）液压润滑系统分类编码

液压油：HY，润滑油：LO。

（二）单元及区域编号

一级：

如高炉：BF；热轧：HR。

二级：

如炉顶：05，出铁场：06，煤气净化：07，热风炉：09。

说明：当为唯一单元及区域时，此部分可以省略。

（三）系统编号

用 1~9 来表示同一区域内不同的液压系统。当单元及区域可以省略时，系统编号前的"-"也可省略。

（四）管道类别

由泵站/阀台流水号+管道类别+管道流水号组成。

泵站/阀台流水号：用 1~99 来表示同一个液压/润滑系统中不同的泵站/阀台。只有一个泵站可以省略。

管道类别：压力油管—P，回油管—T，泄油管—L，控制油管—X，阀台出口管道—A、B 等。

管道流水号：用 0 来表示泵站油源主管道流水号；用 1~99 来表示阀台的进出管流水号，各管道的分支可以用 X.1 表示。如 0.1、2.1 等。

（五）管路材质及压力等级

由材质代号+压力等级组成。

材质代号：见表 2-5。

表 2-5　管路材质代号表

材质代号	材质
C	碳钢：20
S	不锈钢：06Cr19Ni10

说明：当无特别要求时，此部分可以省略。

（六）管道尺寸

由外径×壁厚组成。

（七）标记示例

（1）热风炉液压泵站主压力管道，压力等级为 21 MPa，编号为：

HY-BF09-1-P0-S210-ϕ60×9（可简略表示：HY1-P0-ϕ60×9）

支管：HY-BF09-1-P0.1-S210-ϕ60×9

HY-BF09-1-P0.2-S210-ϕ60×9

（2）热风炉液压中间配管泵站至 1 号阀台的主压力管道，压力等级为 21 MPa，编号为：

HY-BF09-1-1P1-S210-ϕ38×6（可简略表示：HY1-1P1-ϕ38×6）

支管：HY-BF09-1-1P1.1-S210-ϕ38×6

HY-BF09-1-1P1.2-S210-ϕ38×6

（3）出铁场液压系统 2 号液压站到 3 号阀台的主回油管道，压力等级为 16 bar，编号为：

HY-BF06-2-3T1-S016-ϕ89×6（可简略表示：HY2-3T1-ϕ89×6）

支管：HY-BF06-2-3T1.1-S016-ϕ89×6

HY-BF06-2-3T1.2-S016-ϕ89×6

（4）热风炉 2 号阀台出管，压力等级为 21 MPa，编号为：

HY-BF09-1-2A1-S210-ϕ25×4（可简略表示：HY1-2A1-ϕ25×4）

HY-BF09-1-2B1-S210-ϕ25×4（可简略表示：HY1-2B1-ϕ25×4）

支管：HY-BF09-1-2A1.1-S210-ϕ25×4

HY-BF09-1-2A1.2-S210-ϕ25×4

HY-BF09-1-2B1.1-S210-ϕ25×4

HY-BF09-1-2B1.2-S210-ϕ25×4

2.2.3 中间配管流程图及管道编号图例

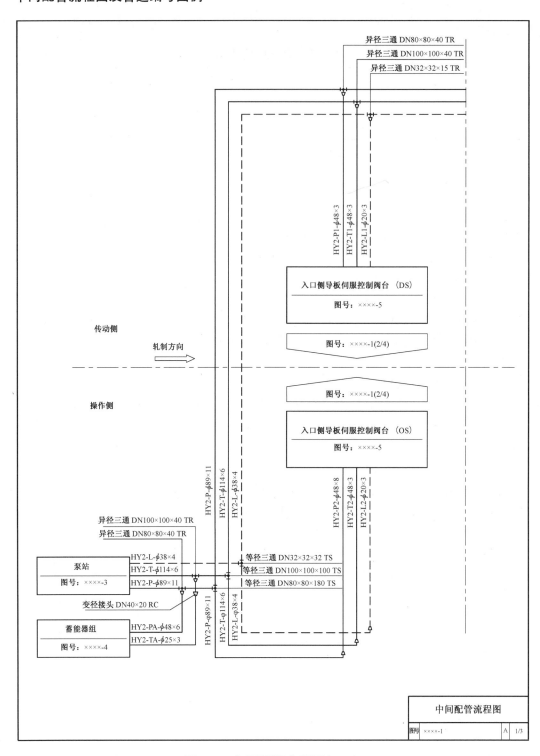

图 2-3 中间配管流程图（1/3）

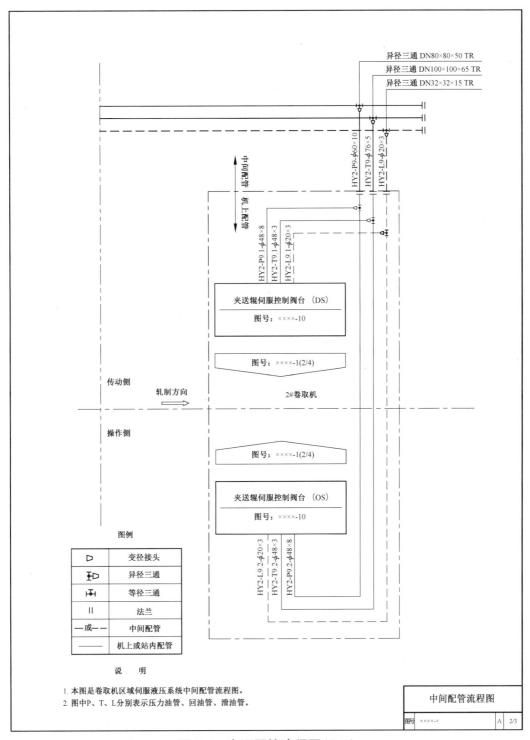

图 2-4 中间配管流程图（2/3）

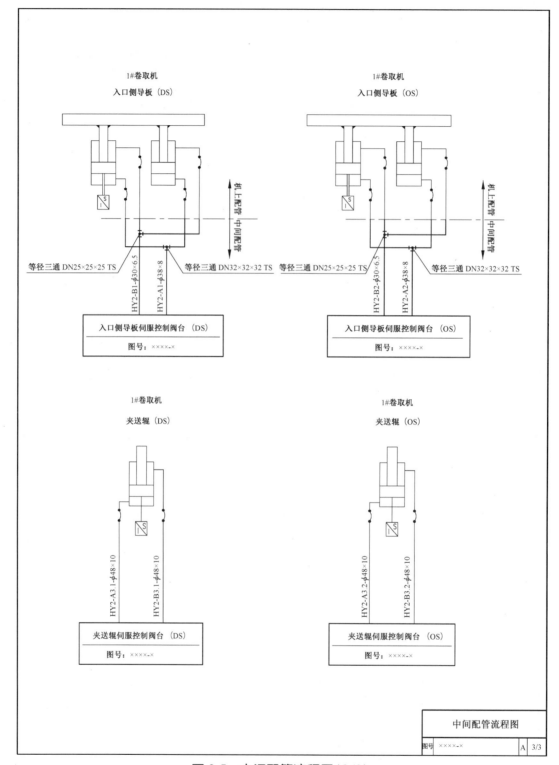

图 2-5　中间配管流程图（3/3）

2.3　中间配管管道设计画法

用于液压润滑系统的中间配管图形表达,也可用于设备机上配管设计。

2.3.1 出图比例

表 2-6 出图比例

表达方式	通径规格	出图比例
双线图	≥DN150	1:50
	≥DN100	1:30
	≥DN50	<1:30
单线图	≤DN125	1:50
	≤DN80	1:30
	≤DN40	<1:30

2.3.2 无缝钢管、法兰和接头样图

表 2-7 无缝钢管、法兰和接头样图

序号	名称	双线图表达	单线图表达
1	无缝钢管	粗实线 中心线	粗实线
2	低压法兰		
3	高压法兰		
4	活接头		

2.3.3 钢制对焊无缝管件样图

表 2-8 钢制对焊无缝管件样图

序号	名称		双线图表达	单线图表达
1	弯头	45°弯头 （45EL）		
		90°弯头 （90EL）		
		180°弯头 （180EL）		
2	异径接头	同心异径（RC）		
		偏心异径（RE）		

续表 2-8

序号	名称		双线图表达	单线图表达
3	三通接头	等径三通(TS)		
		异径三通(TR)		
4	四通接头	等径四通(CRS)		
		异径四通(CRR)		
5		管帽(C)		

2.3.4 锻制承插焊管件样图

表 2-9　锻制承插焊管件样图

序号	名称		双线图表达	单线图表达
1	弯头	45°弯头（S45E）		
		90°弯头（S90E）		
2	三通	三通（ST）		
		45°三通（S45T）		

续表 2-9

序号	名称	双线图表达	单线图表达
3	四通(SCR)		
4	管箍	双承口管箍(SFC)	
		单承口管箍(SHC)	
5	管帽(SC)		

2.3.5 锻制螺纹管件样图

表 2-10　锻制螺纹管件样图

序号	名称		双线图表达	单线图表达
1	弯头	45°弯头 （T45E）		
		90°弯头 （T90E）		
2	三通(TT)			
3	四通(TCR)			

续表 2-10

序号	名称		双线图表达	单线图表达
4	管箍	双螺口管箍（TFC）		
		单螺口管箍（THC）		
5		管帽（TC）		

2.3.6 附图

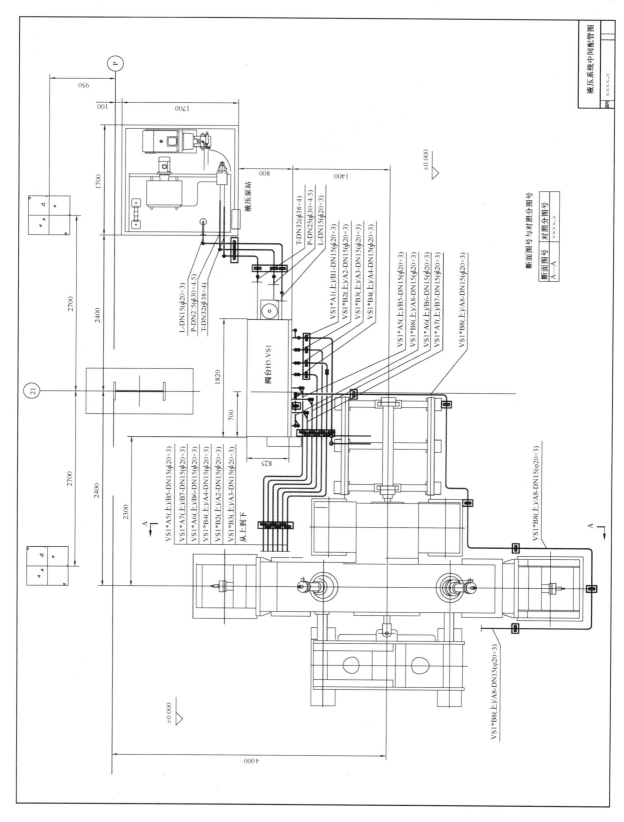

图2-6　×××工程中间配管图（一）

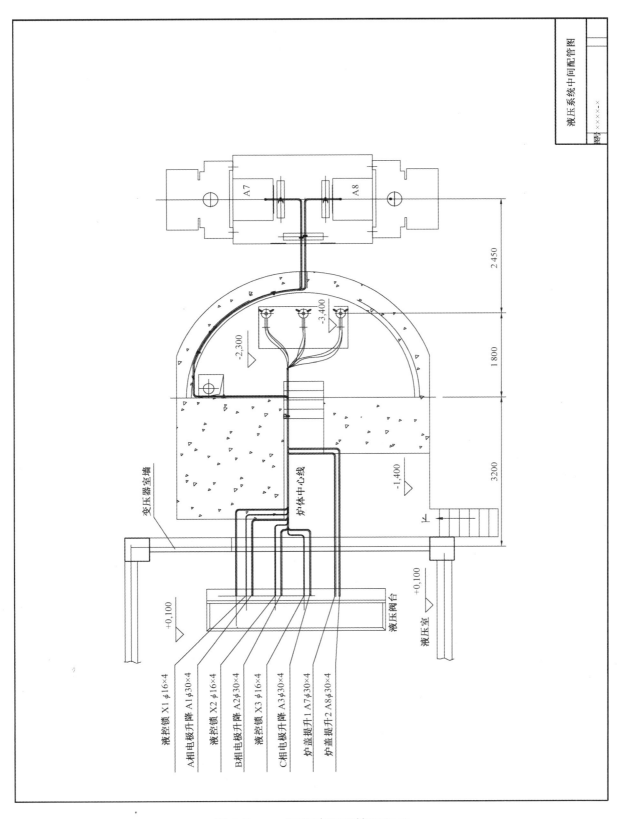

图 2-7　×××工程中间配管图（二）

第3章　工作介质

3.1　常用液压油润滑油及清洁度要求

本章对液压系统、稀油润滑系统中清洁度进行了统一要求。

3.1.1　基本要求

液压系统的清洁度主要由控制阀件如伺服阀、比例阀、常规阀的要求决定,稀油润滑系统的清洁度主要由服务对象如齿轮、轴承的要求决定。具体如下:

液压系统:

(1)液压伺服系统推荐采用 NAS4-6 级。

(2)液压比例系统推荐采用 NAS7 级。

(3)液压常规系统推荐采用 NAS9 级。

稀油润滑系统:

(1)齿轮稀油润滑系统推荐采用 NAS11 级。

(2)油膜稀油润滑系统推荐采用 NAS11 级。

(3)油气稀油润滑系统推荐采用 NAS9 级。

3.1.2　常用阀件及控制对象的清洁度要求

表 3-1　常用阀件及控制对象的清洁度要求

类别	阀件或控制对象	常规清洁度要求	长寿命清洁度要求
伺服阀	射流管式伺服阀 D661-D665	<NAS6 级	<NAS5 级
	直动式伺服阀 D633、D634	<NAS6 级	<NAS5 级
	喷嘴挡板伺服阀 D761	<NAS5 级	<NAS4 级
比例阀	4WRZE、4WRSE、4WRKE、4FES	NAS7 级	
	4WRAE、4WREE、3DREE、DBETE	NAS9 级	
常规阀	普通换向阀、压力阀、流量阀	NAS9 级	
稀油润滑	齿轮	NAS11 级	
	轴承	NAS11 级	

3.1.3　污染度等级对照表

表 3-2　污染度等级对照表

ISO4406	NAS1638	ISO4406	NAS1638
21/18	12	14/11	5
20/18		13/10	4
20/17	11	12/9	3
20/16		12/8	2
19/16	10	10/8	
18/15	9	10/7	1

续表 3-2

ISO4406	NAS1638	ISO4406	NAS1638
17/14	8	10/6	
16/13	7	9/6	0
15/12	6	8/5	00
14/12			

3.2　液压润滑油过滤设计要领

　　钢铁冶金行业大量设置液压润滑系统,液压系统为机械设备提供驱动及控制,润滑系统为机械设备长期稳定运行提供摩擦副润滑及散热,其液压油润滑油的清洁度控制极为重要。

　　液压油润滑油过滤设计要求:保证设计质量,满足标准规范、安全可靠、环境达标、节约能源、造价合理、高效运维、有利管理。

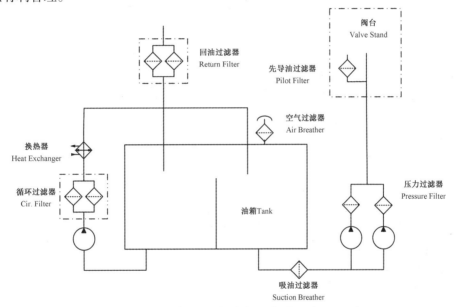

图 3-1　液压系统过滤器布置示意图

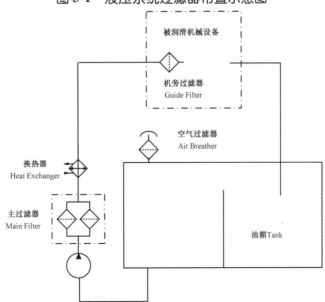

图 3-2　润滑系统过滤器布置示意图

3.2.1 过滤器选型原则

3.2.1.1 过滤器精度按系统类型进行选择

（一）液压系统

常规系统：循环油过滤器（10 μm）、回油过滤器（20 μm）、泵出口压力油过滤器（20 μm）、空气过滤器（10 μm、20 μm）（可选项）。液压系统油液清洁度达 NAS9 级左右。

比例系统：循环油过滤器（5 μm）、回油过滤器（20 μm）、泵出口压力油过滤器（10 μm）、空气过滤器（10 μm）。液压系统油液清洁度达 NAS7 级左右。

伺服系统：循环油过滤器（3 μm）、回油过滤器（10 μm）、泵出口压力油过滤器（5 μm）、伺服阀前压力油或伺服阀控制油过滤器（3 μm）、空气过滤器（5 μm）。液压系统油液清洁度达 NAS4~6 级。

（二）稀油润滑系统

齿轮稀油润滑系统：泵出口过滤器（50 μm、80 μm、100 μm）。稀油润滑系统油液清洁度达 NAS10~12 级。

油膜轴承稀油润滑系统：泵出口过滤器（50 μm）、油膜轴承前过滤器（50 μm）。稀油润滑系统油液清洁度达 NAS10~12 级。

3.2.1.2 过滤器大小按压差进行计算选择

油液温度要求按 40 ℃ 进行计算。

（一）液压系统回油、循环油过滤器

选择初始压降：~0.04 MPa（初始压降为滤芯压降+壳体压降），报警压力：0.2 MPa。

（二）液压系统高压泵出口过滤器

选择初始压降：~0.1 MPa（初始压降为滤芯压降+壳体压降），报警压力：0.5 MPa。

（三）稀油润滑系统泵出口过滤器

选择初始压降：~0.03 MPa（初始压降为滤芯压降+壳体压降），报警压力：0.2 MPa。

（四）空气过滤器大小按流量进行计算选择

按系统最大工作流量的 1.5~3 倍左右进行选择。

3.2.1.3 过滤器滤芯材质选型原则

以 Hydac 型号为例。

（一）液压系统高压过滤器

BH/HC-玻璃纤维，允许高压差工作，不易被压力油击穿，但价格高。过滤器绝对精度为：3 μm、5 μm、10 μm、20 μm。

BN/HC-玻璃纤维，不允许高压差工作，易被压力油击穿，但价格较低。过滤器绝对精度为：3 μm、5 μm、10 μm、20 μm。

V-金属纤维，可冲洗 2~3 次（每次损失 30% 面积），价格是玻璃纤维的 2~3 倍。过滤器相对精度为：3 μm、5 μm、10 μm、20 μm。

W/HC-金属网，可反复冲洗（每次损失较少），价格更高。过滤器相对精度为：25 μm。

（二）液压系统回油和循环、稀油润滑系统等低压过滤器

BN/HC-玻璃纤维。过滤器精度为：3 μm、5 μm、10 μm、20 μm。

V-金属纤维。过滤器精度为：3 μm、5 μm、10 μm、20 μm。

BN/AM-吸水，玻璃纤维。过滤器精度为：3 μm、10 μm。

AM-吸水玻璃纤维。过滤器精度为：40 μm。

P/HC-纸质。过滤器精度为：10 μm、20 μm。

W/HC-金属网。过滤器精度为：25 μm、50 μm、100 μm、200 μm。

3.2.2 过滤器按形式或压力分类

（一）液压系统

压力过滤器：DF（工作压力 42 MPa）

     MDF（工作压力 27.5 MPa）

     LF（工作压力 10 MPa）

回油过滤器：RF/RFD（油箱上置式，工作压力 2.5 MPa）

     RFL/RFLD（管路连接式，工作压力 2.5/1.6 MPa）

循环过滤器：RFL/RFLD（管路连接式，工作压力 2.5/1.6 MPa）

（二）稀油润滑系统

泵出口过滤器：RFL/RFLD（管路连接式，工作压力 2.5/1.6 MPa）

油膜轴承前过滤器：RFL/RFLD（管路连接式，工作压力 2.5/1.6 MPa）

3.2.3 过滤器精度分级

过滤器精度分级：3 μm、5 μm、10 μm、20 μm、25 μm、50 μm、100 μm、200 μm。

以上参数可根据实际情况进行选择。

3.3 常用稀油润滑油及黏度-温度特性

钢铁冶金行业生产线设备大量采用集中或分散式稀油循环润滑系统提供润滑，因其具有连续、高速、重载、环境温度变化很大等特点，对系统提出了特定的要求。油品的运动黏度是稀油润滑系统设计、施工及运行维护中的一项重要参数，根据工作环境、操作条件、维护水平等选用合适黏度的油品对稀油润滑系统来说非常重要。

润滑油主要起减少机械摩擦、辅助冷却、防锈、清洁、密封和缓冲等作用，流动性是润滑油的一项重要指标。

3.3.1 常用的稀油润滑油种类

根据用途，用黏度分类为（按 40 ℃ 条件下黏度）：

齿轮润滑油：N100、N220、N320 等。

轧机油膜轴承润滑油：N100、N220、N320、N460 等。

根据具体工况选取。主要考虑因素：摩擦副相对运动速度及载荷（$P \times V$ 值）、冲击振动、温度、磨粒及其他颗粒物、摩擦表面状况等，选取合适的品种甚至定制油品。

工况特点：连续性工作、集中泵送、寿命长、负荷重、所用油品抗乳化性好、抗泡沫性能好。

3.3.2 常用重负荷工业齿轮油

采用精制的基础油，加入进口复合添加剂，用先进工艺调制而成，按 ISO 黏度等级分类，符合美国齿轮制造商协会（AGMA）250·04 和美国钢铁公司（USS）224 规格要求，执行国标 GB 5903—2011 标准。

表 3-3 常用重负荷工业齿轮油主要技术指标

项目	100	150	220	320	460	680
运动黏度@40℃，mm²/s	90~110	135~165	198~242	288~352	414~506	612~748
闪点（开口），℃ 不低于	180	200				
黏度指数 不小于	90					
倾点，℃ 不高于	−8			−5		

（一）主要性能

耐负荷能力高，在苛刻作业条件下具有突出的抗磨损作用，具有良好的防锈性和防腐蚀性，良好的氧化安定性，分水性能好，例如道达尔能源的重负荷工业齿轮油 Carter EP。此外，对于一些工作温度高、齿面载荷重、齿面点蚀风险大的场合，应选用更高级别的齿轮油，例如道达尔能源的全合成重负荷工业齿轮油 Carter SH 系列。

（二）用途

适用于齿面接触应力大于 1 100 MPa（11 000 kgf/cm²）及要求符合美国 AGMA 250·04 和 USS 224 规格工业齿轮油的场合。如钢铁、水泥、矿山等工业中具有重负荷齿轮装置及循环或油浴式齿轮传动装置的润滑。

3.3.3 常用的稀油润滑油的黏度-温度特性

润滑油黏度是反映其流动性的重要指标参数。同种润滑油在温度升高或降低时其黏度变化很大，特别是黏度指数高的润滑油在低温情况下，黏度会上升较大，导致流动性严重下降，而在高温时，其黏度又会过低，导致轴承可能因油膜过薄而出现异常磨损。因此，在系统设计中必须充分重视和周全考虑。通常，在工作温度变化较大的场合，应选择使用黏度指数高的润滑油产品以防止出现上述问题，例如道达尔能源的 Cortis MS 系列产品，因其具备较高的黏度指数，就完全可以满足这种应用需求。

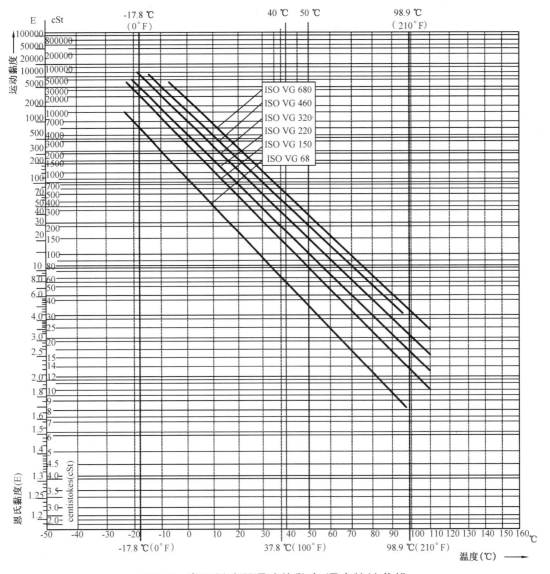

图 3-3　常用稀油润滑油的黏度-温度特性曲线

举例:

查图可知,N320 润滑油:

在 40 ℃时,黏度为 320 mm^2/s,

在 50 ℃时,黏度为~150 mm^2/s,流动性变得略好。

在 10 ℃时,黏度为~2 500 mm^2/s,流动性变得极差,严重影响正常工作。

3.4 常用液压油的特性

液压系统使用液体介质传递液体压力能,在液压系统工作中起着能量传递、抗磨、系统润滑、防腐、防锈、冷却等作用。

常用液体介质为液压油。对于液压油来说,首先应满足液压装置在工作温度下与启动温度下对液体黏度的要求,由于油的黏度变化直接与液压动作、传递效率和传递精度有关,还要求油的黏温性能和剪切安定性应满足不同用途所提出的各种需求。

液压油的种类繁多,抗磨液压油(HM 液压油)是从防锈、抗氧液压油基础上发展而来的,例如道达尔能源生产的抗磨液压油 Azolla ZS 按 40 ℃运动黏度分为 22、32、46、68 四个牌号。Azolla ZS 抗磨液压油主要用于重负荷、中高压液压系统,与丁腈橡胶有良好的适应性。钢铁冶金行业应用场景下,液压系统使用液体介质以 HM46 抗磨液压油为主。

针对冶金行业来说,液压系统时刻面临着高温和多水环境,在这种情况下,如果选用无灰型抗磨液压油(即添加剂中不含锌盐),例如道达尔能源的 Azolla AF 液压油,将会在高温多水工况下,显著降低油泥生成概率,同时延长液压油的使用寿命 1.5~2 倍。

此外,如果冶金设备的液压系统靠近火源或热源(例如高炉的炉前和炉顶液压站、连铸机液压系统和轧机液压系统等),存在着发生火灾事故的风险,这些地方建议使用抗燃液压油来降低火灾风险。目前,钢铁行业常用的抗燃液压油主要分为:水-乙二醇抗燃液压油,例如道达尔能源的 Hydransafe HFC-E,该产品不仅具有优秀的抗燃能力,相比于传统水-乙二醇液压油来说,还具有优秀的抗磨损能力和防锈性能;另一种是全合成酯型抗燃液压油,例如道达尔能源的 Hydransafe HFDU,它具有良好的抗燃、抗磨损和抗氧化能力。

HM46 抗磨液压油的主要技术参数:

密度 ρ = 860~870 kg/m^3,取 860 kg/m^3;

运动黏度在 40 ℃下,ν = 41.4~50.6 mm^2/s,实际中取 ν = 46 mm^2/s = 46×10^{-6} m^2/s;液压油的黏度对温度变化十分敏感,温度升高,黏度显著降低。

体积弹性模量 β_e = 1/油液压缩率,常温下,纯净液压油的体积弹性模量 β_e = (1.4~2.0)×10^9 Pa;液压油实际上不可避免混入空气产生气泡等原因,β_e 值将大大减小。实际中取 β_e = (0.7~1.4)×10^9 Pa,此时取混入空气比为 0.005 = 0.5%。

对于一般液压系统,可认为油液是不可压缩的。

油品常规检测项目有运动黏度、水分、闪点、凝点和倾点、硫含量、密度、馏程、酸值、碱值、色度、残炭、灰分、热值、总沉淀物、机械杂质、不溶物、水分离性、泡沫特性、针入度、滴点、钢网分油量等,以及油品内在质量的检测,如润滑油中磨损元素、污染元素和添加剂元素的含量,油品的有机和无机成分的确定,和油品污染度等级的确定。液压油常规检测项目:外观、40℃运动黏度、水分、机械杂质、倾点、闪点、泡沫特性、水分离性、铜片腐蚀、酸值、污染度等。

3.5 集中加排油系统(站)设计

钢铁冶金行业大型生产线设置有大量液压站、润滑站,数量多且分布较广,若油品种类不多,为提高运营效率、优化总图运输布置和操作流线,工程设计可考虑设置集中加排油系统(站),作为大型稀油润滑站、液压站的补油、排油,其容量和输送功能应满足生产、维修需要。

集中加排油系统(站)设计要求:满足标准规范、工艺先进、产品一流、安全可靠、环境达标、节约能源、造价合理、高效运维、有利管理。

集中加排油系统(站)与生产线液压站、润滑站通过管道连接,需要时进行加油或排油操作。

3.5.1 集中加排油系统(站)主要功能

集中加排油系统(站)具有以下主要功能:

(一) 桶装新油卸车及场地储存,适时泵送至新油储存油箱(分油品)。

(二) 外运油槽车新油卸车及装入新油储存油箱(分油品)。

(三) 新油储存油箱(分油品)的油品净化、过滤、脱水等操作后达标备用。

(四) 生产线液压站、润滑站在用油检修时排除至旧油储存油箱存放。

(五) 旧油储存油箱的油品净化、过滤、脱水等操作后达标备用。

(六) 旧油储存油箱的油品判废后外排至外运油槽车、废油桶或废油储存油箱。

3.5.2 集中加排油系统(站)一般组成

集中加排油系统(站)一般组成有:装/卸油场地区及装/卸油泵组、若干新油储存油箱、若干旧油储存油箱、废油储存油箱、油品净化过滤泵站、油箱沉淀排水阀、离心机脱水或真空脱水装置等。

3.5.3 集中加排油系统(站)设计通用要求

集中加排油系统(站)设备应选用成熟可靠的标准产品,设计通用要求如下:

(一) 应满足生产线液压站、润滑站运行需要。

(二) 应采取有效措施满足油品渗入水分的处理,采取合适的方法满足生产的要求。

(三) 应满足油液取样、维修、过滤等使用要求。

(四) 具有参数设定与检测功能:系统压力、供油温度等参数设定;压力、温度、油箱进回油流量、油箱液位、油液污染、压差等参数检测。

3.5.4 集中加排油系统(站)设计

(一) 补油站

(1) 大型稀油润滑站应设置补油站,其容量和输送功能应满足生产、维修需要。

(2) 系统必须具有防止水分进入的措施;不可避免但不允许进水的系统必须采取脱水措施,可设置沉淀排水、离心机脱水或真空脱水等装置。

(二) 油箱

(1) 制造油箱的材质宜采用耐候钢板。

(2) 油箱容积:一般按线上工作油箱的总容积取系数;油膜润滑系统为2个工作油箱。

(3) 在适当的部位设置油箱铭牌及回路系统图。

(三) 油泵

(1) 根据使用要求宜设置必要的供油泵、备用供油泵、循环泵、排油泵等。

(2) 应选用性能可靠的标准系列油泵,优先选用螺杆泵作为供油泵。

(3) 应采取必要的油泵保护措施,设置安全阀、传动隔震装置等。

(4) 根据环境需要油箱应考虑适当的保温措施。

(四) 过滤器

(1) 应选用标准系列产品的过滤器。

(2) 回油中带有大量机械杂质的系统,应设置粗滤装置。

(3) 润滑中断会产生重大影响的系统,泵出口侧过滤器应能在系统运行状态下清洗或更换。

(4) 易受污染的系统,必须设置旁路过滤装置。

（5）过滤器应设置指示堵塞的目视点或传感器。对于大型油膜轴承的系统，传感器信号应送至控制室显示。

（6）过滤器前后应设截止阀及用于检修的旁通支路。

（7）过滤器位置应便于更换滤芯，必要时应设置更换所需的起重设备。

（五）系统控制

（1）润滑点前均宜安装给油指示器；易发生流量故障，且会造成重大影响的给油点前，宜设置可报警的流量指示器。

（2）为避免设备在无供油状态下起动，系统应与相关设备联锁。

（3）要求严格控制含水量的系统，设备的回油管上宜设置在线油液含水检测报警仪。含水检测报警仪应具有即时显示含水量及按可调设定值报警的功能。

（4）远距离控制时，应在操作盘上显示压力和流量信号等联锁控制功能。

（六）加热器

（1）加热器应具有足够的容量，满足快速升温要求；加热过程不得对油品性能产生不良影响，应避免靠近加热器的油液因过热而早期氧化变质。

（2）应根据现场情况确定油温控制的自动化程度，油温控制应允许手动干预。

（3）应考虑脱水升温的要求，确定容量。

（七）管道

（1）位于腐蚀或易磨损环境的管路应增加配管壁厚，必要时选用不锈钢管。

（2）应设置必要的排气阀、排油阀。

（3）宜采用法兰接头。

（4）配管（包括软管）的耐压试验压力为最高使用压力的 1.5 倍。

（5）管道应有适当保温措施。

（6）软管

① 材质必须适应介质和环境；

② 禁止异常载荷作用于软管接头；

③ 移动距离较长时，应设置中间支撑和保护装置；

④ 用于高温环境中，必须采取隔热措施；

⑤ 经常拆装的场合，宜采用快换接头；

⑥ 禁止在会引起危险的场合采用软管。

第4章 管道设计

4.1 液压润滑系统配管设计

液压润滑系统配管设计包括中间配管、设备机上配管和装置配管设计。中间配管为液压润滑站与设备机上配管 T.O.P. 点之间的连接管路,属于液压润滑系统设计内容。设备机上配管为附设在设备上、连接 T.O.P. 至执行机构用户点之间的管路,属于设备设计内容。

4.1.1 管路材质

管路材质一般采用20号碳钢,精度为普通级的无缝钢管(GB/T 8163—2018),在腐蚀严重的地点和伺服液压系统采用不锈钢无缝钢管(GB/T 14976—2012)。对焊无缝管件(GB/T 12459—2017)(如成型弯管、成型三通等)、焊接管接头和法兰应与管路材质一致。配管应考虑腐蚀、磨损以及壁厚负公差,位于腐蚀或易磨损环境的管路应增加配管壁厚。

4.1.2 工作压力及试验压力

配管的工作压力为液压润滑系统工作压力 P_s。

配管(包括软管总成)的耐压试验的压力,按《冶金机械液压、润滑和气动设备工程安装验收规范》(GB/T 50387—2017)执行,系统试验压力见表4-1。

表4-1 系统试验压力

系统工作压力 P_s/MPa (bar)	<16 (160)	16~31.5 (160~315)	>31.5 (315)
试验压力	1.5	1.25	1.15

注:系统试验压力为最低试验压力值,可根据设计需要和不同地区规定调整。

4.1.3 配管设计要求

(一)钢管配管

(1)配管必须考虑维修方便,应做到整齐、紧凑、有规律。

(2)压力配管:不需拆卸的尽可能采用对焊或插入式套管焊接接头;有必要拆卸的,一般采用带"O"形圈的法兰连接或24°锥形密封焊接管接头连接。

(3)回油管路:对于检修冲洗无影响也不需拆卸的,可采用对焊无缝管件焊接,有必要拆卸的均采用法兰连接。稀油润滑系统回油管必须满足回油坡度设计要求,还应设置必要的排油阀。

(4)配管设计必须考虑对应的冲洗方法。优先顺序为:预制管、槽式酸洗、循环在线酸洗和中和洗、油冲洗;若采用循环方式,必须考虑中间管路的低点排放设计方式。

(5)配管在横穿冲渣沟应设置套管,此处及隐蔽部位严禁设置法兰或焊口。

(6)配管设计应考虑适当位置设置排气阀。

(7)对于通径>DN32 的管道应使用弯头,≤DN32 的管道可以直接弯曲。钢管外径 φ38 以下的弯曲采用弯管机,钢管弯曲半径不小于钢管外径的3倍。弯曲部位不得有裂痕、皱折等,圆度公差应满足标准要求。

钢管焊接全部采用对接焊形式,钢管、法兰或管接头焊接前必须加工坡口。管道加工必须采用机械方式,如带锯、倒角机、机床等,不允许用气割和砂轮切割机加工管道。当压力管道壁厚大于 10 mm 时,应采用多层焊接,焊接前应预热。

（8）液压管道焊接时必须用钨极氩弧焊或钨极氩弧焊打底。压力超过 21 MPa 时应同时在管内部通约 5 L/min 的氩气,碳钢焊接采用 E4303 焊条连续焊接,不锈钢采用 E308 焊条连续焊接。如果管件在焊接时与钢管壁厚不等,在对接时要作适当的处理。要注意焊接后配管内部不得残留氧化铁皮等杂质。

（9）对液压管道的焊缝内部质量检查,应符合《现场设备、工业管道焊接工程施工规范》(GB 50236—2011)对接焊缝内部质量 II 级的规定,并应采用射线探伤检查。工作压力小于 6.3 MPa 时,抽查量应为 5%;工作压力为 6.3~31.5 MPa 时,抽查量应为 15%;工作压力大于 31.5 MPa 时,应 100% 进行探伤检查。外观质量检查,按相关标准进行,抽查量为 5%,且不少于 10 处。

（10）在管道施工完后,安装单位应对贯穿孔口、空开口、建筑缝隙、环形间隙按照相关标准的规定,实施防火封堵。

（二）软管总成

（1）根据工作介质和环境来选择合适的材质。

（2）接头处不能有不正常的负荷,禁止异常载荷作用于软管接头;其他注意事项详见软管安装标准。

（3）移动距离较大时,应设中间支撑和保护装置。

（4）使用在高温或与外物有接触时,除注意选择材质外,应增加隔热防护装置。

（5）经常拆卸的接头应采用快换接头。

（6）禁止在会引起危险的场合采用软管。

（三）接头和法兰

（1）配管的接头应采用对焊 24° 锥形密封焊接接头或带“O”形圈的对焊法兰。

（2）回油管路的接头:对于检修冲洗无影响也不需拆卸的可采用焊接接头,要注意焊接后配管内部不得残留氧化铁皮等杂质;有必要拆卸的均采用法兰连接。

（3）焊接管接头用管材与管路材质一致。

（四）管道固定及管沟设计要领

液压润滑系统通过管道传输工作介质,尤其液压系统是用液体作为工作介质来传递能量和进行控制的,其冲击、振动及噪声等问题较为常见;冶金行业的管道点多线长,管道经过路线的安全性及人员保护需要充分考虑,因此管子固定及管沟设计对液压润滑系统配管设计极为重要。

（1）液压润滑系统配管设计应满足相关标准的要求。管沟必须设计盖板,地面敷设管道需要设置人行通道保护盖板。

（2）配管设计必须考虑检查和维修方便。

（3）满足功能性能要求前提下,布局和路由设计要整齐、紧凑、美观,体现现代工业设计水准。

（4）设计采用:管道沟槽及管子固定(JB/ZQ 4396—2006)、管子用支架(JB/ZQ 4517—2006)、管子托架(JB/ZQ 4518—2006)、塑料管夹(JB/ZQ 4008—2006)、管子卡箍(JB/ZQ 4519—2006)等标准。

（5）液压系统管道因冲击振动较大,原则上优先选用塑料管夹,在高温或高湿处管线管夹应使用铝合金管夹固定;润滑系统管道较大时,原则上采用管子卡箍固定;管子不能用直接焊接方式固定在支撑上。

（6）为避免有害振动,管子固定间距设计一定要满足标准要求。

（7）地面上的管路支架应优先考虑安装在预理件上,尽量少用膨胀螺栓固定。

4.2　管道流速选择

4.2.1　液压系统流速要求

液压系统流速要求如下:

（一）吸油管、泄漏油管要求流速 0.5~1 m/s。

（二）回油管(1.6 MPa) 要求流速 2~4 m/s。

（三）压力油管要求流速 3~12 m/s。

4.2.2 稀油润滑系统流速要求

稀油润滑系统流速要求如下：

（一）吸油管要求流速 0.5~1 m/s。

（二）压力油管要求流速 1~2 m/s。

4.2.3 冷却水流速要求

压力水管要求流速 2~2.5 m/s。

4.3 管道流速计算和校核计算

管道通过流量计算，作为设计管径初步选取依据。

管道流量计算公式：

$$Q = \frac{\left(\dfrac{D - 2\delta}{1\,130}\right)^{2} v}{1\,000 \times 60}$$

式中：

Q——管道流量，L/min；

D——管道外径，mm；

δ——管道壁厚，mm；

v——流速，m/s。

表 4-2 常用规格液压管道在不同推荐流速下的通过流量范围

项目名称	××钢铁公司××热轧工程
系统名称	粗轧辅助液压系统

管道规格		通过流量 $Q/(\text{L/min})$											
公称通径 DN/mm	实际内径 /mm	0.7 m/s	0.8 m/s	1 m/s	2 m/s	3 m/s	4 m/s	4.5 m/s	5 m/s	5.5 m/s	6 m/s	7 m/s	9 m/s
2	2	0.1	0.2	0.2	0.4	0.6	0.8	0.8	0.9	1.0	1.1	1.3	1.7
3	3	0.3	0.3	0.4	0.8	1.3	1.7	1.9	2.1	2.3	2.5	3.0	3.8
4	4	0.5	0.6	0.8	1.5	2.3	3.0	3.4	3.8	4.1	4.5	5.3	6.8
6	6	1.2	1.4	1.7	3.4	5.1	6.8	7.6	8.5	9.3	10.2	11.9	15.3
8	8	2.1	2.4	3.0	6.0	9.0	12.1	13.6	15.1	16.6	18.1	21.1	27.1
10	10	3.3	3.8	4.7	9.4	14.1	18.8	21.2	23.6	25.9	28.3	33.0	42.4
12	12	4.7	5.4	6.8	13.6	20.3	27.1	30.5	33.9	37.3	40.7	47.5	61.0
16	16	8.4	9.6	12.1	24.1	36.2	48.2	54.3	60.3	66.3	72.3	84.4	108.5
20	20	13.2	15.1	18.8	37.7	56.5	75.4	84.8	94.2	103.6	113.0	131.9	169.6
25	25	20.6	23.6	29.4	58.9	88.3	117.8	132.5	147.2	161.9	176.6	206.1	264.9
30	30	29.7	33.9	42.4	84.8	127.2	169.6	190.8	212.0	233.1	254.3	296.7	381.5
32	32	33.8	38.6	48.2	96.5	144.7	192.9	217.0	241.2	265.3	289.4	337.6	434.1
40	40	52.8	60.3	75.4	150.7	226.1	301.4	339.1	376.8	414.5	452.2	527.5	678.2
50	50	82.4	94.2	117.8	235.5	353.3	471.0	529.9	588.8	647.6	706.5	824.3	1 059.8
65	65	139.3	159.2	199.0	398.0	597.0	796.0	895.5	995.0	1 094.5	1 194.0	1 393.0	1 791.0
80	80	211.0	241.2	301.4	602.9	904.3	1 205.8	1 356.5	1 507.2	1 657.9	1 808.6	2 110.1	2 713.0
90	90	267.1	305.2	381.5	763.0	1 144.5	1 526.0	1 716.8	1 907.6	2 098.3	2 289.1	2 670.6	3 433.6
100	100	329.7	376.8	471.0	942.0	1 413.0	1 884.0	2 119.5	2 355.0	2 590.5	2 826.0	3 297.0	4 239.0
125	125	515.2	588.8	735.9	1 471.9	2 207.8	2 943.8	3 311.7	3 679.7	4 047.7	4 415.6	5 151.6	6 623.4

液压系统管道流量-通径选取计算程序

续表 4-2

| 管道规格 | | 通过流量 Q/(L/min) | | | | | | | | | | | |
公称通径 DN/mm	实际内径/mm	0.7 m/s	0.8 m/s	1 m/s	2 m/s	3 m/s	4 m/s	4.5 m/s	5 m/s	5.5 m/s	6 m/s	7 m/s	9 m/s
150	150	741.8	847.8	1 059.8	2 119.5	3 179.3	4 239.0	4 768.9	5 298.8	5 828.6	6 358.5	7 418.3	9 537.8
175	175	1 009.7	1 154.0	1 442.4	2 884.9	4 327.3	5 769.8	6 491.0	7 212.2	7 933.4	8 654.6	10 097.1	12 981.9
200	200	1 318.8	1 507.2	1 884.0	3 768.0	5 652.0	7 536.0	8 478.0	9 420.0	10 362.0	11 304.0	13 188.0	16 956.0
225	225	1 669.1	1 907.6	2 384.4	4 768.9	7 153.3	9 537.8	10 730.0	11 922.2	13 114.4	14 306.6	16 691.1	21 459.9
250	250	2 060.6	2 355.0	2 943.8	5 887.5	8 831.3	11 775.0	13 246.9	14 718.8	16 190.6	17 662.5	20 606.3	26 493.8
300	300	2 967.3	3 391.2	4 239.0	8 478.0	12 717.0	16 956.0	19 075.5	21 195.0	23 314.5	25 434.0	29 673.0	38 151.0

表 4-3　液压系统管道流量流速通径关系的校核计算

液压系统管道流量流速通径关系校核计算程序					
项目名称	××钢铁公司××热轧工程				
系统名称	粗轧辅助液压系统	系统类型		液压系统	
已知流量及通径求流速					
标准流量/(L/min)	供油口通径 DN	供油流速/(m/s)	回油口通径 DN	回油流速/(m/s)	备注
6.3	15	0.59	40	0.08	
10	15	0.94	40	0.13	
16	25	0.54	50	0.14	
25	25	0.85	50	0.21	
40	32	0.83	65	0.20	
63	32	1.31	65	0.32	
100	40	1.33	80	0.33	
125	40	1.66	80	0.41	
160	65	0.80	125	0.22	
200	65	1.00	125	0.27	
250	80	0.83	150	0.24	
360	80	1.19	150	0.34	
400	100	0.85	200	0.21	
500	100	1.06	200	0.27	
630	100	1.34	250	0.21	
800	125	1.09	250	0.27	
1000	125	1.36	300	0.24	
已知流量及流速求最小通径					
实际流量/(L/min)	管道类型	设计流速/(m/s)	要求最小管道内径/mm		备注
50	压力管	5.0	14.6		
900	压力管	3.0	79.8		
300	回油管	2.0	56.4		
500	回油管	2.0	72.9		
180	吸油管	0.8	69.1		
250	吸油管	0.8	81.5		
300	吸油管	0.5	112.9		

注：▨▨▨▨ 为设计输入参数。

4.4　管道压力损失计算

管道压力损失计算,先按直管单位长度作计算,作为设计管径初步选取依据。还必须考虑管道长度和管件等效长度(查表)作设计验算。采用的管道设计计算公式如下所示。

(1)雷诺数 Re 计算公式

$$Re = \frac{vd_H}{v}$$

式中:

Re——雷诺系数;

v——运动黏度,m^2/s;

v——流速,m/s;

d_H——水力直径,m;圆管:$d_H = d$;非圆管:$d_H = 4A/U$;

d——管道内径,m;

A——截面面积，m^2；

U——截面周长，m。

（2）沿程阻力系数 λ 计算公式

层流（适用于 $Re<3\,000$）：

$$\lambda=\frac{64}{Re}$$

式中：

λ——沿程阻力系数。

紊流（适用于 $3\,000<Re<100\,000$）：

$$\lambda=\frac{0.316\,4}{2d}$$

（3）管道压力损失计算公式

$$\Delta p=\frac{\lambda L\rho v^2}{Re^{0.25}}$$

式中：

Δp——压力损失，MPa；

ρ——油液密度，kg/m^3；

L——直管长度，m。

表 4-4　常见直管单位长度压力损失

直钢管单位长度压力损失计算程序

项目名称	系统名称	油品：液压油 N46					
		油品运动黏度 ν=46 炉前液压系统		cSt(mm²/s)	系统类型 油品密度 ρ= ××钢铁公司××高炉工程	液压系统 918	kg/m³
序号	公称通径 DN	管道内径 D/mm	流速 v/(m/s)	雷诺数 Re	沿程阻力系数 λ	压力损失 Δp/(MPa/10 m)	流量/(L/min)
1	6	6	4	521.74	0.122 7	1.501	6.8
2	10	10	4	869.57	0.073 6	0.541	18.8
3	15	15	5	1 630.43	0.039 3	0.300	53.0
4	20	17	6	2 217.39	0.028 9	0.281	81.7
5	25	21	6	2 739.13	0.043 7	0.344	124.6
6	32	26	6	3 391.30	0.041 5	0.264	191.0
7	40	32	3.36	2 337.39	0.045 5	0.074	162.1
8	50	42	6	5 478.26	0.036 8	0.145	498.5
9	65	56	6	7 304.35	0.034 2	0.101	886.2
10	80	67	6	8 739.13	0.032 7	0.081	1 268.6
11	100	86	6	11 217.39	0.030 7	0.059	2 090.1
12	125	108	6	14 086.96	0.029 0	0.044	3 296.2
13	150	132	6	17 217.39	0.027 6	0.035	4 924.0
14	200	175	6	22 826.09	0.025 7	0.024	8 654.6
15	250	217	6	28 304.35	0.024 4	0.019	13 307.4
16	300	261	6	34 043.48	0.023 3	0.015	19 251.0
17	350	305	6	39 782.61	0.022 4	0.012	26 288.9
18	400	346	6	45 130.43	0.021 7	0.010	33 831.7

表 4-5　阀门及管件当量长度

单位:m

管径		闸阀	球阀	90°弯头		45°弯头		T形三通		
DN	英寸	（全开）	（全开）	短半径	长半径	短半径	长半径	旁流三通	直流三通	直流三通后缩小 1/2
15	1/2″	0.11	5.7	—	0.21	—	0.13	1.0	0.34	0.52
20	3/4″	0.13	7.0	—	0.28	—	0.18	1.3	0.43	0.64
25	1″	0.17	9.0	0.49	0.35	0.31	0.23	1.6	0.55	0.79
32	1 1/4″	0.23	12	0.64	0.46	0.41	0.30	2.1	0.70	1.1
40	1 1/2″	0.26	14	0.73	0.55	0.49	0.34	2.5	0.82	1.2
50	2″	0.34	18	0.94	0.70	0.61	0.46	3.2	1.1	1.5
65	2 1/2″	0.40	21	1.1	0.82	0.73	0.52	3.8	1.3	1.9
80	3″	0.48	26	1.4	1.0	0.91	0.67	4.7	1.6	2.3
100	4″	0.64	34	1.9	1.3	1.2	0.89	6.2	2.1	3.1
125	5″	0.82	43	2.3	1.7	1.5	1.1	7.7	2.6	3.9
150	6″	0.97	52	2.8	2.0	1.8	1.3	9.4	3.1	4.7
200	8″	1.3	68	3.7	2.7	2.3	1.7	12	4.1	6.2
250	10″	1.6	86	4.6	3.4	3.0	2.2	16	5.2	7.7
300	12″	1.9	102	5.5	4.0	3.5	2.6	19	6.2	9.1
350	14″	2.3	—	6.1	4.5	3.9	2.9	22	7.2	11
400	16″	2.5	—	7.0	5.1	4.5	3.3	25	8.2	12
450	18	2.9	—	8.0	5.8	5.1	3.7	28	9.1	14
500	20	3.3	—	8.8	6.5	5.7	4.1	30	10	15
600	24	3.9	—	11	7.8	6.9	5.0	37	12	19
750	30	4.9	—	13	9.8	8.6	6.3	47	15	23
900	36	5.8	—	16	12	10	7.6	55	19	28
1050	42	6.8	—	19	14	12	8.9	65	22	32
1200	48	7.8	—	22	16	14	10	74	25	37

备注：旁流三通:AC 或 CA,B

直流三通:AB

直流三通后缩小 1/2：AB（B＝1/2A）

4.5　管道强度计算

管道强度计算作为液压润滑系统配管设计壁厚选取依据,分为碳钢钢管和不锈钢钢管两种常用材料分别计算。

引用相关标准:《工业金属管道设计规范》[GB 50316—2000（2008 年版）]。

表4-6　常见碳钢钢管强度计算

碳钢管道壁厚强度计算程序

项目名称	××钢铁公司××热轧工程						
系统名称	粗轧辅助液压系统						
系统类型	碳钢（carbon steel）						

钢管材料	20	$[\sigma]^1 =$	136.7 MPa	工作温度 =	$-10 \sim 100$ ℃	$\sigma_b =$	410 MPa
$\sigma_s =$	245 MPa	$\sigma_b/3.0 =$	136.7 MPa	$\sigma_s/1.6 =$	153.1 MPa	两者取小值	
$P =$	16 MPa			$P-$ 设计压力		D_o- 管外径	mm
C_1- 钢管负偏差		C_2- 腐蚀裕量		t_s- 计算壁厚	mm	$t_{sd}-$ 设计壁厚	mm
计算公式	$C_1 = (t_s + C_2) * 0.15$		$t_{sd} = t_s + C_1 + C_2$		$t_s = P*D_o/(2*([\sigma]^1*1 + P*0.4))$		

$D_o = 14$ mm		$D_o = 16$ mm	
$C_1 = 0.297\ 4$ mm	$C_2 = 1.2$ mm	$C_1 = 0.314\ 2$ mm	$C_2 = 1.2$ mm
$t_s = 0.782\ 9$ mm	$t_{sd} = 2.280\ 3$ mm	$t_s = 0.894\ 7$ mm	$t_{sd} = 2.408\ 9$ mm
$D_o = 20$ mm		$D_o = 25$ mm	
$C_1 = 0.347\ 8$ mm	$C_2 = 1.2$ mm	$C_1 = 0.389\ 7$ mm	$C_2 = 1.2$ mm
$t_s = 1.118\ 4$ mm	$t_{sd} = 2.666\ 1$ mm	$t_s = 1.397\ 9$ mm	$t_{sd} = 2.987\ 6$ mm
$D_o = 30$ mm		$D_o = 38$ mm	
$C_1 = 0.431\ 6$ mm	$C_2 = 1.2$ mm	$C_1 = 0.498\ 7$ mm	$C_2 = 1.2$ mm
$t_s = 1.677\ 5$ mm	$t_{sd} = 3.309\ 2$ mm	$t_s = 2.124\ 9$ mm	$t_{sd} = 3.823\ 6$ mm
$D_o = 48$ mm		$D_o = 60$ mm	
$C_1 = 0.582\ 6$ mm	$C_2 = 1.2$ mm	$C_1 = 0.683\ 3$ mm	$C_2 = 1.2$ mm
$t_s = 2.684\ 1$ mm	$t_{sd} = 4.466\ 7$ mm	$t_s = 3.355\ 1$ mm	$t_{sd} = 5.238\ 3$ mm
$D_o = 76$ mm		$D_o = 89$ mm	
$C_1 = 0.817\ 5$ mm	$C_2 = 1.2$ mm	$C_1 = 0.926\ 5$ mm	$C_2 = 1.2$ mm
$t_s = 4.249\ 8$ mm	$t_{sd} = 6.267\ 2$ mm	$t_s = 4.976\ 7$ mm	$t_{sd} = 7.103\ 2$ mm

续表 4-6

项目名称	××钢铁公司××热轧工程
系统名称	粗轧辅助液压系统
系统类型	碳钢（carbon steel）

							两者取小值
$D_o =$ 114 mm			$\sigma_{b/3.0} =$ 136.7 MPa		$D_o =$ 140 mm		管外径 mm
$\sigma_s =$ 245 MPa					$\sigma_s/1.6 =$ 153.1 MPa		设计壁厚 mm
$P =$ 16 MPa					$P -$ 设计压力 MPa		
$C_1 -$ 钢管负偏差			$C_2 -$ 腐蚀裕量 mm		$t_s -$ 计算壁厚 mm		
计算公式			$C_1 = (t_s + C_2) * 0.15$		$t_{sd} = t_s + C_1 + C_2$		$t_s = P * D_o / (2 * [\sigma]^t * 1 + P * 0.4)$

$C_1 =$ 1.136 2 mm	$C_2 =$ 1.2 mm	$C_1 =$ 1.354 3 mm	$C_2 =$ 1.2 mm
$t_s =$ 6.374 7 mm	$t_{sd} =$ 8.710 8 mm	$t_s =$ 7.828 5 mm	$t_{sd} =$ 10.382 8 mm
$D_o =$ 168 mm		$D_o =$ 219 mm	
$C_1 =$ 1.589 1 mm	$C_2 =$ 1.2 mm	$C_1 =$ 2.016 9 mm	$C_2 =$ 1.2 mm
$t_s =$ 9.394 2 mm	$t_{sd} =$ 12.183 4 mm	$t_s =$ 12.246 0 mm	$t_{sd} =$ 15.462 9 mm
$D_o =$ 273 mm		$D_o =$ 325 mm	
$C_1 =$ 2.469 8 mm	$C_2 =$ 1.2 mm	$C_1 =$ 2.906 0 mm	$C_2 =$ 1.2 mm
$t_s =$ 15.265 6 mm	$t_{sd} =$ 18.935 5 mm	$t_s =$ 18.173 3 mm	$t_{sd} =$ 22.279 3 mm
$D_o =$ 377 mm		$D_o =$ 425 mm	
$C_1 =$ 3.342 2 mm	$C_2 =$ 1.2 mm	$C_1 =$ 3.744 8 mm	$C_2 =$ 1.2 mm
$t_s =$ 21.081 1 mm	$t_{sd} =$ 25.623 2 mm	$t_s =$ 23.765 1 mm	$t_{sd} =$ 28.709 9 mm

注：▨ 为设计输入参数。

表 4-7　常见不锈钢钢管强度计算

不锈钢管道壁厚强度计算程序

项目名称	×× 钢铁公司××热轧工程
系统名称	粗轧(同服)控制液压系统
管道类型	不锈钢(stainless-steel)

钢管材料　06Cr19Ni10

参数			
σ_s = 205 MPa	= 136.7 MPa	工作温度 = -10 ~ 100 ℃	σ_b = 520 MPa
P = 6.3 MPa	$\sigma_b/3.0$ = 173.3 MPa	$\sigma_s/1.5$ = 136.7 MPa	$[\sigma]'$ = $\sigma_b/3.0, \sigma_s/1.5$ 两者取小值
C_1 - 钢管负偏差 mm	C_2 - 腐蚀裕量 mm	P - 设计压力 MPa	D_o - 管外径 mm
	$C_1 = (t_s + c_2) * 0.15$	t_s - 计算壁厚 mm	t_{sd} - 设计壁厚 mm
计算公式		$t_{sd} = t_s + C_1 + C_2$	$t_s = P * D_o / (2 * [\sigma]' * 1 + P * 0.4)$

D_o (mm)	C_1 (mm)	C_2 (mm)	t_s (mm)	t_{sd} (mm)
14	0.047 5	0	0.316 8	0.364 4
16	0.054 3	0	0.362 1	0.416 4
20	0.067 9	0	0.452 6	0.520 5
25	0.084 9	0	0.565 8	0.650 7
30	0.101 8	0	0.678 9	0.780 8
38	0.129 0	0	0.860 0	0.989 0
48	0.162 9	0	1.086 3	1.249 3
60	0.203 7	0	1.357 9	1.561 6
76	0.258 0	0	1.720 0	1.978 0
89	0.302 1	0	2.014 2	2.316 3

续表 4-7

项目名称	××钢铁公司××热轧工程	
系统名称	粗轧(同服)控制液压系统	
管道类型	不锈钢(stainless-steel)	

$D_o =$	114 mm	$D_o =$	140 mm
$P =$	6.3 MPa	$P -$ 设计压力	MPa
$C_1 -$ 钢管负偏差	mm	$t_s -$ 计算壁厚	mm

计算公式:

$$C_1 = (t_s + C_2) * 0.15$$
$$C_2 -$$ 腐蚀裕量 $$* 0.15$$
$$t_s = P * Do / (2 * ([\sigma]^t * 1 + P * 0.4))$$
$$t_{sd} = t_s + C_1 + C_2$$

($t_{sd} -$ 设计壁厚; $Do -$ 管外径)

左侧		右侧	
$C_1 =$ 0.3870 mm	$C_2 =$ 0 mm	$C_2 =$ 0 mm	$C_1 =$ 0.4753 mm
$t_s =$ 2.5800 mm	$t_{sd} =$ 2.9670 mm	$t_{sd} =$ 3.6437 mm	$t_s =$ 3.1684 mm
$Do =$ 168 mm		$Do =$ 219 mm	
$C_1 =$ 0.5703 mm	$C_2 =$ 0 mm	$C_2 =$ 0 mm	$C_1 =$ 0.7434 mm
$t_s =$ 3.8021 mm	$t_{sd} =$ 4.3724 mm	$t_{sd} =$ 5.6997 mm	$t_s =$ 4.9563 mm
$Do =$ 273 mm		$Do =$ 325 mm	
$C_1 =$ 0.9268 mm	$C_2 =$ 0 mm	$C_2 =$ 0 mm	$C_1 =$ 1.1033 mm
$t_s =$ 6.1784 mm	$t_{sd} =$ 7.1052 mm	$t_{sd} =$ 8.4585 mm	$t_s =$ 7.3552 mm
$Do =$ 377 mm		$Do =$ 425 mm	
$C_1 =$ 1.2798 mm	$C_2 =$ 0 mm	$C_2 =$ 0 mm	$C_1 =$ 1.4428 mm
$t_s =$ 8.5321 mm	$t_{sd} =$ 9.8119 mm	$t_{sd} =$ 11.0611 mm	$t_s =$ 9.6184 mm

注: ▨ 为设计输入参数。

4.6 管道压力等级及标准管件选型表

为方便设计选型,按钢铁冶金工程中常用的压力等级及材料选型列表,详见图 4-1~4-10。

常用压力等级(PN bar):16,63,160,210,320。

常用材料:碳钢、不锈钢。

图 4-1　PN16 不锈钢标准管件选型表

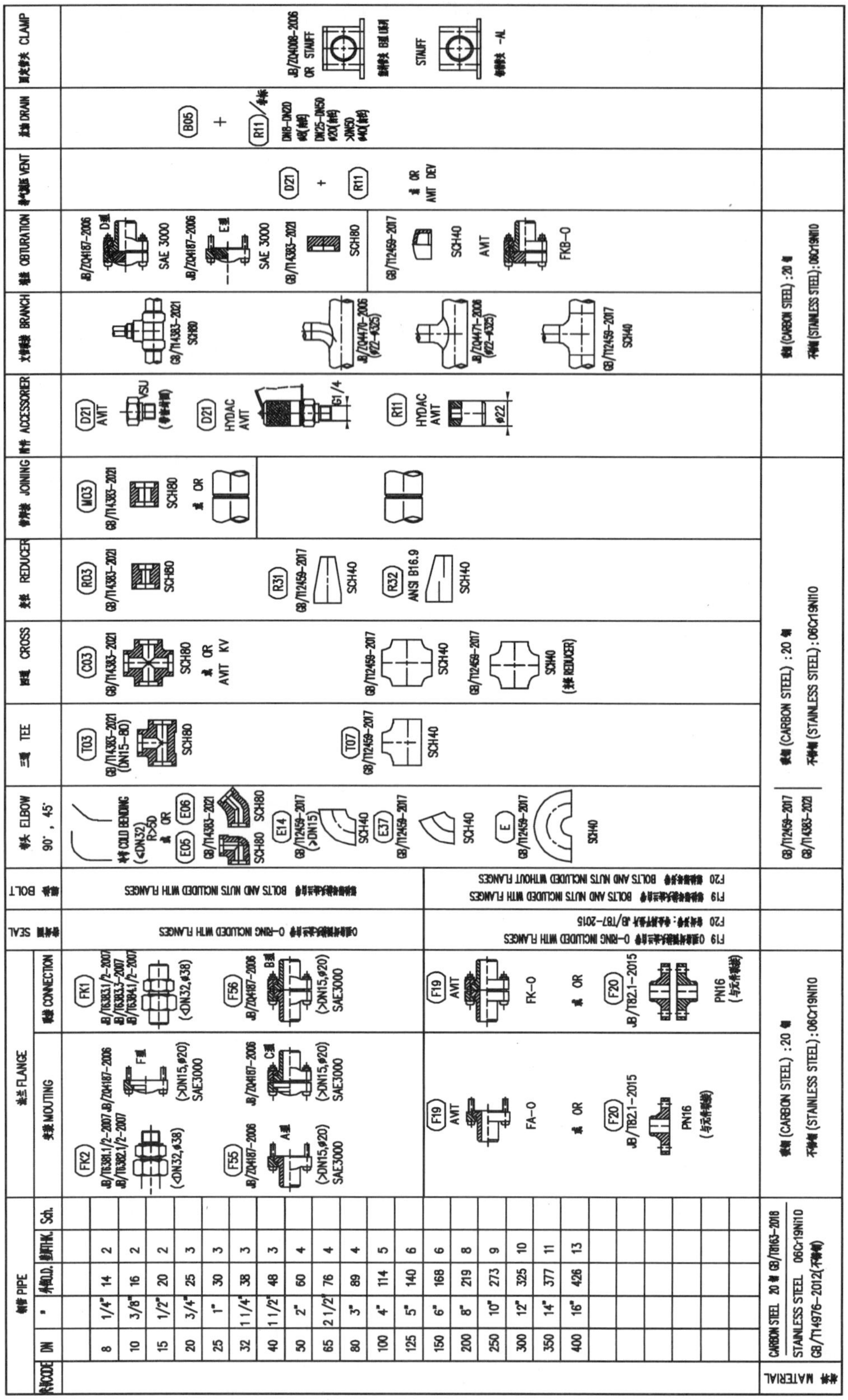

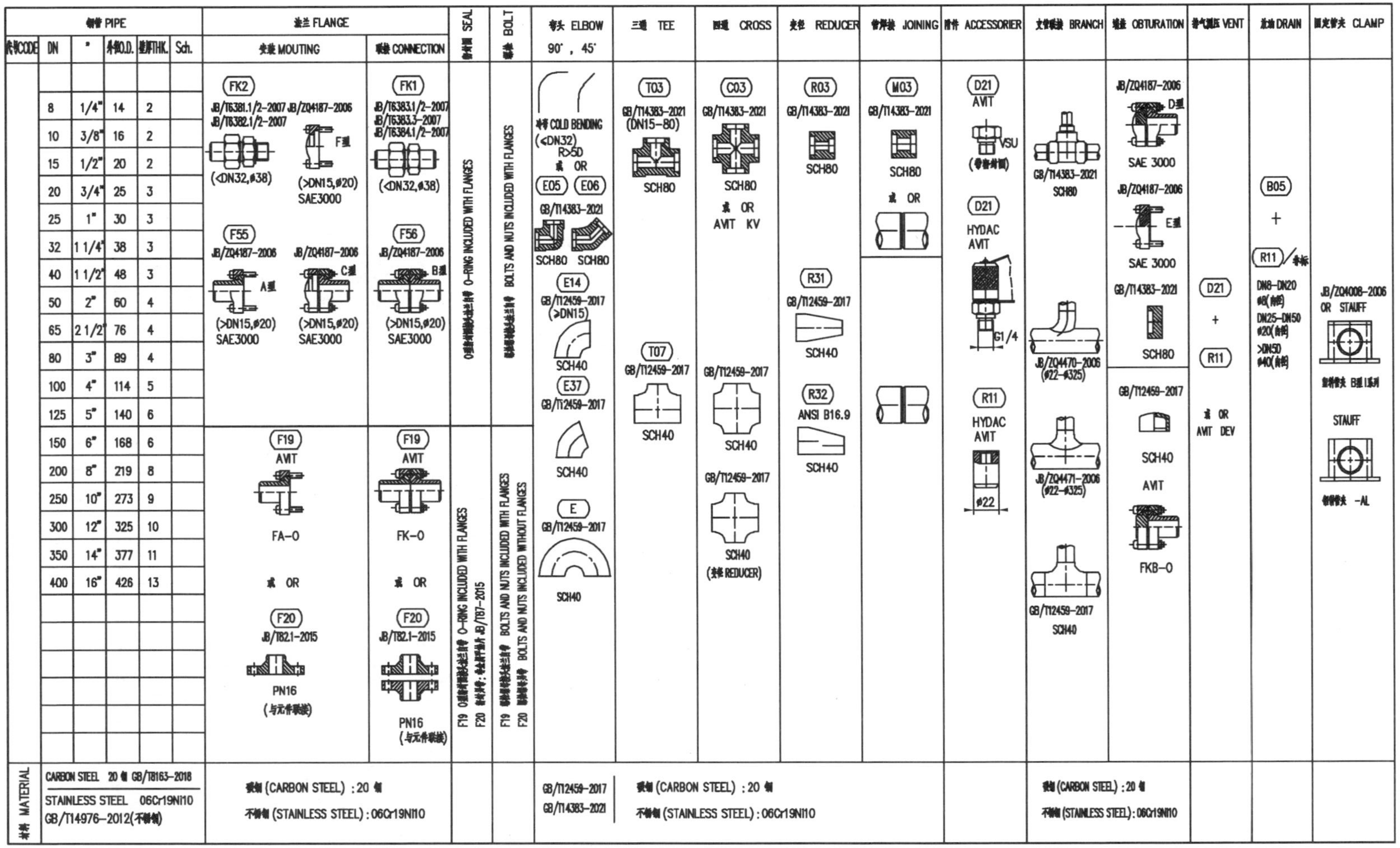

图 4-2　PN16 碳钢标准管件选型表

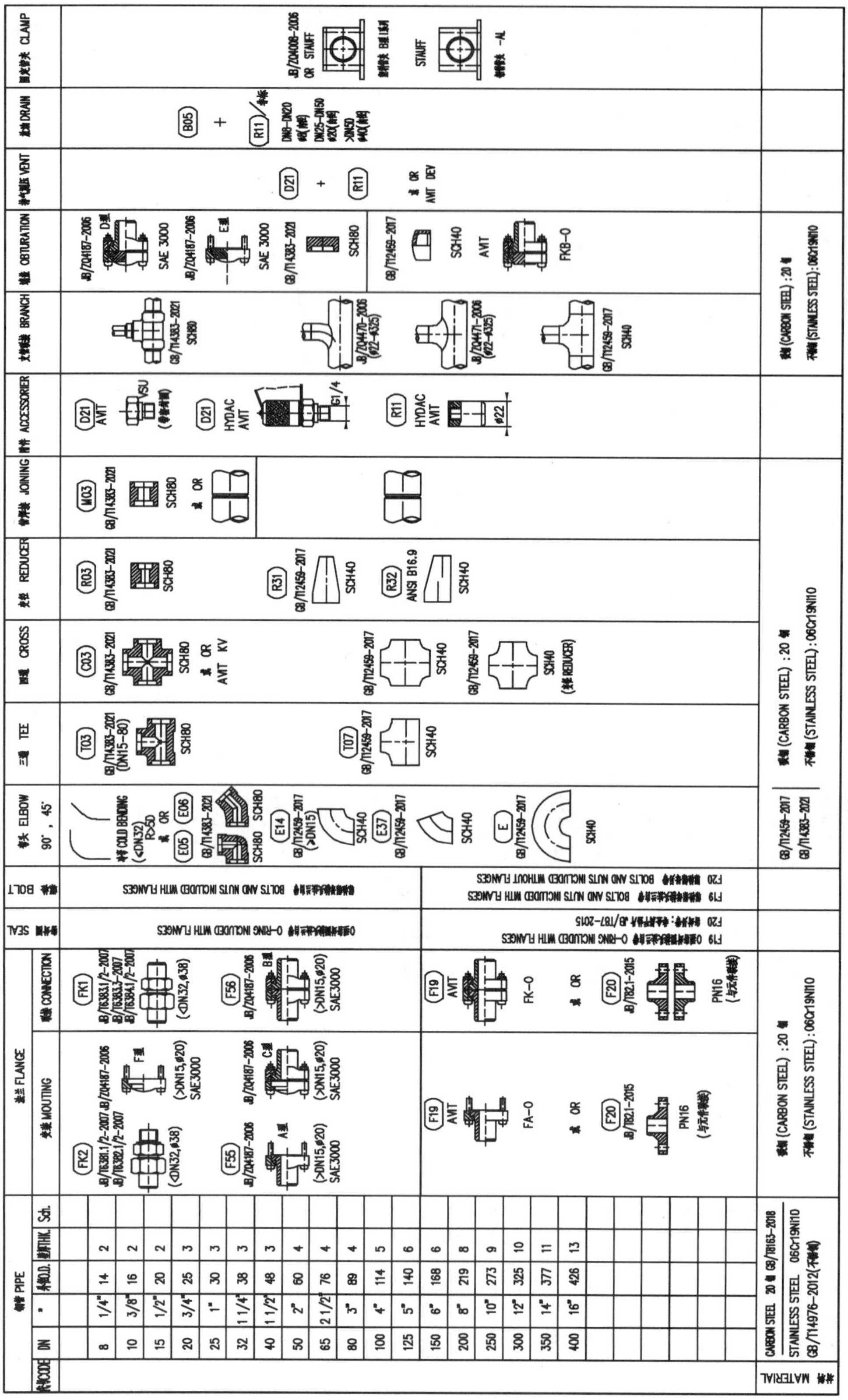

图 4-3 PN63 不锈钢标准管件选型表

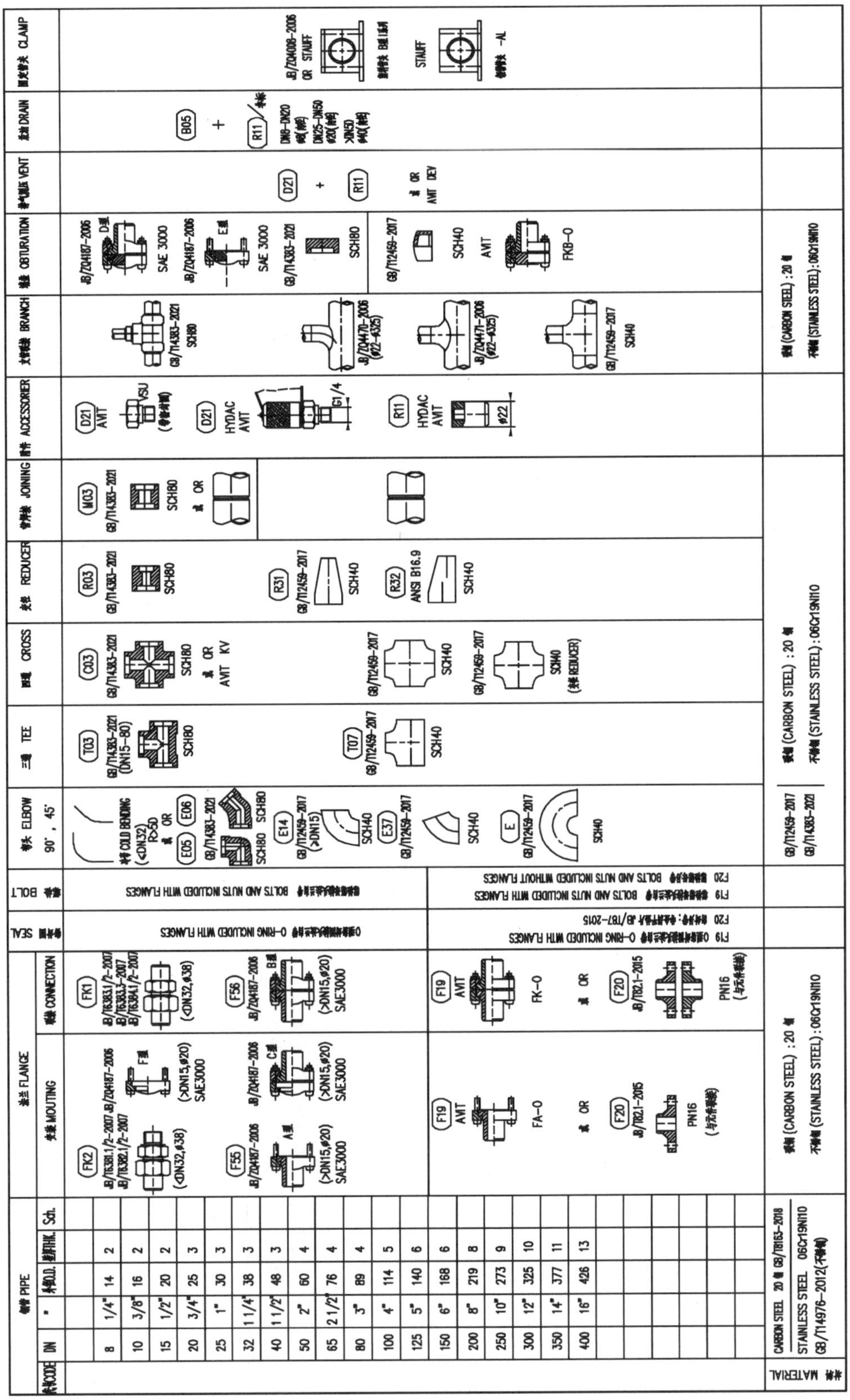

图 4-4　PN63 碳钢标准管件选型表

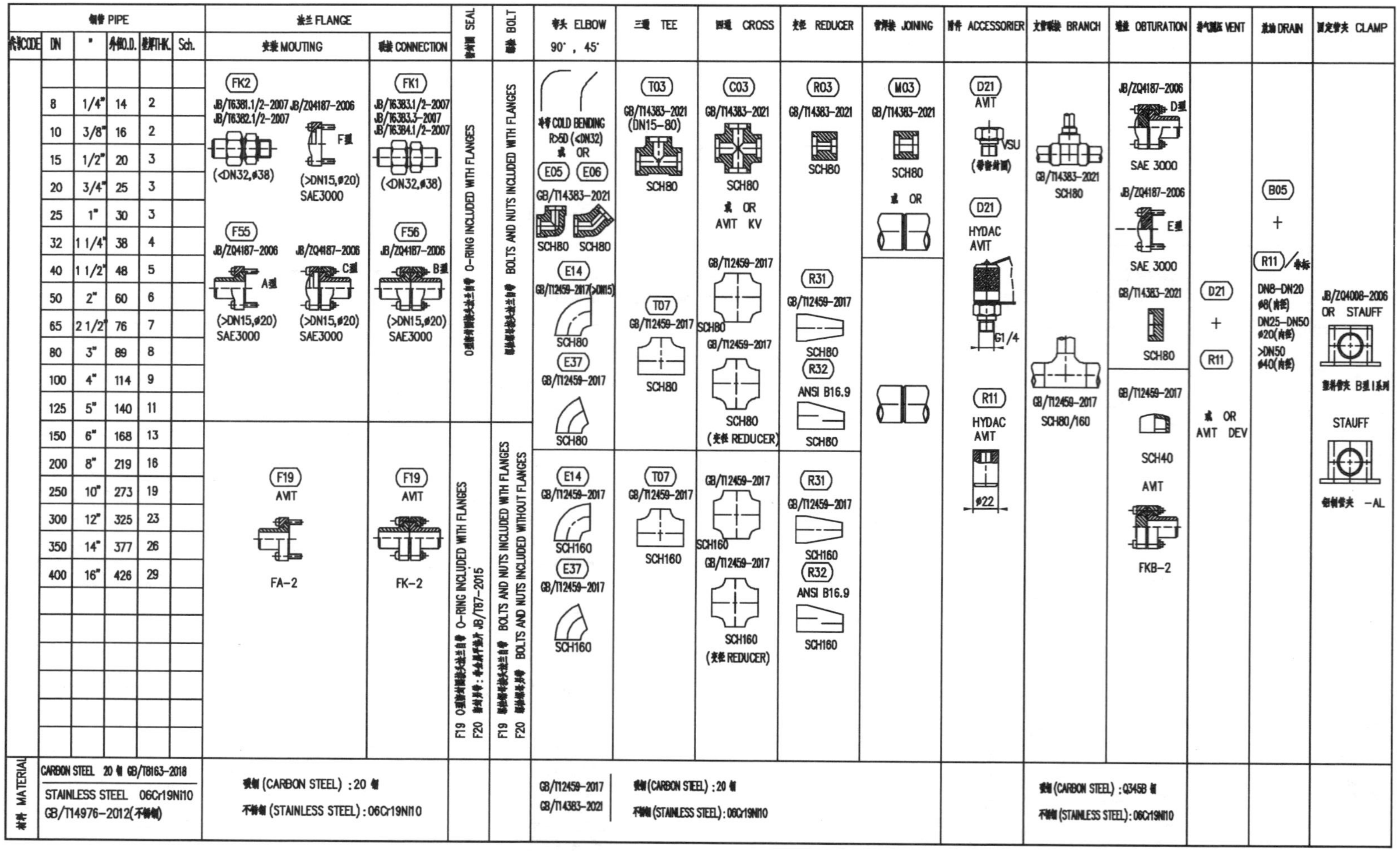

图4-5 PN160不锈钢标准管件选型表

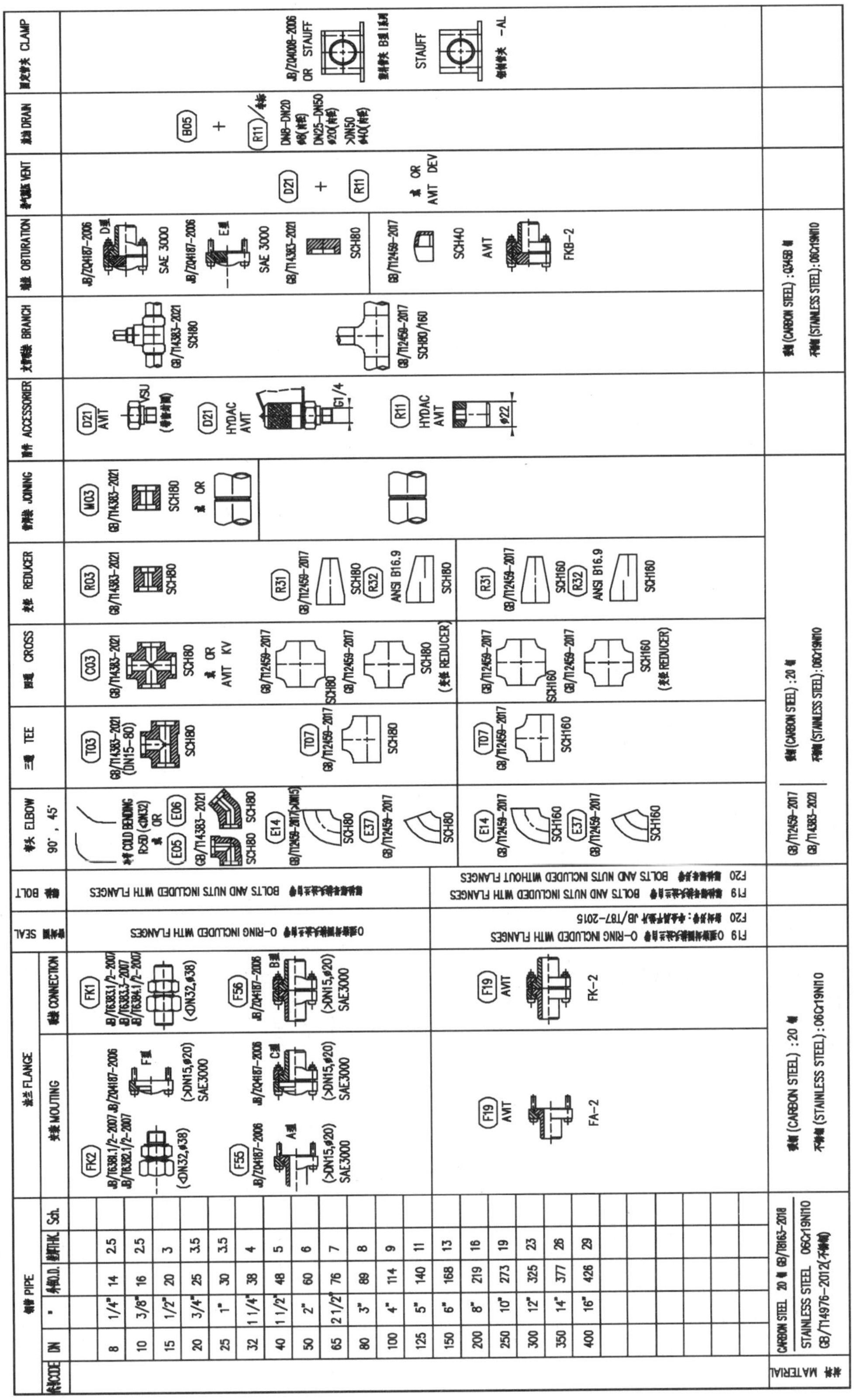

图 4-6　PN160 碳钢标准管件选型表

件代码 PARTCODE	PIPE					法兰 FLANGE			密封 SEAL	螺栓 BOLT	弯头 ELBOW 90°、45°	三通 TEE	四通 CROSS	大小头 REDUCER	活接头 JOINING	附件 ACCESSORIER	支管接 BRANCH	堵头 OBTURATION	排气阀 VENT	排油 DRAIN	其他安装 CLAMP
	公称通径 DN	"	外径D O.D.	壁厚t WALL	Sch.	连接 CONNECTION	安装 MOUTING														
	8	1/4"	14	2.5	2.5																
	10	3/8"	16	2.5	2.5																
	15	1/2"	20	3	3																
	20	3/4"	25	3.5	3.5																
	25	1"	30	4																	
	32	1 1/4"	38	4																	
	40	1 1/2"	48	5	5																
	50	2"	60	6	6																
	65	2 1/2"	76	7	7																
	80	3"	89	8	8																
	100	4"	114	9	9																
	125	5"	140	11	11																
	150	6"	168	13	13																
	200	8"	219	16	16																
	250	10"	273	19	19																
	300	12"	325	23	23																
	350	14"	377	26	26																
	400	16"	426	29	29																
材料 MATERIAL	碳钢 CARBON STEEL 20 钢 GB/T8163-2018　不锈钢 STAINLESS STEEL 06Cr19Ni10 GB/T14976-2012(无缝钢)					碳钢(CARBON STEEL) : 20 钢　不锈钢(STAINLESS STEEL) : 06Cr19Ni10												碳钢(CARBON STEEL) : Q345B 钢　不锈钢(STAINLESS STEEL) : 06Cr19Ni10			

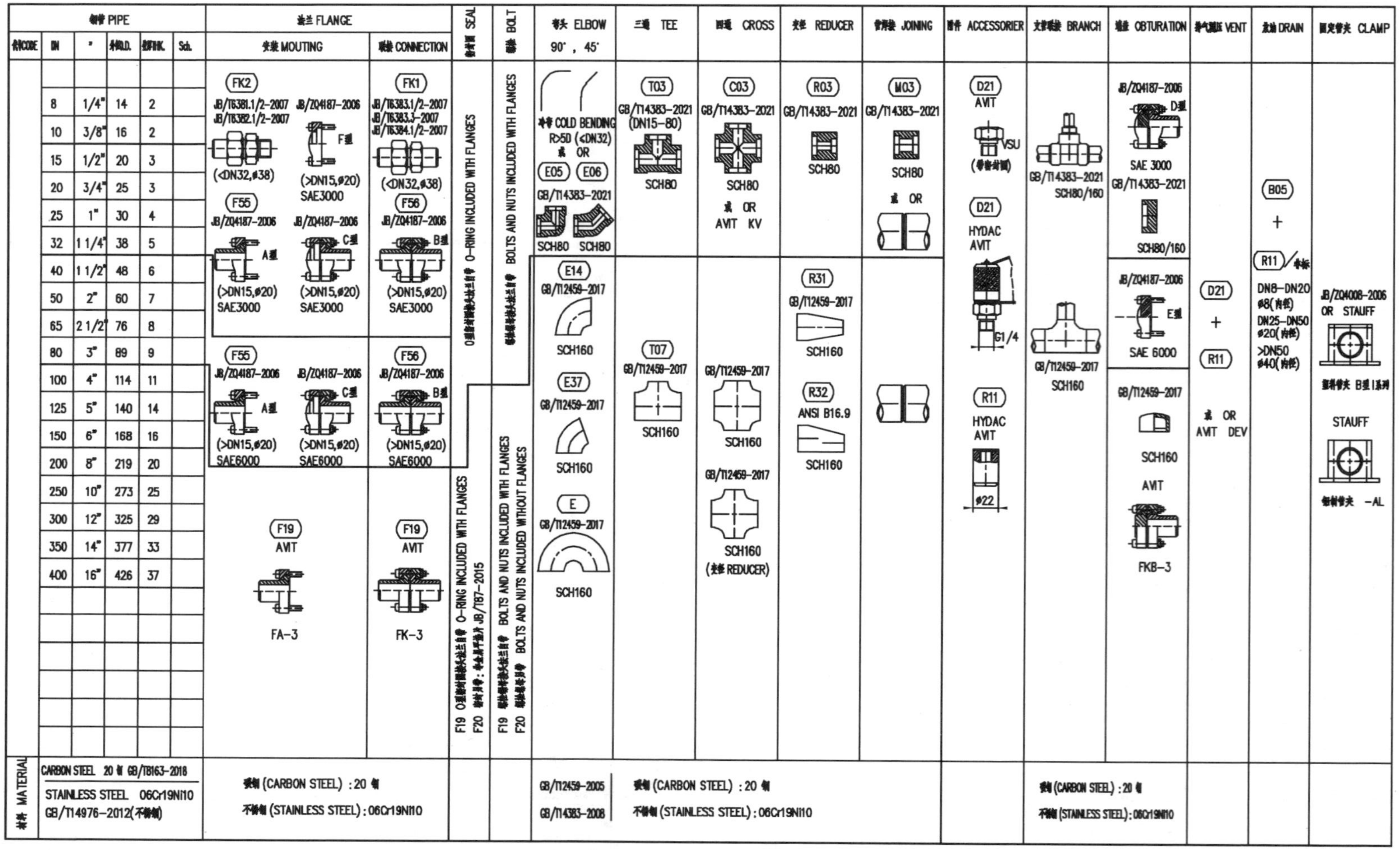

图 4-7 PN210 不锈钢标准管件选型表

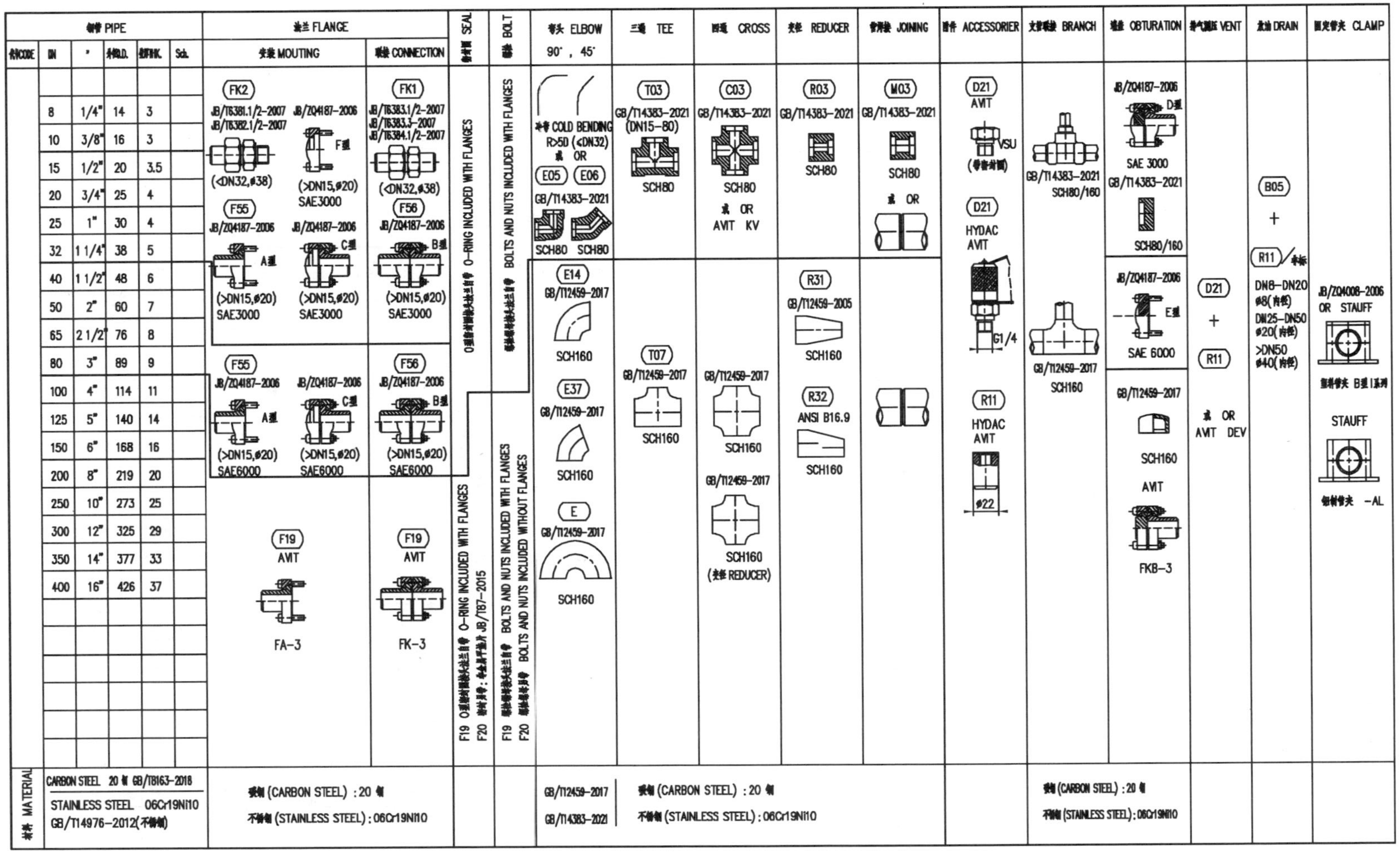

图 4-8　PN210 碳钢标准管件选型表

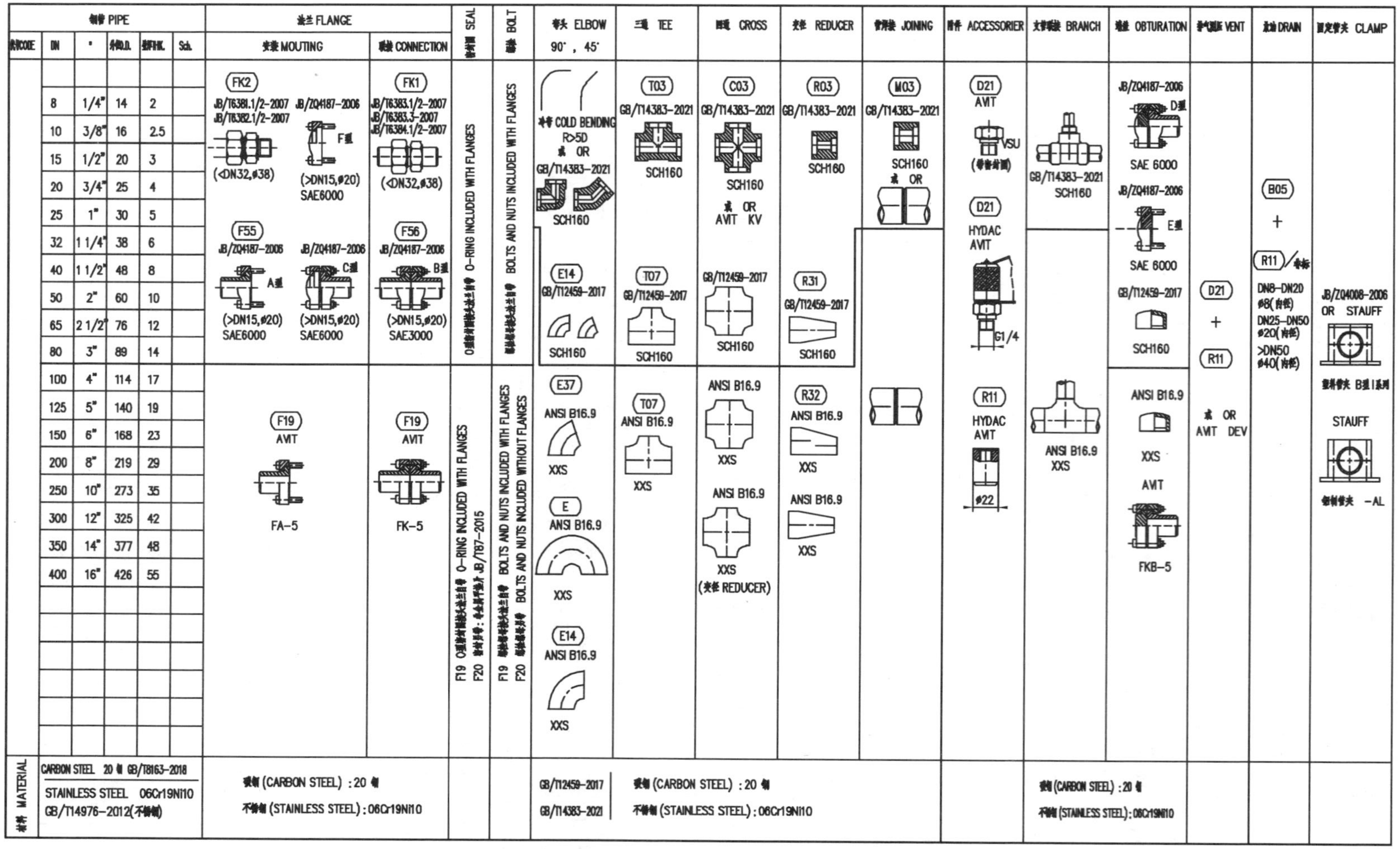

图 4-9 PN320 不锈钢标准管件选型表

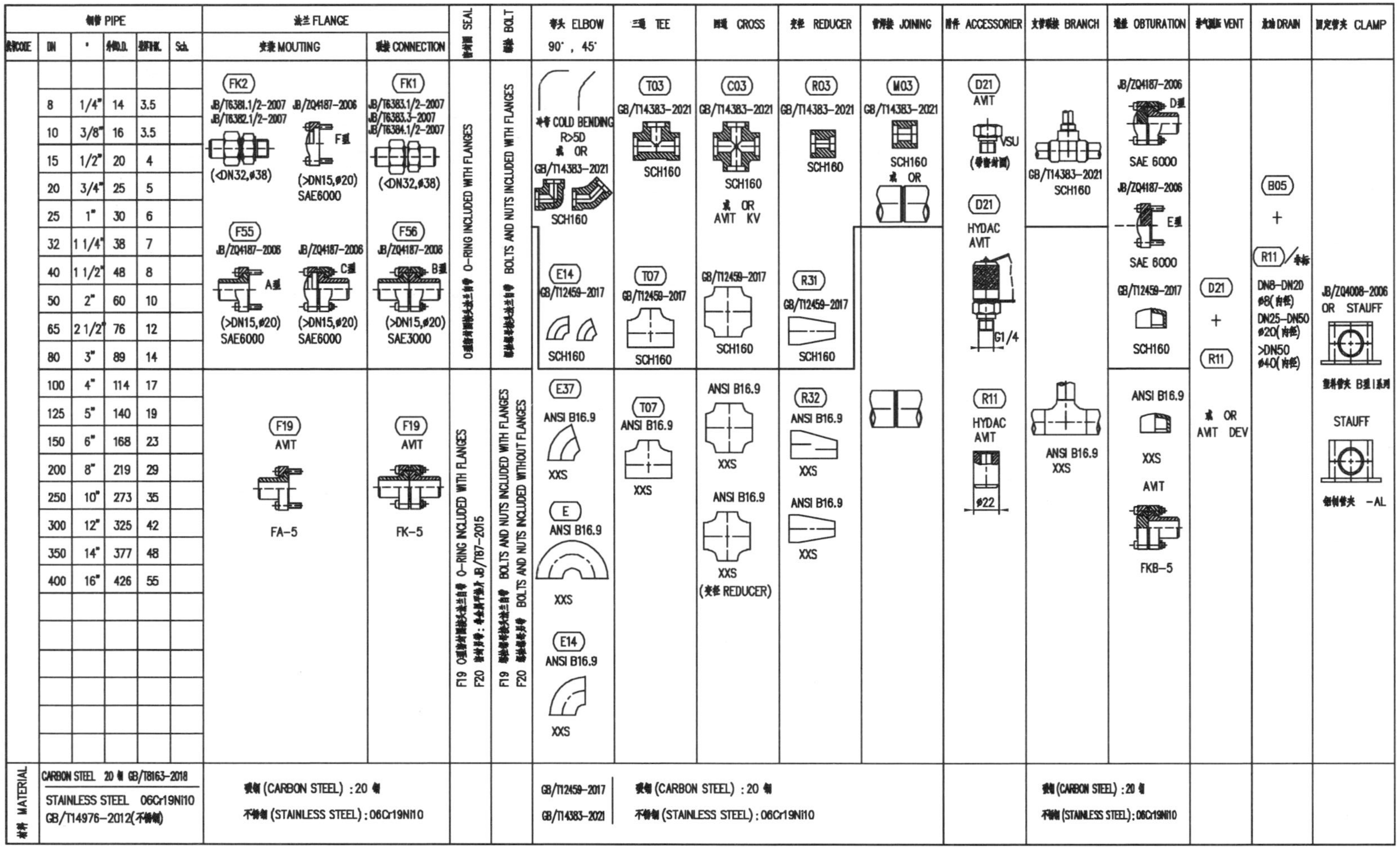

图 4-10　PN320 碳钢标准管件选型表

4.7 管道重量速查表

表4-8 管道重量速查表

PN16									
DN	8	10	15	20	25	32	40	50	65
英制	1/4″	3/8″	1/2″	3/4″	1″	1 1/4″	1 1/2″	2″	2 1/2″
外径/mm	14	16	20	25	30	38	48	60	76
壁厚/mm	3	3	3	3	3.5	4	4	4	5
Sch	40	40	40	40	40	40	40	40	40
质量/(kg/m)	0.814	0.962	1.26	1.63	2.29	3.35	4.34	5.52	8.75
在1 m/s流速下流量/(L/min)	3.01	4.70	9.21	16.96	24.86	42.29	75.18	127.06	204.68
DN	80	100	125	150	200	250	300	350	400
英制	3″	4″	5″	6″	8″	10″	12″	14″	16″
外径/mm	89	114	140	168	219	273	325	377	426
壁厚/mm	6	6	6.5	7.5	8	9	10	11	13
Sch	40	40	40	40	40	40	40	40	40
质量/(kg/m)	12.28	15.98	21.4	29.68	41.63	58.59	77.68	99.28	132.4
在1 m/s流速下流量/(L/min)	278.60	488.87	757.88	1 099.96	1 936.36	3 055.45	4 371.13	5 921.76	7 518.21
PN140									
DN	8	10	15	20	25	32	40	50	65
英制	1/4″	3/8″	1/2″	3/4″	1″	1 1/4″	1 1/2″	2″	2 1/2″
外径/mm	14	16	20	25	30	38	48	60	76
壁厚/mm	3	3	3	3	3.5	5	5	6	7
Sch	40	40	40	40	40	80	80	80	80
质量/(kg/m)	0.814	0.962	1.26	1.63	2.29	4.07	5.3	7.99	11.91
在1 m/s流速下流量/(L/min)	3.01	4.70	9.21	16.96	24.86	36.84	67.85	108.26	180.62
DN	80	100	125	150	200	250	300	350	400
英制	3″	4″	5″	6″	8″	10″	12″	14″	16″
外径/mm	89	114	140	168	219	273	325	377	426
壁厚/mm	8	9	12	14	18	22	25	28	30
Sch	80	80	120	120	120	120	120	120	120
质量/(kg/m)	15.98	23.3	37.88	53.17	89.22	136.17	184.95	240.98	292.96
在1 m/s流速下流量/(L/min)	250.40	433.05	632.28	920.98	1 573.61	2 464.14	3 553.53	4 841.77	6 294.43

续表 4-8

PN210									
DN	8	10	15	20	25	32	40	50	65
英制	1/4″	3/8″	1/2″	3/4″	1″	1 1/4″	1 1/2″	2″	2 1/2″
外径/mm	14	16	20	25	30	38	48	60	76
壁厚/mm	3	3	3.5	4	4.5	6	7	9	10
Sch	80	80	80	80	80	160	160	160	160
质量/(kg/m)	0.814	0.962	1.42	2.07	2.83	4.74	7.08	11.32	16.28
在 1 m/s 流速下流量/(L/min)	3.01	4.70	7.94	13.58	20.72	31.76	54.32	82.89	147.36
DN	80	100	125	150	200	250	300	350	400
英制	3″	4″	5″	6″	8″	10″	12″	14″	16″
外径/mm	89	114	140	168	219	273	325	377	426
壁厚/mm	11	14	16	18	22	28	32	36	40
Sch	160	160	160	160	160	160	160	160	160
质量/(kg/m)	21.16	34.52	48.93	66.58	106.88	169.17	231.21	302.73	380.75
在 1 m/s 流速下流量/(L/min)	210.93	347.53	548.08	818.73	1 439.03	2 212.66	3 200.92	4 371.13	5 625.31
PN320									
DN	8	10	15	20	25	32	40	50	65
英制	1/4″	3/8″	1/2″	3/4″	1″	1 1/4″	1 1/2″	2″	2 1/2″
外径/mm	14	16	20	25	30	38	48	60	76
壁厚/mm	3.5	4	4.5	6	6.5	8	10	11	14
Sch	160	160	160	160	160	xxs	xxs	xxs	xxs
质量/(kg/m)	0.906	1.18	1.72	2.81	3.77	5.92	9.37	13.29	21.41
在 1 m/s 流速下流量/(L/min)	2.30	3.01	5.69	7.94	13.58	22.74	36.84	67.85	108.26
DN	80	100	125	150	200	250	300	350	400
英制	3″	4″	5″	6″	8″	10″	12″	14″	16″
外径/mm	89	114	140	168					
壁厚/mm	15	17	20	24					
Sch	xxs	xxs	xxs	xxs					
质量/(kg/m)	27.37	40.66	59.18	85.22					
在 1 m/s 流速下流量/(L/min)	163.57	300.73	469.89	676.64					

4.8　海外工程管道等级设计

　　海外工程液压系统、稀油润滑系统管道的设计中,管道等级表是针对特定管道中的所有管道元件固定组合的术语,在特定的公称压力和材质下强制指定每一个管道元件的设计特性。管道设计如未采用本节规定时,按 DIN 2413(无缝钢管的计算)和/或 DIN EN12952-3(水管锅炉和辅助设备:压力零件的设计和计算),特定工程按所在国家(或地区)相关规定执行。

表4-9 管道等级索引表

序号	等级	服务对象	最小通径	最大通径	从 T/P/(℃/bar)	到 T/P/(℃/bar)	压力等级/MPa	材质	腐蚀裕量/mm
1	CP01	液压油、润滑油	DN6	DN400	−10	+80	1.6	P235TR1	1.0
2	CS01	液压油、润滑油	DN6	DN400	−10	+80	6.3	P235TR1	1.0
3	CU01	液压油、润滑油	DN6	DN400	−10	+80	16	P235TR1	1.0
4	CW01	液压油、润滑油	DN6	DN400	−10	+80	25	P235TR1	1.0
5	CX01	液压油	DN6	DN150	−10	+80	31.5	P235TR1	1.0
6	SP01	液压油、润滑油	DN6	DN400	−10	+80	1.6	X5CrNi18-10	
7	SS01	液压油、润滑油	DN6	DN400	−10	+80	6.3	X5CrNi18-10	
8	SU01	液压油、润滑油	DN6	DN400	−10	+80	16	X5CrNi18-10	
9	SW01	液压油、润滑油	DN6	DN400	−10	+80	25	X5CrNi18-10	
10	SX01	液压油	DN6	DN150	−10	+80	31.5	X5CrNi18-10	

表4-10 管道等级表(示例一)

管道等级
CP01

1 设计条件

公称压力　1.6 MPa(16 bar)　　　　温度范围　−10 ℃~+80 ℃

管道材质　P235TR1+N　　　　　　腐蚀裕量　1.0 mm

2 容许管径/mm

通径	DN6	DN10	DN15	DN20	DN25	DN32	DN40	DN50	DN65
外径	10.0	16.0	20.0	25.0	30.0	38.0	48.3	60.3	76.1
壁厚	1.5	2.5	3.0	3.0	4.0	3.0	2.6	2.9	2.9

通径	DN80	DN100	DN125	DN150	DN200	DN250	DN300	DN350	DN400
外径	88.9	114.3	139.7	168.3	219.1	273.0	323.9	355.6	406.4
壁厚	3.2	3.6	4.0	4.5	6.3	6.3	7.1	8.0	8.8

续表 4-10

组件	公称通径	标准	材质	备注
3 容许材质				
管道	6~400	DIN 10216-1	P235TR1+N	无缝钢管
管接头	6~32		碳钢	24°锥,重系列焊接接头(如 Avit)
弯头	32~400	DIN 2605-1/ 2609 *	P235TR1+N	
异径	10~400	DIN 2616-2/ 2609 *	P235TR1+N	
三通	15~400	DIN 2615-1/ 2609 *	P235TR1+N	
V 形法兰	40~400	DIN 2633/ 2519 *	P235TR1+N	
盲法兰	40~400	DIN 2527/ 2519 *	P235TR1+N	
SAE、FA/FK 法兰	15~125		P235TR1+N (焊接接管材质)	SAE3000 如 Avit
密封	40~400	DIN 1514-1	组合密封垫圈	平面垫圈
	15~125	DIN 3601-1	丁氰橡胶/氟橡胶	O 型圈
管夹	6~200	DIN 3015-2	塑料	重系列,A 和 H 形
	6~200	DIN 3015-2	铝;高温区域	重系列,A 和 H 形
	40~400	DIN 3570	钢、镀锌	管箍
螺栓 螺母	40~400	DIN 4014/ 4032	8.8级	法兰连接用螺栓
	40~400	DIN 4017/ 4032	8.8级	长度根据螺栓表确定
	15~125	DIN 4762/ 4032	8.8级	
胶管	6~40	STAUFF 样本	丁腈橡胶	2SN;4SP;4SH

表 4-11　管道等级表(示例二)

管道等级
SW01

1　设计条件

公称压力　25 MPa(250 bar)　　　温度范围　−10 ℃~+80 ℃
管道材质　X5CrNi18-10(1.4301)　　腐蚀裕量　0.0 mm

2　容许管径/mm

通径	DN6	DN10	DN15	DN20	DN25	DN32	DN40	DN50	DN65
外径	10.0	16.0	20.0	25.0	30.0	38.0	48.3	60.3	76.1
壁厚	1.5	2.5	3.0	4.0	5.0	6.0	8.0	10.0	12.5

通径	DN80	DN100	DN125	DN150	DN200	DN250	DN300	DN350	DN400
外径	88.9	114.3	139.7	168.3	219.1	273.0	323.9	355.6	406.4
壁厚	14.2	17.5	20.0	22.2	28.0	36.0	40.0	45.0	50.0

3　容许材质

组件	公称通径	标准	材质	备注
管道	6~400	DIN 10216-5	X5CrNi18-10	

组件	公称通径	标准	材质	备注
管接头	6~32		X5CrNi18-10	24°锥,重系列焊接接头(如 Avit)
弯头	32~400	DIN 2605-2/ 2609 *	X5CrNi18-10	
异径	10~400	DIN 2616-2/ 2609 *	X5CrNi18-10	
三通	15~400	DIN 2615-2/ 2609 *	X5CrNi18-10	
SAE、FA/FK 法兰	15~80		X5CrNi18-10 (焊接接管材质)	SAE6000 如 Avit
密封	15~80	DIN 3601-1	丁氰橡胶/氟橡胶	O 形圈
管夹	6~200 6~200 40~400	DIN 3015-2 DIN 3015-2 STAUFF 样本	塑料铝; 高温区域 St37	重系列,A 和 H 形 重系列,A 和 H 形 扁钢管夹
螺栓 螺母	15~80	DIN 4762/4032	8.8 级	法兰连接用螺栓 长度根据螺栓表确定
胶管	6~40	STAUFF 样本	丁腈橡胶	2SN;4SP;4SH

4.9 设备机上配管设计

4.9.1 设计要求

(一)根据管道内介质(液压油、干油、稀油、气体、水)、温度、压力、介质速度、介质的腐蚀性、工况、特殊要求等情况,确定配管设计时采用的标准;确定管道公称通径、材质。为满足液压和气动控制响应要求,设备机上液压(气动)配管的管道通径要根据液压(气动)原理图确定的管道通径设计,不能仅根据驱动液压(气)缸的油(气)口大小确定配管通径。

(二)根据机械设备的外形尺寸、结构形式、介质用户点的情况,确定管路路径。管道应成列/行平行布置,尽量走直线少拐弯。整个管路走向要横平竖直、整洁美观;设备上的各种管路应相互不干涉,同平面交叉的管路不得接触。尽量避免出现"u"形或"n"形管路。

当设备上管路较多、配管密集复杂时(如板带轧机机上配管),宜设置管路板进行规整,以保持配管整齐美观。

(三)管道应尽量贴近机体,各种管路上的接头、法兰、管夹(箍)等配件要错开,不得妨碍机械设备的运转和人员操作,要便于管件的连接和检修。

(四)根据管路公称通径、路由、系统原理、用户点的功能要求来选配管件。

(五)相邻管件轮廓边缘的距离应>10 mm,相邻管道的法兰或活接头相互错开的距离应>100 mm,保留足够的紧固扳手空间。

(六)靠自重的回油管道,其斜度≥1%。

(七)当管道改变标高或走向时,尽量做到"步步高"或"步步低",避免管道形成气袋、液袋、盲肠;如不可避免时,应于高点设放空(气)阀,低点设放净(液)阀。

(八)由于管道法兰连接处易泄漏,所以,除必须采用法兰连接的设备、阀门、特殊管件外,其他均应采用对焊连接。

(九)成型无缝管件(弯头、异径管、三通等)不宜直接与平焊法兰焊接,其间要加一小段直管,其长度不小于公称直径,最短不低于 100 mm。

(十)当管子外径 $D≤42$ mm 时,管子的弯曲半径 $R≥2.5D$;当管子外径 $D>42$ mm 时,管子的弯曲半

径 $R \geqslant 3D$。

（十一）外部负载不能作用在管路上，管路不应支撑管件外的其他元器件，避免和减少由元件的质量、振动和冲击力引起对管路的负载。在具有振动和不动的设备之间配管，其间应配置隔振元件或者软管。

（十二）双缸同步回路中的两液压管道应对称设计，管道长度、管径大小、弯曲形状和管线走向应一致。

（十三）高压管路尽量减少弯曲部位，并尽量不用弯头或少用弯头。配管时要考虑到检修方便，并留有足够维修空间。

（十四）脂润滑的给油器应设置在机体的适当部位，不得有碍观察、操作和检修；安装主油管到给油器的支管时，要保证同一系统内给油器指针动作方向一致；支管配制要整齐美观，同类管道的规格、尺寸要统一。

（十五）软管的敷设

（1）外径大于 30 mm 的软管，其最小弯曲半径不应小于管子外径的 9 倍，外径小于等于 30 mm 的软管，其最小弯曲半径不应小于管子外径的 7 倍。

（2）软管与管接头的连接处，应有一段直管段，其长度不应小于管子外径 6 倍。

（3）设计时，要注意软管在静止及随机移动时，均不得产生扭转变形现象。

（4）软管长度过长或受较强振动时，设计要考虑管卡夹持。

（5）当软管自重会引起较大变形时，应设支托或按其自垂位置进行安装。

（6）软管长度除满足弯曲半径和移动行程外，尚应留有 4% 的余量。

（7）软管相互间及与其他物件不应有摩擦现象，靠近热源时，必须有隔热措施。

（8）当软管随机移动距离较大而使软管自由悬垂较长时，宜设置软管拖链进行规整，以保持配管整齐美观。

（十六）对于压力大于等于 16 MPa 的管路，法兰使用端面带密封件的连接处，直边尺寸误差在 ±2 mm 以内，角度偏差应在 ±30′ 内。

（十七）在两法兰之间应根据其压力等级，选用不同压力等级的密封垫圈。

（十八）在管件端面带有密封件的旋入式接头连接时，不允许另外使用密封剂密封。

（十九）在不带端面密封件的接头和螺纹配件时，根据压力等级情况，选用适合的密封剂密封。

（二十）配管设计时，要考虑管子型号、零部件的通用性；尽量减少规格、型号、品种。

（二十一）管路及其配件按 1.6 MPa、6.3 MPa、16 MPa、21 MPa、32 MPa 五个压力等级选用，见相关章节。

（二十二）材料选用规定

（1）高压管道（$P>16$ bar），直径 $D<$DN32，采用活接头，优先使用 JB/T 6383.1—2007 锥密封两端焊接式直通管接头，也可以使用 AVIT 公司管接头标准。

（2）高压管道（$P>16$ bar），直径 $D \geqslant$DN32，采用法兰，优先使用 JB/ZQ 4187—2007 SAE 法兰，但直径 $D \geqslant$DN100 的法兰，若 SAE 法兰不能满足要求，也可以使用 AVIT 公司 FK 法兰标准。

（3）回油管道（$P \leqslant 16$ bar），可以使用 JB/ZQ 4187—2007 SAE 法兰，也可以使用 JB/T 81—2015 平面法兰或 JB/T 82—2015 对焊钢法兰，但优先采用 JB/T 81—2015 平面法兰。

4.9.2 接点表示示例

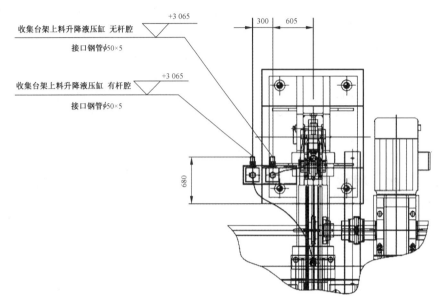

图 4-11 液压接点表示方法

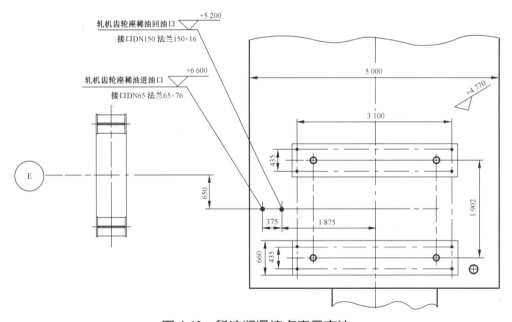

图 4-12 稀油润滑接点表示方法

第5章 液压润滑系统设备设计

5.1 液压润滑系统设备设计概述

液压润滑技术具有其他技术不可替代的优点,在冶金行业的应用越来越广泛。鉴于服务对象不同,实现的功能不同,液压润滑技术应用呈现多样性和复杂性,对液压润滑系统设备从设计开始就必须引起高度重视。

5.1.1 液压技术在冶金装备的常见应用

(一) 应用的普遍性

在炼铁系统、炼钢系统、轧钢系统的应用越来越普遍,应用概况见表5-1~表5-4。

(二) 应用的多样性

应用于液压传动系统、比例系统、闭式系统、伺服控制系统。

(三) 应用的复杂性

液压技术为自动化、高效率冶金生产线的关键保障技术,依赖度越来越高。

表5-1 炼铁系统液压技术应用概况

冶金工艺单元	系统	设备	液压控制
炼铁	高炉	炉顶	P. V.
		炉前	30 MPa
		热风炉	常规
		水渣处理	闭式回路
		煤气清洗	S. V. FB
	非高炉炼铁	炉顶	P. V.
		炉前	30 MPa
		煤气清洗	S. V. FB

表5-2 炼钢系统液压技术应用概况

冶金工艺单元	系统	设备	液压控制
炼钢	铁水预处理	辅助设备	常规+P. V.
	转炉	活动烟罩	同步
	电炉、精炼炉	电极	S. V. FB
		辅助设备	常规+P. V.
	连铸(方/板/圆/异型坯)	平台上设备(回转台/中间罐车)	高可靠性
		结晶器振动装置	S. V. FB
		扇形段/拉矫机	常规+P. V.
		后区设备	常规+P. V.

表5-3　轧钢系统(型钢)液压技术应用概况

冶金工艺单元	系统	设备	控制
轧钢	钢管轧机	环型加热炉	常规+P. V.
		主轧线	常规+P. V.
		主轧线	S. V. FB
		热处理精整线	常规+P. V.
		管加工线	常规+P. V.
		专用设备	常规
	焊管线	专用设备	常规+P. V.
		热处理精整线	常规+P. V.
		管加工线	常规+P. V.
轧钢	棒线材轧机	步进式加热炉	常规+P. V.
		主轧线	常规+P. V.
		精整线	常规+P. V.
		专用设备	常规
	型钢轧机	步进式加热炉	常规+P. V.
		主轧线	常规+P. V.
		主轧线	S. V. FB
		精整线	常规+P. V.
		专用设备	常规

表5-4　轧钢系统(板带钢)液压技术应用概况

冶金工艺单元	系统	设备	液压控制
轧钢	中/厚板轧机	步进式加热炉	常规+P. V.
		主轧线	S. V. FB
		主轧线、精整线	常规+P. V.
		专用设备	常规
	热轧带钢轧机	步进式加热炉	常规+P. V.
		主轧线	常规+P. V.
		主轧线	S. V. FB
		精整线(平整分卷、横切、纵切等)	常规+P. V. S. V. FB
轧钢	带钢冷轧	酸洗线	常规+P. V.
		主轧线	S. V. FB
		退火线	常规+P. V.
		平整线	常规+S. V.
		镀锌线	常规+P. V.
		彩涂线	常规+P. V.
		横切线	S. V. FB

续表 5-4

冶金工艺单元	系统	设备	液压控制
轧钢	带钢冷轧	纵切线	常规+P. V.
		包装	常规+P. V.
		专用设备	常规

5.1.2　液压技术应用中的关键技术

（一）工程设计技术

表 5-5　工程设计技术

序号	设计要求	关键技术
1	工艺设备参数及控制要求研究及应用	全面收集、分析、研究工艺参数及控制指标,形成工程应用设计的控制要求
2	工程设计技术	专业研发设计技术,完成设计优化和工程应用设计开发
3	验证技术	设备及系统测试及数据验证试验

表 5-6　伺服控制设计技术

序号	技术难点	关键技术
1	工艺设备的工艺参数及控制要求研究及应用	全面收集、分析、研究工艺参数及控制指标,形成工程应用设计的控制要求、系统结构及子系统分解
2	理论研究及应用设计技术	建立液压伺服控制系统特性理论研究数学模型(包括机械模型、液压模型、控制模型),并进行系统动态特性计算机仿真研究及结果优化,完成设计优化和工程应用设计开发
3	调试和动态性能模拟加载测试验证技术	设计模拟加载装置、测试用液压系统及其电控系统设备,测试实施及数据验证试验方案。验证仿真及设计正确性
4	现场调试、数据采集及设计验证技术	工程现场调试及数据采集、分析调试方案,测试用闭环控制器及控制软件、测试仪器仪表。可用于生产故障诊断

液压伺服控制技术典型应用领域:

（1）高炉:煤气清洗、TRT、水渣处理。

（2）炼钢:结晶器液压振动装置、轻压下。

（3）热轧:粗轧 AWC/APC、精轧 AGC/活套/弯辊/窜辊、卷取机 AJC/侧导板/夹送辊。

（4）冷轧:AGC /弯辊/窜辊、拉伸弯曲矫直机、光整机。

（5）钢管:AGC。

（6）平整机:APC/弯辊/窜辊。

（二）测试验证技术

为开发满足工艺(生产)指标要求和设备控制参数的液压伺服控制系统,同时为电气控制系统调试提供设备(机械-液压集成设备)性能重要依据,必须系统验证设计和设备的动、静态性能指标,以及设备加工质量。首先进行液压伺服控制系统模拟测试方法研究,确定试验方案,在此基础上建立完善的试验装置并实施验证,包括模拟动态测试机械加载装置、测试用液压系统及其电控系统(包括测试控制软件),用以测试并验证的主要参数有油液清洁度、耐压强度、阶跃响应、频带宽、启动摩擦特性、滞环特性等指标,以及液压传动系统、液压比例系统设计方案验证。

（三）成套设备制造技术

液压成套设备制造建议与设备制造单位共同完成设备集成制造技术研究及实施。从保证系统性能方面,其加工精度和加工要求极高,需要研究系统设备制造、加工设备、工序控制等要求,加强标准化、造型设计、结构设计、加工设备和手段、过程控制。

（四）特殊控制技术

（1）偏载工况下的同步控制技术。

（2）精确同步控制技术。

（3）液电控制一体化技术。

（4）与电气数字控制系统适应的液压技术。

（5）冶金行业小型模块化液压系统技术。

（6）冶金行业中型模块化液压系统技术。

（7）电液直驱伺服传动技术。

（8）智能化节能型液压动力系统技术。

5.1.3 稀油润滑技术在冶金装备的常见应用

冶金行业常用稀油润滑系统包括齿轮稀油润滑系统、油膜轴承稀油润滑系统。

齿轮稀油润滑系统对机械设备的齿轮箱等进行循环稀油润滑,在炼铁系统、炼钢系统、轧钢系统分布广泛。

油膜轴承稀油润滑系统对油膜轴承(滑动轴承)进行循环稀油润滑,主要用于轧钢系统的轧机轧辊轴承座油膜轴承润滑。

5.1.4 机构运动简图设计要领

液压润滑系统的服务对象主要是机械设备,在进行液压润滑系统设计时,应了解机械设备的结构及各组成部分之间相互关系、运动原理及控制要求。机构运动简图可清晰地表达出机构运动传递情况,使了解机械设备的组成及进行运动和动力分析变得十分简便。因此,机构运动简图设计是液压润滑系统设计的重要内容。

机构运动简图设计要领如下:

（一）使用简单线条或规定符号并绘制得简单、明了。

（二）与原机构有完全相当的运动,能准确地表达机构的组成和传动情况。

（三）按一定比例尺绘制。

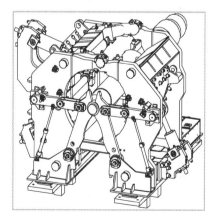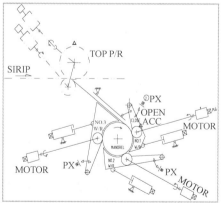

图 5-1　地下卷取机结构运动简图示例

5.1.5 液压系统设备设计规定

冶金行业工程大量设置有液压系统设备。液压系统设备由液压站、阀台、蓄能器组等液压装置,以及中间配管、机械设备配管等组成,为机械设备作驱动及控制。

液压系统设备设计要求:保证设计质量,满足标准规范、工艺先进、产品一流、安全可靠、环境达标、节约能源、造价合理、高效运维、有利管理。

5.1.5.1 设计通用要求

(一)在满足使用功能和工况的前提下,优先选用业主方推荐厂家生产的产品,以确保其性能、品质以及全厂备件统一。

(二)液压系统应具备高质量、高可靠性和易维修等特点,并且要求使用寿命长,维护成本低。

(三)液压系统的设计应充分考虑工厂高温、水质条件、粉尘、振动、噪声等因素的影响,同时设计还应满足国家安全环保、消防等现行相关标准和要求。液压系统工作噪声应根据《工业企业噪声控制设计规范》GB/T 50087—2013,即离液压泵站1 m处噪声限值为85 dB。

(四)液压系统设计和制造质量符合相关技术规范、技术标准的要求,符合国标和行业相关标准,产品安全可靠,结构布置合理,方便维护,耗能低。应确保整个液压系统正常工作无泄漏。

(五)设计各装置时,应考虑渗漏油的集中回收以及对周围环境(如飞散出的水或物)的保护措施。

(六)设计时应充分考虑液压元件及辅件(如密封件等)的材质应与工作介质相容。

(七)液压装置的各组成部分(油箱、泵组、阀台等)设置相关的回路系统图金属铭牌和标牌、排气测压点等的标识。

(八)液压装置的各组成部分(油箱、泵组、阀台等)应考虑渗漏油的集中回收。

(九)系统设计时应考虑在停电等事故状态时,液压执行机构不应对设备、部件和工作人员带来危害。

(十)泵站或阀台出厂之前应提供系统所需的清洁度检验合格证明,并做好必要的防护保护。阀块内部不允许涂覆干油。

(十一)栏杆和钢梯的设置按照《固定式钢梯及平台安全要求》(GB 4053.1—2009)要求执行。

(十二)泵站布置要求紧凑合理,必须利于装拆和调试,连接部位密封可靠、无泄漏,重视设备外观。

(十三)系统各单元(泵电机除外)的电气接线都完全集成在端子箱,并预留15%电气端子,端子箱防护等级达到IP54(特殊环境除外)。电气端子编号应与原理图上的电气编号一致。

5.1.5.2 液压回路原理设计总则

(一)系统设计时应考虑在停电等事故状态时,液压执行机构不应对设备、部件和工作人员带来危害。

(二)液压系统必须能够提供满足生产工艺要求的压力、流量和峰值压力,其设计和制造质量符合相关技术规范、技术标准的要求,符合国标和行业相关标准,产品安全可靠。

(三)液压系统的设计应充分考虑设备结构及配置能满足易于操作、易于早期发现故障、易于维修等要求。

(四)系统设计时应对负荷及流量急剧变化采取措施,必要时在适当地点增设蓄能器。

(五)自动控制的液压系统,设计时应考虑能部分或全部安全转化为手动操作。远距离控制时,压力和流量设定的必要信号应在操作盘上有所显示。

(六)伺服阀及配置的蓄能器与相关执行元件的安装位置应越近越好,以减少它们之间的液容。

(七)两个以上液压缸或液压马达驱动同一台设备时,尽可能根据不同的同步精度来选择不同的同步元件,以保证它们同步的动作精度要求。

(八)大型液压系统宜设置独立的循环回路来完成换油、冷却、过滤。

(九)集中管理的液压系统至少安装下列报警装置:

(1)油箱液位上极限、上限、下限、下极限报警。

(2)油箱补油液位报警(下限)。

(3)主供油管路(压力管路)低压报警。

(4)油箱温度高温报警。

（5）过滤器堵塞报警。

（6）活塞式或直接接触式蓄能器设置上限报警。

（十）伺服阀前应设置过滤装置和油液取样口。

（十一）远距离控制时,压力、温度和液位设定的必要信号应在 HMI 上有所显示。

（十二）为满足全厂智能化要求,宜设置智能型液压系统:

（1）设置软硬件一体的液压泵站综合健康管理系统:泵站端设置关键参数和设备的状态实时监测传感器;软件端实现全线泵站的状态参数远程集中显示、自动巡检、状态报警、故障诊断、维护建议等功能,满足预测性维护要求。

（2）设置关键液压控制回路状态感知能力,比如设置压力传感器、比例伺服阀选用阀芯位置反馈型号等,将状态信号接入生产线控制系统,在优化控制功能的同时,实现对元件和回路工作状态的实时监测、报警、故障诊断、维护建议等功能。

（十三）为满足全厂节能要求,集中传动液压系统宜选用节能型液压动力站,采用伺服电机泵组方式;独立传动液压系统可选用电液直驱传动方案;降低能耗。

5.1.5.3　油箱

（一）油箱为矩形或圆筒形焊接结构,比例阀或伺服阀的系统油箱应采用不锈钢制造。其他系统的油箱也宜采用不锈钢制造。

（二）油箱具有一定刚度、良好的密封性。油箱内宜设置磁棒或磁钢。应在油箱的适当位置设起吊钩。

（三）为便于排油,矩形油箱的底板应有向排油口方向 3%～4% 的斜度,排油口应设置截止阀或球阀。箱底应高于地坪至少 200 mm 以上。油箱的加强筋板应设在外部。

（四）油箱应分为吸油区和回油区,中间用隔板分开。循环的吸油管应设置在油箱的回油区(即主回油管区),循环的回油管应设置在油箱的吸油区(即主泵的吸油区)。油箱吸油口和回油口之间的距离应尽量远,以增加油液循环距离,增加散热效果,并使油液中的气泡和杂质有较多的时间浮升和沉淀。

（五）油箱内宜设置磁棒或磁钢,用于吸附铁屑等。

（六）在适当部位设置空气过滤器、加油口、高低 2 个油液取样阀、液位计、人孔、油温计和其他必要的安装孔。吸油区和回油区各设置一个人孔,应确保油箱的各部位都能得到清洗。

（七）吸油管孔内壁到油箱底部或侧面的距离应在 100 mm 以上或管径的 2～3 倍以上,两者取大值,高度在最低液面(液位下极限)下不低于 60 mm,末端应开 45° 坡口,坡口方向一般朝下。

（八）回油管应插入最低液面,距离油箱底部距离大于 3 倍管径,末端应开 45° 坡口,坡口方向面向箱壁。

（九）在油箱中泄油管的出口宜设置在回油区。

（十）油箱应可靠接地,内部管道油口应打磨圆滑,不应存在锐角,避免静电积累产生放电现象。

（十一）油箱上应设置直视液位计。宜采用连续液位测量和 4 个液位开关(高位、高高位、低位和低低位报警),输出信号能够连接到 HMI,实时显示液位变化并监控。

（十二）油箱上加油口应设置过滤器装置。

（十三）油箱上应设置 2 个以上的空气滤清器。

（十四）油箱容积:宜取系统工作泵总额定流量的 5～10 倍,常规或比例系统宜取系统工作泵总额定流量的 7 倍,伺服系统宜取系统工作泵总额定流量的 10 倍。

（十五）为调试、检修、加排油操作方便,中大型油箱应设置固定式钢梯及平台。

5.1.5.4　液压泵组

（一）液压泵与电机宜采用钟形罩连接形式,应放置在同一底座上,即整体式结构。底座下面设置油收集盘及排污口并加装有减震装置,还应装有起吊钩、地脚螺栓安装孔等。大排量的液压泵不宜直接安装在油箱之上。

（二）泵组电机上应设有电机的转向箭头标识，泵上应有送油时的回转方向标识。

（三）泵吸油口到油箱间的管路应尽量短，吸油管内流速控制在 1 m/s 以下，并安装维修所必需的手动关闭阀，阀上应设置带开闭位置识别并能发出电气信号的行程开关。

（四）泵的吸油口应设置柔性连接件，压力油口宜设置高压软管连接。

（五）泵出口处应设压力表或压力开关。

（六）主供油管路应设压力表或压力开关。宜采用带模拟量的压力开关，输出信号能够连接到 HMI，实时显示压力变化并监控。

5.1.5.5　阀台

（一）阀台一般由阀台框架和其上的阀块等组成。阀台框架应根据阀块的大小按重型、中型、轻型制作，应具有足够的刚性，装有起吊钩、地脚螺栓安装孔等，为防止漏油，应在离开地面 200 mm 以上处设置油收集盘及排污口。

（二）重型和中型阀台应与泵组或油箱分开设置。

（三）阀块的结构形式优先选用标准模块（如叠加阀组用阀块）。

（四）液压阀块材料优先选用 35# 锻钢，锻件阀块六面体磨平后经探伤处理，阀块内部不能有皱皮、裂缝、夹渣等影响强度的缺陷。与液压元件、出口法兰等处配合的阀块表面，应有足够的平面度及表面粗糙度，阀块表面不能有划痕或其他伤痕。锻件阀块经加工清洗检查合格后外表面进行镀镍或其他耐腐蚀方法处理。

（五）阀台上阀块的进出油口连接，优先选用 SAE 法兰（JB/ZQ 4187—2006，附带 O 形密封圈、螺栓等）连接形式或 24° 锥密封焊接式管接头。管径 DN ≥ DN32 的接口应用法兰连接。

（六）为了检修方便，阀台的入口处管路上应设球阀，回油管如对回路机能无影响时可用单向阀代替。阀台的 A、B 油口宜加高压球阀。当高压球阀的通径大于或等于 DN50 时，应并联均压 DN6 旁通球阀。

（七）阀台中通往各执行元件的管路上应设有统一型号的测压接头，供测定压力之用。

（八）阀台布置的位置应尽量靠近液压执行元件。

（九）阀台出厂之前应提供系统所需的清洁度检验合格证明，并做好必要的防护保护。阀块内部不允许涂覆干油。

（十）伺服阀入口先导压力管路，应设置高压过滤器。

（十一）比例阀、伺服阀应采用内置放大器，选择带阀芯位置反馈的阀，以利于在线监控并远程诊断。

（十二）阀台布置在粉尘较大或温度较高的位置时，应设置防护罩，防护罩不得影响阀组的维修和更换。

（十三）阀台的周围留有足够的检修空间。

（十四）液压阀等安装螺栓按产品要求，通常采用 10.9 或 12.9 级高强度螺钉（GB 3098.1—2010）。

（十五）应在适当的位置设置阀台铭牌及原理图回路铭牌。在阀块表面合适位置应打印元件编号、测压接头编号，在出口处应打印管道编号，编号与原理图要求一致。

（十六）阀块的周围留有足够的检修空间。

5.1.5.6　液压缸

见相关设计规范。

5.1.5.7　液压马达

（一）外泄型液压马达须设置专用泄油管，设计时尽量减小泄油背压，液压马达回油背压需设置合理。

（二）液压马达宜设置制动器。

（三）液压马达的清洁度要满足系统使用要求，不允许在液压马达内部使用干油进行防锈处理。

5.1.5.8　辅件

（一）压力表

（1）设置在需要压力显示和监控的阀处。

（2）宜采用测压软管连接的压力表,避免管路振动对压力表的损伤,也方便切换不同测压点。需要压力表刚性连接时应设置截止阀,便于在系统运行时也可方便地拆装损坏的压力表。

（3）压力波动较大的回路,压力表入口处安装设阻尼器。

（4）压力表的量程应为最大常用压力的1.5~2.0倍,宜采用2.0级精度。

（5）泵出口处应设压力表。

（6）大型液压系统的主供油管路应设压力表、压力开关。

（7）压力表应安装在易于观察的位置,表盘方向应为巡查、检修方向。

（二）过滤器

（1）除有特殊要求外,液压泵吸油管一般不设吸油过滤器。

（2）通常在回油管上的可切换形式过滤器,推荐过滤精度为$10\sim25~\mu m$。为了避免过滤器堵塞引起回油管路的压力过高,应设置旁通支路,应有堵塞指示和电气报警。

（3）应在循环管路设过滤精度为$3\sim10~\mu m$的双筒过滤器,以保证系统油液清洁度。应有堵塞指示和电气报警,不建议设置旁通支路。

（4）液压站供油压力管路宜设置高压过滤器,有伺服阀或比例阀的系统必须设置高压过滤器。建议在每台液压泵出口设高压过滤器。

（5）过滤器的安装位置应便于更换滤芯。

（三）冷却器

（1）为便于系统正常工作时油温在合适的范围内,应设置冷却器。优先采用循环冷却及过滤装置,优先选用板式水冷冷却器,冷却器板片材质宜采用316 L不锈钢。

（2）没有冷却水供水和排水条件时,可设计风冷冷却,必要时还可采用制冷空调。

（3）系统循环过滤器、冷却器以及相应的控制回路和循环泵组尽量集成在一个底座上,设置油收集盘及排污口。

（4）冷却器前后应分别设置球阀,并设旁通支路,便于运行中进行维修。冷却水管上应设置电磁水阀,采用开关型工作制度,以保证冷却效果和使用寿命。冷却器的工作应根据油温进行自动控制。油温通过安装在油箱上的温度开关检测,温度开关宜带模拟量输出,输出信号能够连接到HMI,实时显示油温变化并监控。

（5）冷却器的设置部位应保证有足够的空间,以便于散热和维护。

（6）循环冷却水入口处,应设置$200~\mu m$的水过滤器。

（四）加热器

（1）为便于低温起动、系统正常工作时油温在合适的范围内,应设置加热器或其他有效的加热装置。优先采用油箱内置电加热器。

（2）加热器的工作,尽可能根据油温的要求进行自动控制。优先选用表面功率热负荷小于或等于$0.7~W/cm^2$的加热器。

（五）蓄能器

（1）优先采用皮囊式蓄能器。蓄能器(除隔膜式)应配置安全截止块。蓄能器充填氮气应采用专用充氮装置和充氮小车。

（2）在间歇、短时工作的液压系统中,为了降低液压泵的功率,提高系统效率,应采用蓄能器。

（3）限制压力波动的系统应采用蓄能器。

（4）为了向皮囊式蓄能器充填氮气,尽可能利用车间氮气管网和专用充氮机。不得已情况下用氮气瓶。

5.1.5.9 液压装置配管

参见相关章节。

5.1.6 稀油润滑系统设备设计规定

冶金行业工程大量设置稀油润滑系统设备,设计要求:保证设计质量,满足标准规范、工艺先进、产品一流、安全可靠、环境达标、节约能源、造价合理、高效运维、有利管理。

5.1.6.1 设计通用要求

(一)润滑元件和介质应选用业主方推荐厂家生产的产品。

(二)润滑系统

(1)应满足设备运行综合效益最高的原则。

(2)应选用最小的油脂量满足设备润滑。

(3)应采取有效措施防止油、脂被污染。有可能渗入水分的循环润滑系统,特别要注意对于渗入水分的处理,采取合适的方法满足生产的要求。

(4)应满足油液取样、维修、清洗等使用要求。

(5)宜具有参数设定与检测功能:系统压力、供油温度等参数设定;压力、温度、油箱进回油流量、油箱液位、油液污染、压差等参数检测。

5.1.6.2 油箱

参照本章第5.1.5.3节"油箱"内容执行,并应增加下列内容:

(一)制造油箱的材质宜采用耐候钢板。

(二)易污染的系统考虑采用网板、磁棒等设施对回油进行粗过滤,油箱内宜设置滤清效果好、便于清洗的磁性滤油器,必要时考虑采用内置隔板、防气泡隔网等辅件控制流动、分离杂质。

(三)油箱容积:一般取工作油泵总流量的20~40倍;油膜润滑系统分设2个油箱。

(四)在适当的部位设置油箱铭牌及回路系统图。

5.1.6.3 油泵

(一)根据使用要求宜设置必要的供油泵、备用供油泵、排油泵等。

(二)应选用性能可靠的标准系列油泵,优先选用螺杆泵作为供油泵。

(三)应采取必要的油泵保护措施,设置安全阀、传动隔震装置等。

5.1.6.4 过滤器

(一)应选用标准系列产品的过滤器。

(二)回油中带有大量机械杂质的系统,应设置粗滤装置。

(三)润滑中断会对生产产生重大影响的系统,泵出口侧过滤器应能在系统运行状态下清洗或更换。

(四)易受污染的系统,必须设置旁路过滤装置。

(五)过滤器应设置指示堵塞的目视点或传感器。用于大型油膜轴承的系统,传感器信号送控制室显示。

(六)过滤器前后应设截止阀及用于检修的旁通支路。

(七)过滤器的位置应便于更换滤芯,必要时应设置更换所需的起重设备。

5.1.6.5 系统控制

(一)润滑点前均宜安装给油指示器;易发生流量故障,且会造成重大影响的给油点前,宜设置可报警的流量指示器。

(二)为避免设备在无供油状态下起动,系统应与设备联锁。

（三）要求严格控制含水量的系统,设备的回油管上宜设置在线油液含水检测报警仪。含水检测报警仪应具有即时显示含水量及按可调设定值报警的功能。

（四）远距离控制时,应在操作盘上显示压力和流量信号。

（五）大型、高速油膜轴承应在回油管路上设置温度显示和报警装置。

（六）主要设备(轧机油膜轴承、轧机压下减速机等)的给油点、泵以及主回路过滤器的入出口处应安装压力表。

5.1.6.6 冷却器

（一）冷却器的设置应满足控制输出油温的需要。

（二）冷却器的工作应根据油温要求进行自动控制,同时允许手动干预。

5.1.6.7 加热器

（一）加热器应具有足够的容量,满足停机检修后的快速升温要求;加热过程不得对油品性能产生不良影响,应避免靠近加热器的油液因过热而早期氧化变质。

（二）应根据现场情况确定油温控制的自动化程度,油温控制应允许手动干预。

（三）应考虑升温脱水的要求,确定容量。

5.1.6.8 压力罐

参见相关章节。

5.1.6.9 润滑装置配管

参见相关章节。

5.2 液压系统设计

5.2.1 液压站设计

冶金工业大量使用中心液压站进行集中供油的方式,其单套液压站主泵数量及装机功率较大,连续工作时间很长,为确保长期连续稳定可靠运行,设计中涉及主泵单元、油箱单元、循环泵单元、加热器单元,以及过滤器单元和冷却器单元等设计计算。

5.2.1.1 液压泵及油箱设计计算

液压泵流量设计计算公式:

$$Q = \frac{qn\eta_{vol}}{1\,000}$$

式中:

Q——泵流量,L/min;

q——泵排量,L/r;

n——泵转速,r/min;

η_{vol}——泵容积效率。

泵传动功率计算:

$$P = \frac{pQ}{60\eta_{tot}}$$

式中:

P——泵传动功率,kW;

p——工作压力,MPa;

η_{tot}——电机和泵总效率。

表 5-7 液压站设计计算实例

液压系统液压站设计计算程序					
项目名称	××钢铁公司××工程				
系统名称	××高压液压系统				
系统类型	伺服控制系统				
参数表					
序号	名称	参数		单位	型号	备注
系统参数						
1	工作介质	抗磨液压油 VG46				GB11118.1(ISO11158)
2	清洁度等级	NAS5				ISO4406(NAS1638)
3	系统压力 p	21		MPa		
4	执行机构需求流量	1 989		L/min		
5	系统流量裕度系数	1.05				
6	系统需求流量	2 089		L/min		
主泵单元						
1	主泵类型	柱塞泵				优选恒压变量柱塞泵
2	主泵排量 q	250		mL/r		
3	主泵单个计算流量 Q	370		L/min		未考虑泄漏系数
4	主泵单个选择流量	340		L/min		限制最大输出流量
5	主泵数量	5		台		
6	主泵总流量	1 700		L/min		
7	电机效率	0.92				根据电机性能参数选择
8	主泵容积效率	1				根据主泵类型及性能参数选择
9	主泵电机计算功率 P	129.35		kW		
10	主泵电机选择功率	132		kW		查电机样本
11	主泵电机转速 n	1 480		r/min		查电机样本
油箱单元						
1	油箱数量	1		个		
	油箱计算容积范围	8 500	17 000	L		系数 5~10 倍
	油箱设计容积	10 000		L		
2	空气滤清器计算流量范围	2 550	5 100	L/min		系数 1.5~3 倍
	空气滤清器设计流量	4 000		L/min		
循环泵单元						
1	油箱循环一次时间范围	15	10	min		伺服控制系统取小值
2	循环泵流量范围	666.67	1 000	L/min		
3	循环泵选择流量 Q	800		L/min		
4	循环泵数量	1		台		

续表 5-7

液压系统液压站设计计算程序					
项目名称		××钢铁公司××工程			
系统名称		××高压液压系统			
系统类型		伺服控制系统			
参数表					
序号	名称	参数	单位	型号	备注
循环泵单元					
5	循环泵压力 p	1	MPa		
6	循环泵电机计算功率 P	14.81	kW		电机效率0.9,仅作参考
7	循环泵电机选择功率	15	kW		根据螺杆泵样本选择
加热器单元					
1	浸入式加热器	油箱内加热			表面热负荷≤0.7 W/cm²
	计算功率范围	20	kW		油箱容积每1 m³配置2 kW
	设计功率	21	2	kW	优选3的倍数
2	管路式式加热器	油循环加热			
	计算功率范围	20	kW		油箱容积每1 m³配置2 kW
	设计功率	21		kW	优选3的倍数

注:▨▨▨▨▨ 为设计输入参数。

5.2.1.2 液压油发热及冷却

冶金工业单套液压站主泵数量及装机功率较大,连续工作时间很长,液压油在运行中有大量的热量带回油箱,需要及时降低油温,确保长期连续稳定可靠运行。目前大量使用独立旁路循环冷却方式,并采用水冷换热器进行冷却,如图5-2所示。

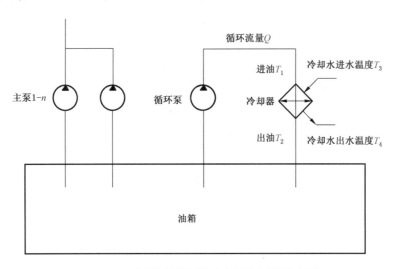

图5-2 液压站设置独立循环冷却示意图

液压站的液压油正常温度范围为15~65 ℃。冷却方式一般采用板式冷却器,冷却水采用开/关控制。通常,油温≥50 ℃时冷却水开,油温≤40 ℃时冷却水关。

冷却器供水方式一般采用工业净环水系统供水,夏季最高水温应控制为≤33 ℃。

备注:

工业净化水设计温度:比当地最热月5日湿球温度高5 ℃,就是冷却塔冷却达到的最低温,如重庆33 ℃。

湿球温度:用湿纱布包扎普通温度计的感温部分,纱布下端浸在水中,以维持感温部位空气湿度达到饱和,在纱布周围保持一定的空气流通,使周围空气接近达到等焓。示数达到稳定后,此时温度计显示的读数近似认为湿球温度。

（一）液压系统油温冷却效果的主要影响因素

（1）系统发热超过设计值。

（2）循环泵能力不足。

（3）水冷却器冷却面积不足，或散热系数偏小（与冷却器类型、流程、材质等有关）。

（4）水冷却器的水量或水压不足。

（5）供水不能正常接通。

（6）供水水质差导致结垢、换热系数下降。

（7）供水水质含颗粒物较多，板片异常磨损。

（8）液压油品质下降。

（9）进出水的水温应该处于合理范围，冷却水入水温度过高，尤其是夏季。

（10）供水水路旁通阀要正常关闭。

（11）供水水路过滤器要正常工作。

（12）液压站内环境温度过高。

（13）其他影响油温冷却效果的因素。

（二）液压系统水冷器设计计算

传热基本方程：

$$H = kF\Delta t_m$$

式中：

H——传热功率，W；

k——冷却器传热系数，W/（m^2·℃）；

轻油：$k = 400 \sim 550$；中油：$k = 300 \sim 1\,100$；重油：$k = 150 \sim 300$。

F——冷却器换热面积，m^2。

逆流模式下，对数平均温差 Δt_m：

$$\Delta t_m = \frac{(T_1 - T_4) - (T_2 - T_3)}{\ln \dfrac{T_1 - T_4}{T_2 - T_3}}$$

式中：

Δt_m——对数平均温差，℃；

T_1——液压油的进口温度，℃；

T_2——液压油的出口温度，℃；

T_3——冷却水的进口温度，℃；

T_4——冷却水的出口温度，℃。

液压系统发热量：

$$H_{发热} = N_{主泵} \times k_{发热} \times 860$$

式中：

$H_{发热}$——液压系统发热功率，kW；

$N_{主泵}$——主泵的输入功率，kW；

$k_{发热}$——系统发热系数，一般为 $k_{发热} = 1 - \eta_{tot}$。

η_{tot} 为液压系统的总效率，即液压系统的无效功率全部转化为发热并使液压油升温，且忽略油箱、管道等的散热量。通常，$k_{发热} = 0.2 \sim 0.4$。

冶金工业大量使用恒压变量泵作为"恒压供油源"设计，发热主要来源于主泵无效功率和节流（溢流）

发热,液压传动系统一般取小值,液压比例控制系统及液压伺服控制系统取大值。

循环油散热量:

$$H_{循环油} = Q_{循环}\, \rho_{油}\, c_{油}(T_1 - T_2)/860$$

式中:

$H_{循环油}$——循环油散热功率,kW;

$Q_{循环}$——循环油流量,L/h;

$\rho_{油}$——液压油比重,$\rho_{油} = 0.9$ kg/L;

$c_{油}$——液压油比热,$c_{油} = 0.42$ kcal/(kg·℃)。

冷却器换热面积:

$$F = \frac{H_{循环油}}{k \Delta t_m} \times 1\,000$$

式中:

F——冷却器换热面积,m²;

$H_{循环油}$——冷却器散热功率,kW。

冷却器冷却水量:

$$Q_{水} = \frac{860 \times H_{循环油}}{\rho_{水}\, c_{水}(T_4 - T_3)} = \frac{860 \times H_{循环油}}{T_4 - T_3}$$

式中:

$Q_{水}$——冷却器冷却水量,L/h;

$\rho_{水}$——冷却水的比重,$\rho_{水} = 1$ kg/L;

$c_{水}$——冷却水的比热,$c_{水} = 1$ kcal/(kg·℃)。

表 5-8 液压系统热交换器的计算

液压系统热交换器计算程序						
项目名称		××钢铁公司××工程				
系统名称		××高压液压系统				
系统类型		液压伺服控制系统				
系统参数						
1	主泵台数 $n_{主泵}$	5	台	6	系统发热系数 $k_{发热}$	0.3	长期运行
2	主泵功率 $P_{主泵}$	132	kW	7	油进冷却器温度 T_1	50	℃
3	循环泵台数 $n_{循环泵}$	1	台	8	油出冷却器温度 T_2	40	℃
4	循环泵功率 $P_{循环泵}$	15	kW	9	水进冷却器温度 T_3	33	℃
5	循环泵流量 $Q_{循环油}$	800	L/min	10	水出冷却器温度 T_4	38	℃
	=	48 000	L/h	11	冷却器传热系数 k	350	W/(m²·℃)
冷却器计算						
1	系统发热量 $H_{发热}$	174 150.00	kcal/h	7	循环油散热 $H_{循环油}$	181 440.00	kcal/h
2	=	202.50	kW	8	=	210.98	kW
3	判断 $H_{发热} < H_{循环油}$?	循环泵的流量满足散热				
4	冷却器冷却水量 $Q_{水}$	36 288.00	L/h	9	对数平均温差 Δt_m	9.28	℃
5	=	604.80	L/min				
6	冷却器面积 F	64.98	m²				

注: ▨▨▨▨ 为设计输入参数。

5.2.1.3　液压油加热设计计算

适用于液压系统浸入式和管式加热器,在已知油箱容积、加热时间及温升时的加热器选择进行了规定,并提供了实际加热时间校核。

油箱中油液的加热计算公式:

$$H \geqslant \frac{cpV\Delta T}{t}$$

式中:

H——加热器功率,W;

c——油的比热:矿物油一般可取 $c = 1\,675 \sim 2\,093\ \text{J/(kg·K)}$;

ρ——油的密度,$\rho \approx 900\ \text{kg/m}^3$;

V——油的容积,m^3;

ΔT——油加热后温升,K;

t——加热时间,s。

液压站的液压油正常温度范围为 $15 \sim 65\ \text{℃}$。加热器开/关控制。通常,油温 $\leqslant 15\ \text{℃}$ 时开,油温 $\geqslant 30\ \text{℃}$ 时关。

表 5-9　液压系统浸入式加热器加热设计计算实例

液压系统浸入式加热器加热设计计算程序			
项目名称	××钢铁公司××工程		
系统名称	××高压液压系统		
系统类型	液压系统		
浸入式加热器功率计算表			
系统类型	液压系统		
油箱容积 V	18 000	L	
油液比热容 c	0.42	kcal/(kg·℃)	矿物油
加热器效率 η	0.7		
油液密度 ρ	0.9	kg/L	
加热升温 ΔT	5	℃	
加热时间 t_0	2.5	h	液压系统:温升 5 ℃下 2.5 h 左右; 齿轮润滑系统:温升 10 ℃下 1.5 h 左右; 油膜润滑系统:温升 10 ℃下 1.5 h 左右
加热器计算功率 H_c	22.60	kW	根据加热器功率、油箱外形选择加热器的数量及单个功率
单个加热器设计功率 H_0	9	kW	
加热器设计数量	2.5	个	
加热器实际数量	3	个	取 3 或 3 的倍数
加热器总功率 H_t	27	kW	
浸入式加热器功率校核表			
实际加热时间 t	2.1 h		液压系统:温升 5 ℃时,建议加热时间约为 2.5 h; 齿轮润滑系统:温升 10 ℃时,建议加热时间约为 1.5 h; 油膜润滑系统:温升 10 ℃时,建议加热时间约为 1.5 h

注:　　　　　为设计输入参数。

表5-10　液压系统管式加热器加热设计计算实例

液压系统管式加热器加热设计计算程序	
项目名称	××钢铁公司××工程
系统名称	××高压液压系统
系统类型	液压系统

管式加热器功率计算表			
系统类型	液压系统		
加热油流量	1 060	L/min	
加热升温 ΔT	5	℃	液压系统:温升5℃;润滑系统:温升10℃
单位加热功率 H_0	2.5	kW	液压系统:流量100L/min,温升1℃需要功率为0.5 kW; 齿轮润滑系统:流量100 L/min,温升1℃需要功率为0.9 kW; 油膜润滑系统:流量100 L/min,温升1℃需要功率为1.2 kW
加热器计算功率 H_c	26.50	kW	

注:▨▨▨▨▨为设计输入参数。

5.2.1.4　蓄能器能力计算

液压蓄能器在液压控制回路中具有多用途,如蓄能、备用动力源、吸收脉动、保持压力恒定、吸收压力冲击等,起到降低装机功率、延长液压元件寿命、提高系统安全性、降低维护量等作用。

为了充分利用蓄能器的容量和延长蓄能器的使用寿命,蓄能器预充气压力通常建议使用下列数值:

预充压力的极限值:$p_0 \leqslant 0.9 p_1$;

作蓄能用时,$p_0 = 0.9 p_1$;

作吸收脉动用时,$p_0 \leqslant 0.8 p_1$;

作吸收冲击用时,$p_0 \leqslant (0.6 \sim 0.9) p_1$。

蓄能器中气体在压缩和膨胀过程中,遵循气体状态多变规律:

$$p_0 V_0 K = p_1 V_1 K = p_2 V_2 K$$

其中,多变指数 K 取决于气体压缩和膨胀过程的时间特性,如下:

等温变化 $K=1$:当蓄能器冲液或排液较慢(通常 $t>1$ min),足以使氮气在受压或卸压时能与周围环境充分地进行热交换,从而使工作温度保持不变。

绝热变化 $K=1.4$:当蓄能器冲液或排液较快(通常 $t<1$ min),使氮气受压或卸压时不能与周围环境充分地进行热交换。

实际气体受压缩比 p_2/p_1(p_2——最高工作压力,p_1——最低工作压力)和等温或绝热状态变化的最大工作压力的影响,与理想气体有明显的差别,在此情况下,要考虑实际气体特性的修正系数。修正系数可根据具体厂家样本获取。

表 5-11　蓄能器能力计算实例

蓄能器计算程序					
项目名称		××钢铁公司××工程			
系统名称		××高压液压系统			
系统类型		液压伺服控制系统			
设计参数					
1	气体变化类型及指数 k	绝热变化	1.4	6	蓄能器补充容积 ΔV	10.0	L
2	允许最低工作压力 p_1	13.0	MPa	7	预选单个蓄能器容积 V	50.0	L
3	最高工作压力 p_2	16.0	MPa	8	充气环境温度 T	25.0	℃
4	高低工作压力比 p_2/p_1	1.23	压力比合适	9	工作温度 T_0	40.0	℃
5	修正系数 C_i	1.3	查样本				
预选容积计算							
1	T_0 时预充气压力 p_0	11.70	MPa	4	T_0 时最小理想容积 V_0	81.01	L
2	T 时预充气压力 p_0	11.14	MPa	5	T_0 时最小修正容积 V_0	105.31	L
3	蓄能器计算数量 n	3	个				
设计校核计算							
1	蓄能器设计数量 n_1	3	个	3	蓄能器设计总容积 V	150.0	L
2	设计补充容积能力 ΔV	19.18	L	4	实际最低工作压力 p_1	14.30	MPa

注：▨▨▨▨▨▨为设计输入参数。

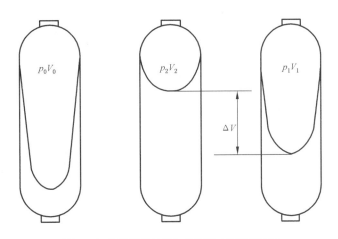

图 5-3　蓄能器压缩、膨胀过程示意图

5.2.1.5　液压站内电控设计要求

钢铁冶金企业各类生产线或机组的工艺设备传动用液压系统液压站由油箱及附件、主泵组、循环过滤冷却装置、蓄能器组等组成，其电气传动及控制一般由独立的传动柜和控制柜组成，加上与机组的联锁条件，构成液压站内电气控制及联锁。

（一）液压系统泵站联锁控制方式设计基本要求

泵站联锁控制方式主要是对工作泵、备用泵、油温、液位、过滤器堵塞报警、压力等进行要求。

（1）工作泵控制方式

①"HMI"方式

自动启动:鼠标按住"自动启动"按钮 5 s,开始进行启动程序,首先启动循环泵 MA*;延时 3 s 后,启动 1#主泵 MA*,再延时 3 s,该泵电磁溢流阀 YVH* 得电加载;再延时 5~10 s,启动 2#泵 MA*,再延时 3 s,该泵电磁溢流阀 YVH* 得电加载;再延时 5~10 s,启动 3#泵 MA*,再延时 3 s,该泵电磁溢流阀 YVH* 得电加载;……依次类推。主泵启动完成后,延时 1 s,主管路电磁泄压阀 YVH* 得电加载。备用泵的选择由人工确定。泵站设备启动完成时,延时 10 s 通过主管路压力开关 SP* 对主管路进行压力监控(只要主泵在运行,就要进行压力监控)。同时,启动程序完成后,任何一台主泵(包括备用泵)都可以由操作工在 HMI 上进行停止/启动。

自动停止:鼠标按住"自动停止"按钮 5 s,开始进行停止程序,首先停止 1#主泵 MA*,延时 3 s 后使该泵电磁溢流阀 YVH* 失电卸荷;再延时 5~10 s 停止 2#主泵 MA*,延时 3 s 后使该泵电磁溢流阀 YVH* 失电卸荷;再延时 5~10 s 停止 3#主泵 MA*,延时 3 s 后使该泵电磁溢流阀 YVH* 失电卸荷;……依次类推。停止所有主泵后,延时 3 s,主管路电磁泄压阀 YVH* 失电卸荷。接着停止循环泵。停止程序完成后,主管路压力开关 SP* 对主管路压力不再监控。

② "机旁"方式

机旁不设自动启动和自动停止方式,操作程序由人工确定操作,一般情况下与自动启动类似。要求人工完成泵的启动/停止和电磁泄压阀 YVH* 得电加载/失电卸荷。延时 10 s 通过主管路压力开关 SP* 对主管路压力进行监控(只要主泵在运行,就要进行压力监控)。

（2）备用泵控制方式

下面三种情况可以进行:

① 运行中的主泵电机因电气产生故障;

② 启动主泵完成后(以主管路电磁泄压阀 YVH* 得电加载为开始点),运行 30 s 后系统压力仍低于最小设定压力即主管路压力开关 SP* 的最小设定压力仍发讯;

③ 主泵运行后,系统压力由正常压力降到最小设定压力即主管路压力开关 SP* 的最小设定压力发讯,PLC 将自动启动备用泵,备用泵运行 30 s 后,如果压力恢复正常即主管路压力开关 SP* 的最小设定压力不发讯,则说明其中一台泵故障,由人工进行检查;如果压力未恢复正常即主管路压力开关 SP* 的最小设定压力仍发讯,说明管路破裂或故障泵过多,需要液压系统报警并停机(注:停机是指泵站的所有设备停止工作),由人工进行检查。

（3）油温控制方式

油温控制分为加热和冷却两部分,由电子温度开关、加热器组成热控系统,由电子温度开关、冷却器、冷却调节阀组成冷却系统。

当温度<20 ℃时,即温度开关的最低设定温度 ST*a 发讯时,加热器 RH* 要求打开;循环泵 MA* 允许启动;主泵 MA* 不允许启动;若主泵 MA* 已经启动,发出温度最低的报警信号(系统三级报警)。

当温度>60 ℃时,即温度开关的最高设定温度 ST*d 发讯时,控制冷却器的电磁水阀 YVW* 要求打开;循环泵 MA* 允许启动并运行;主泵 MA* 不允许启动;若主泵 MA* 已经启动,发出温度最高的报警信号。延时 60 s 后,油温仍过高,即温度开关的最高设定温度 ST*d 仍发讯,系统停机(系统二级报警)。

当温度<25 ℃时,即温度开关的设定温度 ST*b 发讯时,加热器 RH* 要求打开;当温度>35 ℃时,即温度开关的设定温度 ST*b 不发讯时,加热器 RH* 要求关闭。

当温度>50 ℃时,即温度开关的设定温度 ST*c 发讯时,控制冷却器的电磁水阀 YVW* 要求打开;当温度<40 ℃时,即温度开关的设定温度 ST*c 不发讯时,控制冷却器的电磁水阀 YVW* 要求关闭。

（4）液位控制方式

油箱装有液位控制指示器。报警信号出现后,由操作工解决问题,确认液位是否正常,最后把液位清零到正常状态。

当液位过高时,即液位开关 SL* 的过高设定液位发讯时,发出液位过高的报警信号,要求不得向油箱加油(系统三级报警)。

当液位过低时,即液位开关 SL* 的过低设定液位发讯时,发出液位过低的报警信号,如果主泵、循环泵未启动,不能启动(系统三级报警)。

当液位极低时,即液位开关 SL* 的极低设定液位发讯时,发出液位极低的报警信号,如果主泵、循环泵 MA* 未启动,不能启动;加热器 RH* 禁止运行;若泵已经启动,发出液位极低的报警信号并无延时停机(系统一级报警)。

(5) 过滤器堵塞控制方式

当循环、回油过滤器堵塞时,即当压差开关 SDP* 发讯时,发出堵塞报警信号(系统三级报警),要求人工进行切换到备用滤芯。

当主泵出口压力过滤器堵塞时,即当压差开关 SDP* 发讯时,发出堵塞报警信号(系统三级报警)。操作工可启动备用泵进行更换滤芯,要求停止对应主泵,同时关闭该泵进口碟阀即对应行程开关 SQ* 不发讯和出口球阀。

若当伺服阀先导过滤器堵塞时,即当压差开关 SDP* 发讯时,发出堵塞报警信号(系统三级报警)。要求机械设备停止时,再更换滤芯。

(6) 压力控制方式

① 主管路电子压力开关

当系统压力低于设定压力时,即当主管路压力开关 SP* 的最小设定压力发讯达 20 s 时,发出压力低的报警信号,并启动备用泵。启动备用泵后,当系统压力仍低于正常压力时,即当主管路压力开关 SP* 的最小设定压力发讯达 20 s 时,液压系统主泵停机(系统二级报警)。

当系统压力高于设定压力时,即当主管路压力开关 SP* 的最大设定压力发讯达 20 s 时,发出压力高报警信号,液压系统主泵停机(系统一级报警)。

② 各主泵电子压力开关

当主泵支路压力低于设定压力时,即当各主泵支路压力开关 SP* 的最小设定压力发讯达 20 s 时,发出压力低报警信号(系统三级报警)。

③ 循环回路电子压力开关

当循环回路压力高于设定压力时,即当循环管路压力开关 SP* 的最高设定压力发讯达 20 s 时,发出压力高报警信号(系统三级报警)。

(7) 辅助设备控制方式

① 当吸油管路上蝶阀处于打开状态时,即对应行程开关 SQ* 发讯时,相应的泵才能启动。

② 启动控制冷却器的电磁水阀 YVW*、加热器 RH* 必须启动循环泵 MA*。

③ 主泵启/停,相应的电磁溢流阀 YVH* 得电加载/失电卸荷。

④ 控制冷却器的电磁水阀 YVW*、加热器 RH* 受电子温度开关 ST* 联锁控制。

(二) 液压系统泵站操作方式设计基本要求

泵站联锁操作方式主要包括机旁操作箱操作和画面 HMI 操作。

(1) 机旁操作箱操作

泵站设置机旁操作箱,主要负责主泵及其电磁溢流阀、循环泵、主油路电磁泄压阀、加热器等单机的启/停控制,并设有相应的"启/停"带灯按钮(运行"绿灯"/故障"红灯");同时负责监控油位控制点设定 SL* 的报警信号,报警信号由一个显示灯表示,监控两个油温控制点设定的"<20 ℃"即温度开关的最低设定温度 ST* a 发讯、">60 ℃"即温度开关的最高设定温度 ST* d 发讯,报警信号由一个显示灯表示,过滤器堵塞报警信号即压差开关 SDP* 发讯,由一个显示灯表示。

操作箱上设有蜂鸣器,负责故障报警信号(声音报警)。设置一个试灯按钮,并预留适量备用按钮。设置急停按钮,用于在紧急状态下停止泵站内的所有工作设备。

操作箱上设有机旁/远程操作选择开关。当选择"机旁"时,泵站各设备由机旁操作,HMI 操作无效。当选择"远程"时,泵站各设备由 HMI 操作,机旁操作无效。设定"机旁"控制与"HMI"控制由 PLC 在

"HMI"控制上作出选择并锁定。开关选择在"机旁"时,PLC 根据相应的操作方式进行控制和必要的联锁,便于检修和调试。

(2)画面 HMI 操作

在操作室设置泵站画面 HMI,主要负责主泵及其电磁溢流阀、循环泵、电磁泄压阀(或主油路电磁溢流阀)、加热器、电磁水阀等单机的启/停控制,并设有相应的"启/停"带灯按钮(运行"绿灯"/故障"红灯"),记录主泵和循环泵的运行时间;同时负责监控油位控制点设定 SL* 的报警信号或连续显示油位的状态 SEL*,监控油温控制点设定 ST* 报警信号或连续显示油温的状态 SET*,监控各压力开关设定 SP* 的报警信号或连续显示油压的状态 SEP*,监控各过滤器堵塞报警信号即压差开关 SDP* 发讯,监控各泵吸油口蝶阀的开闭状态即对应行程开关 SQ* 是否发讯。

(三)液压系统泵站故障分类及处理方法

(1)一级故障

一级故障表示:无延时系统停机。

① 油箱液位处于"极低液位":液位开关 SL* 的极低设定液位发讯。

② 系统压力高于设定压力:主管路压力开关 SP* 的最大设定压力发讯达 20 s。

(2)二级故障

二级故障:延时后系统主泵停机。

① 油温>60 ℃:温度开关的最高设定温度 ST*d 发讯,启动控制冷却器的电磁水阀 YVW* 后延时 20~60 s 再判断,若信号仍在。

② 系统压力过低:主管路压力开关 SP* 的最小设定压力发讯,却无法启动备用泵。

③ 系统压力过低:主管路压力开关 SP* 的最小设定压力发讯,启动备用泵后,延时 20 s 压力仍过低即主管路压力开关 SP* 的最小设定压力仍发讯。

(3)三级故障

三级故障:仅发出报警信号。

① 油温<20℃:温度开关的最低设定温度 ST*a 发讯。

② 液位过高:液位开关 SL* 的过高设定液位发讯。

③ 液位过低:液位开关 SL* 的过低设定液位发讯。

④ 系统压力低:主管路压力开关 SP* 的最小设定压力发讯,启动备用泵后,压力恢复正常(即主管路压力开关 SP* 的最小设定压力不再发讯)。

⑤ 工作泵故障(不影响系统工作)。

⑥ 过滤器堵塞:压差开关 SDP* 发讯。

⑦ 主泵支路压力低于设定压力:主泵支路压力开关 SP* 的最小设定压力发讯达 20 s。

⑧ 循环回路压力高于设定压力:循环管路压力开关 SP* 的最高设定压力发讯达 20 s。

(四)电气编号设计基本要求

泵站的电气元件均须进行编号,编号规则如图 5-4 和表 5-12 所示。图 5-5 给出了运用电气元件编号编制某液压系统电控表的示例。

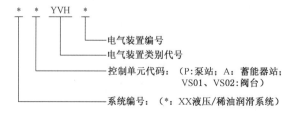

图 5-4　电气元件编号规则

表 5-12　电气装置类别代号

序号	名称	代号	序号	名称	代号
1	交流电机	MA/MKL	16	限位开关(行程开关)	SQ
2	测速电机	TG	17	液位开关	SL
3	脉冲发生器	PG	18	接近开关	SA
4	编码器	UC	19	压力开关	SP
5	自整角机	BS	20	温度开关	ST
6	电磁气阀	YVL	21	流量开关	SF
7	电动阀	YVM	22	扭矩开关	SM
8	气动阀	YVLP	23	温度传感器	SET
9	液压电磁阀	YVH	24	压力传感器	SEP
10	电磁水阀	YVW	25	流量传感器	SEF
11	液压比例阀	YVHP	26	液位传感器	SEL
12	液压伺服阀	YVHS	27	位移传感器	ZT
13	过滤器	SDP	28	过滤器压差开关	SDP
14	电加热器	RH	29	积水报警器开关	SEW
15	伺服电机	SMA	30	端子箱	TB

序号	电气设备	数量	动作要求	电参数	操作室控制要求 控制要求	操作室控制要求 控制方式	联锁条件	液压站内机旁操作箱控制要求	生产操作条件	备注
①	主油泵电机 12PMA1-12PMA5	5	正常工作时，4台工作，1台备用（备用泵可以手动投入）；在工作出现电气"故障时，备用泵自动投入	AC380V、50Hz 132kW	显示工作状态 记忆工作时间	手动按钮 启停	②④⑤⑨⑩	手动按钮启停 显示工作状态		人工选择工作泵，未选的一台启动作备用泵；选择工作泵的条件：各泵启动循环，休相同的工作小时数
②	循环油泵电机 12PMA11	1	连续工作	AC380V、50Hz 18.5kW	显示工作状态 记忆工作时间	手动按钮 启停	⑨	手动按钮启停 显示工作状态		主泵启动前，必须启动循环泵
③	电磁溢流阀 12PYVH01-12PYVH05	5	12PYVH01-05 相对应的主油泵电机（12PMA1-5）；启动后延迟 0～10s 得电加载；主油泵电机停止后断电卸载	DC24V（30W）		自动	①		生产准备就绪	
④	液位计 12PSL1	1	12PSL1.a=1 液位太高不得加油，报警；12PSL1.b=1 液位低油箱需要加油，报警（模拟信号）；12PSL1.c=0 液位太低，所有工作泵和加热器停止，报警	DC24V	报警显示	自动		共用一个指示灯；显示报警状态	12PSL1.c报警 液压系统故障 （声音报警）	
⑤	温度控制器 12PST1、12PSET1	1	[12PST1.a]: <15℃，低温报警主泵不能启动；[12PST1.b]: 25～35℃，电加热器得电启动；[12PST1.c]: 48～40℃，电加热器失电，电动阀 12PYVW1 失电/得电，（冷却器开关）；[12PST1.d]: >60℃，高温报警延时 0～30s 停主泵 [12PSET1]: 4～20mA(0～100℃)模拟量输出		画面显示 油箱温度 报警显示	自动		共用一个指示灯；显示报警状态	>60℃高温报警 液压系统故障 （声音报警）	
⑥	水冷却器电磁阀 12PYVW1	1	受温度控制器[12PST1.c]控制，开关	DC24V（60W）	显示工作状态	自动	⑤	显示工作状态 手动按钮开/闭		一组控制，同时开关
⑦	电加热器 12PRH1-6	6	受温度控制器[12PST1.b]控制，开关	AC220V、50Hz 2kW	显示工作状态	自动		显示工作状态 手动按钮启停		一组控制，同时开关
⑧	过滤器 12PSDP1-12PSDP5、12PSDP11、12PSDP12	9	12PSDP1-5 相对应主泵压力过滤器堵塞，报警；12PSDP11.a 或 12PSDP11.b 循环过滤器堵塞，报警；12PSDP12.a 或 12PSDP12.b 回油过滤器堵塞，报警	DC24V （带LED指示灯）	报警显示	自动	⑤④	共用一个指示灯；显示报警状态		通知维护人员及时更换滤芯
⑨	接近开关 12PSA1-12PSA11	6	12PSA1-5 相对应启动相应的电机 12PMA1-5；12PSA11 未打开不能启动相应的电机 12PMA11；12PSA1-5未打开不应启动主泵	DC24V	显示工作状态	自动		共用一个指示灯；显示工作状态		人工开关（阀门），显示阀门状态
⑩	压力开关 12PSP1、12PSEP1		12PSP1.a=系统压力太大，报警，延时 30s；12PSP1.b=系统压力低，延迟 5s 启动备用泵，报警，延时 2～5s 停止有主泵；主泵启动完成后，延时 2～5s 停止有主泵 备用泵：如果系统压力恢复正常，停止工作备用泵；12PSEP1：4～20mA(0～400bar)模拟量输出	DC24V	显示工作状态 报警显示	自动		报警显示	12PSP1.a信号消失	主泵启动完成后，延时 2s 投入使用
⑪	系统卸荷阀 12PVH10	1	系统所有主泵停止后 12PVH10断电系统卸载	DC24V（30W）	画面显示压力	自动		手动按钮		

注：1. 液压站内电气配线由液压厂家配至操作（电机、加热器）至端子箱，并设"液地操作/操作室操作"选择开关。
2. 液压站机旁操作箱上设"液地操作"选择开关。

图 5-5 某液压系统电控表

5.2.1.6　液压缸安装方式及结构尺寸

表 5-13　液压缸安装方式及结构尺寸定义

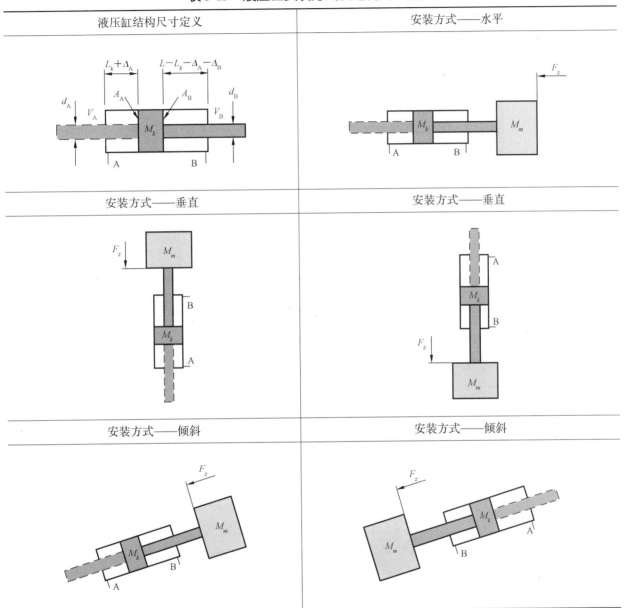

5.2.1.7　液压设备结构模块化设计要求

为满足产品成熟可靠、工期、标准化及系列化要求,便于工厂设计和现场安装,优先采用模块化的液压设备结构设计。

对大中型液压设备结构设计,模块化一般分类为:

(一) 油箱装置。

(二) 泵组装置。

(三) 蓄能器组装置。

(四) 循环冷却过滤装置。

(五) 阀台。

对中小型液压设备结构设计,参考标准系列产品。

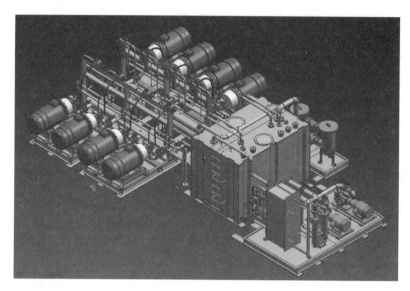

图 5-6　液压站模块化设计（之一）

图 5-7　液压站模块化设计（之二）

图 5-8　液压阀台模块化设计（之一）

图 5-9　液压阀台模块化设计（之二）

5.2.2 液压传动回路设计

5.2.2.1 机械设备液压执行机构动作要求

用于液压系统设计中的机械专业与液压专业共同完成的执行机构液压缸动作要求及其参数设计,也可用于生产运维管理。

（一）液压缸计算

（1）双出杆液压缸工作腔面积计算:

$$A_A = \frac{\pi}{4}(D_K^2 - d_A^2)$$

$$A_B = \frac{\pi}{4}(D_K^2 - d_B^2)$$

（2）单出杆液压缸工作腔面积计算:

$$A_A = \frac{\pi}{4}D_K^2$$

$$A_B = \frac{\pi}{4}(D_K^2 - d_B^2)$$

（3）液压缸工作流量计算:

$$Q_K = A_A \cdot v_K \cdot 60 \cdot 10^{-2}$$
$$Q_B = A_B \cdot v_K \cdot 60 \cdot 10^{-2}$$

（4）液压缸出力计算:

$$F_K = A_A p_K \cdot 10^4$$
$$F_B = A_B p_B \cdot 10^4$$

式中:

A_A、A_B——液压缸工作腔面积,dm^2;

Q_K——液压缸工作流量,L/min;

F_K、F_B——液压缸出力,N;

D_K——液压缸工作腔 A 活塞直径,dm;

d_A——液压缸 A 工作腔活塞杆直径,dm;

d_B——液压缸 B 工作腔活塞杆直径,dm;

v_K——液压缸工作速度,mm/s;

p_K、p_B——液压缸工作腔压力,MPa。

图 5-10 为地下卷取机液压缸计算实例。

机械设备液压执行机构动作要求及计算程序

项目名称	某钢铁公司xx热轧工程
区域名称	XXX
系统名称	XXX辅助液压系统

序号	设备名称	液压缸动作名称	动作	缸径DK/mm	杆径dB/mm	杆径dA/mm	工作行程LK/mm	工作行程起点与缸底距离ΔA/mm	工作行程终点与缸盖距离ΔB/mm	两端是否缓冲	液压缸工作压力/Mpa	液压缸速度/(mm/s)	同回路液压缸数量	安装方式(见附图)	设备及液压缸动作要求	控制方式(参考)	平均动作时间/s	单个液压缸出力/N	单个液压缸全容积/L	缸侧流量/(L/min)	杆侧流量/(L/min)	第1次动作开始时间/s	第1次动作持续时间/s	第1、2次动作间隔时间/s	第2次动作持续时间/s	第2、3次动作间隔时间/s	第3次动作持续时间/s
1	卸卷小车	升降液压缸	上升	220	140		715	10	10	Y	16	40.0	1	①	位置+压力闭环控制，见附图	PV	17.9	607904	27.2	91	54	0	17.9	16	5.0	35	2.0
			下降						0	Y		40.0					17.9	361728	16.2	91	54		17.9				
2	卸卷小车	走行液压缸	前进	180	110		3500	10		Y	16	200.0	1	②	起停设加减速	SV	17.5	406944	89.0	305	191	4	17.5				
			后退						20	Y		200.0					17.5	254968	55.8	305	191		17.5				
3	卸卷小车	1号钳定液压缸	等待	63	36		400	10	20	Y	16	50.0	1	③	双出杆同	ON/OFF VALVE	8.0	49851	1.2	9	6	10	8.0				
			拨料									50.0					8.0	33573	0.8	9	6		8.0				
4	卸卷小车	2号钳定液压缸	等待	63	36		650	10	10	Y	16	100.0	1	②	压力在线可调	ON/OFF VALVE	6.5	49851	2.0	19	13	10	6.5				
			拨料									100.0					6.5	33573	1.4	19	13		6.5				
5	卷筒外支撑	开闭液压缸	打开	200	140		474	15	10		16	200.0	2	③	液压同步控制	ON/OFF VALVE	2.4	502400	29.8	754	384	11	2.4				
			关闭									200.0					2.4	256224	15.2	754	384		2.4				
6	卷筒	涨缩液压缸	涨开	250	180		350	15	10		16	200.0	1	①	两级压力控制	SV	2.1	785000	17.2	492	237	54	2.1				
			缩回									200.0					2.1	378056	8.3	492	237		2.1				
7	1号助卷辊	1号助卷液压缸	前进	180	110		1450	15	10		16	200.0	1	②	压力闭环控制	SV	12.1	406944	36.9	183	115	60	12.1				
			后退									200.0					12.1	254968	23.1	183	115		12.1				
8	2号助卷辊	8液压缸	等待	180	110		1200	15	10		16		1	③	压力闭环控制	SV	10.0	406944	30.5	183	115	60	10.0				
			拨料									200.0					10.0	254968	19.1	183	115		10.0				
9	3号助卷辊	9液压缸	等待	180	110		1400	15	10	Y	16	200.0	1	②	压力闭环控制	SV	11.7	406944	35.6	183	115	60	11.7				
			拨料									200.0				机械同步		11.7	254968	22.3	183	115		11.7				
10	夹送辊	夹送辊液压缸	打开	220	140		500	15	10	Y	16	200.0	2	③	压力闭环控制	SV	3.3	607904	38.0	684	407	60	3.3				
			关闭							N		200.0					6.3	361728	22.6	365	217		6.3				

▢ 为输入值

图5-10 地下卷取机液压缸计算实例

cltjs-12

（二）液压马达计算

（1）液压马达工作流量计算：

$$Q_K = \frac{q_0 n_K}{100 \; \eta_V}$$

（2）液压马达输出功率计算：

$$P_K = \frac{p_K Q_K}{60 \; \eta_m}$$

（3）液压马达输出力矩计算：

$$T_K = \frac{\pi p_K q_0 \eta_m}{2}$$

式中：

Q_K——液压马达工作流量，L／min；

P_K——液压马达输出功率，kW；

T_K——液压马达输出力矩，N·m；

p_K——液压马达工作压力，MPa；

n_K——液压马达工作转速，r／min；

q_0——液压马达工作排量，mL／r；

η_V——液压马达容积效率；

η_m——液压马达机械效率。

图 5-11 为开卷机液压马达计算实例。

机械设备液压执行机构动作要求及计算程序

项目名称	某钢铁公司xx热轧工程
区域名称	XXX
系统名称	XXXX液压系统

序号	设备名称	液压马达动作名称	动作	排量 Vg/cm³	容积效率 ηV	机械效率 ηm	液压马达是否自带制动动作	液压马达是否自带制动器	液压马达工作压差 ΔP/MPa	液压马达转速/(r/min)	同回路液压马达数量	设备及液压马达动作要求	控制方式(参考)	单个液压马达输出扭矩/(N·m)	流量/(L/min)	第1次动作开始时间/s	第1次动作持续时间/s	第1、2次动作间隔时间/s	第2次动作持续时间/s	第2、3次动作间隔时间/s	第3次动作持续时间/s
1	开卷机	压辊旋转液压马达	顺时针旋转	22.9	1	1	N	N	16	2000.0	1	起停设加减速、调速控制	PV	58.31	46	0	0.0	16	5.0	35	2.0
			逆时针旋转						16	800.0				58.31	18		0.0				
2	开卷机	压辊旋转液压马达	顺时针旋转	63.0	1	1	N	N	16	2000.0	1		ON/OFF VALVE	160.43	126	4	0.0				
			逆时针旋转						16	800.0				160.43	50		0.0				
3	开卷机	压辊旋转液压马达	顺时针旋转	63.0	1	1	N	N	16	2000.0	1		ON/OFF VALVE	160.43	126	4	0.0				
			逆时针旋转						16	800.0				160.43	50		0.0				
4	开卷机	压辊旋转液压马达	顺时针旋转	63.0	1	1	N	N	16	2000.0	1		ON/OFF VALVE	160.43	126	4	0.0				
			逆时针旋转						16	800.0				160.43	50		0.0				
5	开卷机	压辊旋转液压马达	顺时针旋转	63.0	1	1	N	N	16	2000.0	1		ON/OFF VALVE	160.43	126	4	0.0				
			逆时针旋转						16	800.0				160.43	50		0.0				
6	开卷机	压辊旋转液压马达	顺时针旋转	63.0	1	1	N	N	16	2000.0	1		ON/OFF VALVE	160.43	126	4	0.0				
			逆时针旋转						16	800.0				160.43	50		0.0				
7	开卷机	压辊旋转液压马达	顺时针旋转	63.0	1	1	N	N	16	2000.0	1		ON/OFF VALVE	160.43	126	4	0.0				
			逆时针旋转						16	800.0				160.43	50		0.0				
8	开卷机	压辊旋转液压马达	顺时针旋转	63.0	1	1	N	N	16	2000.0	1		ON/OFF VALVE	160.43	126	4	0.0				
			逆时针旋转						16	800.0				160.43	50		0.0				
9	开卷机	压辊旋转液压马达	顺时针旋转	63.0	1	1	N	N	16	2000.0	1		ON/OFF VALVE	160.43	126	4	0.0				
			逆时针旋转						16	800.0				160.43	50		0.0				
10	开卷机	压辊旋转液压马达	顺时针旋转	63.0	1	1	N	N	16	2000.0	1	起停加减速	PV	160.43	126	4	0.0				
			逆时针旋转						16	800.0				160.43	50		0.0				

为输入值

图5-11 开卷机液压马达计算实例

cltjs-13

5.2.2.2　液压比例阀控制回路-液压缸受控启动制动的设计计算

冶金设备为重载、高速运转工况,为避免冲击及满足精确停位,同时满足驱动液压缸的动作时间(周期)的严格要求,需要对液压缸启动制动过程进行精确控制。

（一）基本内容

通过比例电磁铁给定信号的变化或自带可调斜坡发生器,实现比例阀开闭过程可调可控,从而实现驱动液压缸启动制动时的受控运动。

驱动液压缸运行周期(工况要求)、液压缸参数、加速度/减速度、二次速度倍数等外部条件及参数输入计算表,按合理分配原则,自动计算出各段时间及速度,以及需要流量。

启动加、减速度值取决于机械结构允许条件,避免振动、晃动等不良运动。为简化计算,加速度、减速度通常设为一样,特殊情况下可分设。

停位减速度值取决于机械结构允许条件,避免振动、晃动等不良运动。同时,为保证合适的停位精度,应设置合适的“二次速度”。

（二）计算公式及说明

（1）没有中间减速的运动周期 T,有启动加速、恒速、减速停位的计算

没有中间减速的运动周期 T 计算公式:

$$T = t_1 + t_2 + t_3 + t_4 + t_5 = 2t_1 + t_2 + t_4$$

工作行程 S 计算公式:

$$S = S_1 + S_2 + S_3 + S_4 + S_5 = 2S_1 + S_2 + S_4$$

匀速段行程:

$$S = vt$$

$$v_2 = at_1$$

$$v_4 = \frac{1}{n}v_2 = \frac{1}{n}at_1$$

式中:

T——运动周期,s;

t——运动时间,s;

S——工作行程,mm;

v——运动速度,mm/s;

a——运动加速度,mm/s^2;

n——减速倍速。

加减速段行程:

$$S_1 = \frac{1}{2}at_1$$

表 5-14　运行时间为 T 的驱动液压缸受控启动制动（没有中间减速）的设计计算实例

液压比例阀控制回路设计计算程序								
项目名称			****				驱动部位	平移缸
液压缸缸径 D	250	mm	运行时间	8	s	总流量	332.93	L/min
液压缸杆径 dR	160	mm	液压缸杆径 dK	0	mm	总功率	108.51	kW
工作行程 S_T	550	mm	加速度	50	mm/s^2	工作压力	14.00	MPa
二次速度倍数	8	1/n	液压缸数	1	只			
低速时间	1	s	系统压力	16	MPa			

续表 5-14

序号	时间/s	位移/mm	起始速度/(mm/s)	末速度/(mm/s)	流量（有杆）/(L/min)	流量（无杆）/(L/min)	
1	2.3	127.91	0.00	113.10			
2	2.5	280.04	113.10	113.10	196.56	332.93	
3	2.0	125.91	113.10	14.14			
4	1.0	14.14	14.14	14.14	24.57	41.62	
5	0.3	2.00	14.14	0.00			
合计	8.0	550.0					

注：▨▨▨▨为设计输入参数。

（2）有中间减速的运动周期 T,有启动加速、恒速、减速停位的计算

有中间减速的运动周期 T 计算公式：

$$T = t_1 + t_2 + t_3 + t_4 + t_5 + t_6 + t_7 + t_8 + t_9 = 2t_1 + t_2 + 2t_3 + t_4 + t_6 + t_8$$

工作行程 S 计算公式：

$$S = S_1 + S_2 + S_3 + S_4 + S_5 + S_6 + S_7 + S_8 + S_9 = 2S_1 + S_2 + 2S_3 + S_4 + S_6 + S_8$$

$$S_2 = S_6 + S_8$$

中间减速段的中点位：$S/2$。

匀速段行程：

$$S = vt$$

$$v_2 = at_1$$

$$v_4 = \frac{1}{n}v_2 = \frac{1}{n}at_1$$

式中：

T——运动周期,s；

t——运动时间,s；

S——工作行程,mm；

v——运动速度,mm/s；

a——运动加速度,mm/s²；

n——减速倍速。

加减速段行程：

$$S_1 = \frac{1}{2}at_1$$

表5-15　运行时间为 T 的驱动液压缸受控启动制动(有中间减速)的设计计算实例

液压比例阀控制回路设计计算程序							
项目名称			*****			驱动部位	升降缸
液压缸缸径 D	280	mm	运动时间	17	s	总流量$_{上升}$ 1 203.27	L/min
液压缸杆径 d_R	180	mm	液压缸杆径 d_K	0	mm	总流量$_{下降}$ 706.00	L/min
工作行程 S_T	1 003	mm	加速度	75	mm/s²	总功率 352.96	kW
低速倍速	2	1/n	液压缸数	4	只	工作压力 14.00	MPa
低速行程	200	mm	系统压力	16	MPa		
二次速度倍数	8	1/n	二次速度时间	1	s		

序号	时间/s	位移/mm	起始速度/(mm/s)	末速度/(mm/s)	流量(有杆)/(L/min)	流量(无杆)/(L/min)	
1	1.09	44.24	0.00	81.46			
2	3.98	324.08	81.46	81.46	176.50	300.82	
3	0.54	33.18	81.46	40.73			
4	4.91	200.00	40.73	40.73	88.25	150.41	
5	0.54	33.18	40.73	81.46			
6	3.85	313.89	81.46	81.46	176.50	300.82	
7	0.95	43.55	81.46	10.18			
8	1.00	10.18	10.18	10.18	22.06	37.60	
9	0.14	0.69	10.18	0.00			
合计	17.00	1 003.00					

注：▨▨▨▨ 为设计输入参数。

5.2.2.3　机构驱动允许加速度计算

（一）对加速度的设计要求

驱动液压缸受控启动制动,加速度取决于被驱动机械结构和液压弹簧耦合的刚度及固有频率。

固有频率是评价传动装置品质及最小加速时间的尺度,为精确计算系统的固有频率,必须知道诸如机械摩擦、油液黏性等数据。

这些数据在设计过程中常常是未知的。但如能计算出无阻尼固有频率,并从中算出经验值,这在实际应用中已经足够了。

（二）经验数据

（1）最低的系统固有频率

系统固有频率不低于:

对于未进行负载压力补偿的控制:3 Hz;

对于负载压力补偿的控制:4 Hz。

应当指出,当固有频率较低时,由于刚度较小(质量不变情况下),加速和减速性能不太好,此外,在低速时可能出现蠕动现象。

在带负载压力补偿的控制的系统更易出现该现象,因为压力补偿器也有固有时间特性。在没有负载压力补偿的节流控制系统中,因具有一个附加的阻尼作用,这对改善固有频率较低的系统的过渡过程特性是有利的。

由于静摩擦和动摩擦差别很大,所以在节流控制中也应考虑到会出现不是近似恒速的运动过程。

(2)最小加速/减速时间

由固有频率可得出最小加速/减速时间的经验值:

$$T = \frac{2\pi}{\omega_0}$$

$$t_b = \frac{n}{\omega_0}$$

式中:

T——周期,s;

t_b——最小加速/减速时间,s;

ω_0——固有频率,Hz;

n——经验系数($n = 15 \sim 18$)。

加速度:

$$a = \frac{2\pi}{t_b}$$

式中:

a——加速度,m/s^2。

加速度选取得过大是没有意义的,节约的时间很少,系统还可能发生振荡,停位精度也会下降。加速度选取得过小,则需要太长的加/减速时间,具体工况通常不允许。

5.2.2.4 重力负载传动回路设计要领

(一)概念

重力负载:液压缸驱动的机械运动部件重量,因液压缸垂直或倾斜安装,其重力或重力分力作用在液压缸轴线上,出于对人员及机械设备安全的保障,对液压传动回路有特别的要求。

负负载:重力负载方向对液压缸运动来看,方向相反为正负载驱动和方向相同为负负载驱动。负负载驱动因重力始终存在的原因,必须得到相应的设计控制。

水平安装的液压缸,没有负负载问题。

(二)设计要领

为确保人员及机械设备安全,防止因负负载引起的机械设备误动作(不受控动作),液压传动回路必须单独或复合采取以下设计:

(1)设置防爆阀。

(2)设置平衡阀。

(3)电磁/电液换向阀回路采用回油节流调速方式。

(4)电磁/电液换向阀回路采用外控外泄液控单向阀作停位控制。

(5)采用比例阀+外控外泄液控单向阀控制。

5.2.3 液压伺服控制系统设计

5.2.3.1 液压伺服控制系统设计要领

(一)液压传动及控制系统分类及组成

按照控制方式,分为开环液压控制和闭环液压控制两大类。

闭环液压控制:又称液压伺服闭环控制系统,简称液压伺服控制系统。

开环液压控制:通常称为液压传动系统。

此外还有液压比例控制系统:控制功能上介于液压伺服控制系统和液压传动系统之间。作开环控制时,属于液压传动系统,但可实现阀芯起制动时间可控和开口度可调。作闭环控制时,其组成和性能更接近于液压伺服控制系统,设计和使用方法与其相同。

液压控制系统的工作原理是把指令输入信号(冶金工况多为机械位移、力)与机械被控量的实时检测反馈信号比较后,将其偏差值发送给控制装置,驱动液压执行元件(液压缸、液压马达)输出流量或压力,使机械被控量向着减小偏差值的方向动作,并不断实时连续循环。

液压控制系统由控制单元(伺服阀及放大器、PLC)、执行机构(液压缸、液压马达或与液压泵组合)、反馈装置(检测元件、变送器)及能源装置(液压泵站)等组成。

液压控制系统具有刚度好、出力大、响应快、精度高、传递功率密度大、结构紧凑、重量轻等特点,在钢铁行业有广泛的应用。

(二) 液压伺服控制系统性能设计的准则

(1) 稳定性。

(2) 快速性(瞬态响应或频率响应、灵敏度)。

(3) 动态精度和稳态精度及其综合最优特性。每个液压控制系统一般只能根据要求满足 2 个或几个指标。

(三) 液压伺服控制系统在钢铁行业应用场景

随着冶金行业对自动化智能化和高精度要求越来越普遍,液压伺服控制系统在冶金生产线设备中的应用也越来越广泛,其中液压缸的液压伺服控制占大部分。液压伺服控制以满足生产的功能性指标要求为目的,即需要动静态性能指标,以负载-速度要求、阶跃响应(位置、力)等要求为普遍形式。根据伺服/比例阀的特性进行匹配选型。

负载-速度要求:根据机械设备机构不同负载工况下的运动时间决定细分速度要求。

阶跃响应(位置、力)等要求:反应快速性,决定伺服/比例阀的选型条件。

冶金工程设计装备选型原则是先进成熟、稳定可靠。液压伺服控制及伺服/比例阀涉及高度的非线性特性,设计计算及选型难度较大,产品化成熟度较低。在工程设计中,通常采用以下步骤:

(1) 工程方案及基本设计:根据工况要求初选设计计算选型。

(2) 工程详细设计:根据工况要求详细计算及设计选型。

(3) 新装备开发或产品迭代升级:基于稳定性和精度的动态性能建模仿真计算,可进一步采用虚拟样机(机电液系统联合建模仿真)设计计算。

为提高工程设计计算效率,实现较为精细化设计,伺服/比例阀初选设计计算选型包括:

(1) 机构运动的负载-速度计算。

(2) 位置阶跃响应位移油容积-理想供油时间计算。

(3) 压力阶跃响应增量油容积-理想供油时间计算。

机构运动的负载-速度计算作以下简化:

(1) 理想液体不可压缩。

(2) 伺服/比例阀为全开口工作。

(3) 考虑避开伺服/比例阀的非线性段及饱和流量。

(4) 考虑伺服/比例阀长期使用磨损后的泄漏增加。

位置阶跃响应位移油容积-理想供油时间计算作以下简化:

(1) 理想液体不可压缩。

(2) 考虑伺服/比例阀的阀芯开启时间的油量输出为线性,直到最大开口的稳定输出流量。

(3) 只考虑阀启动到最大开口过程的理想供油(类似开环)下的充满位移油容积。

（4）负载决定的阀口压降可根据工况设定。

压力阶跃响应增量油容积-理想供油时间计算作以下简化：

（1）伺服/比例阀出口至液压缸内油容积为可压缩液体。

（2）考虑伺服/比例阀的阀芯开启时间的油量输出为线性，直到最大开口的稳定输出流量。

（3）只考虑启动到最大开口过程的理想供油（类似开环）下的充满压力变化增量油容积。

（4）负载决定的阀口压降可根据工况设定。

（四）伺服阀/比例阀的分类选型

一般情况，伺服阀用于液压闭环控制，且快速性和精度要求很高的场景。比例阀更多用于开环控制，与开关阀相比，可实现启动/制动段的加/减速设定控制。比例阀用于液压闭环控制，因其阀口死区、大阀芯响应时间慢，可用于快速性和精度要求不高的场景。另有比例伺服阀，其结构和特性更类似比例阀，用于一些控制要求一般的液压闭环控制的场景。

5.2.3.2　液压伺服控制回路液压缸控制计算公式

（一）伺服阀/比例阀流量及开启过程的输出油容积

（1）伺服阀/比例阀有效负载流量计算

伺服阀/比例阀（下简称：阀）在某工作点有不同的 Q_V、$K_V(X_V)$、Δp_v 工作值，有效负载流量 Q_V 计算公式：

$$Q_V = K_L K_C Q_N \sqrt{\frac{\Delta p_V}{\Delta p_N}} K_V K_X K_{VS}$$

式中：

Q_V——阀在开度 K_V 时的实际有效负载流量，L/min；

Q_N——阀在额定压降 Δp_N 下的额定流量，L/min，查样本参数；

Δp_N——阀额定流量时的额定压降，MPa，查样本参数；

Δp_V——单边阀口压降，分为 Δp_{VA}、Δp_{VB}，MPa；

K_L——阀泄漏系数，查样本参数；

K_C——阀遮盖系数，对死区取值，查样本参数；

K_X——阀开度使用限制系数，根据使用工况；

K_{VS}——阀口面积比，对称阀为 1∶1；查样本参数；

K_V——阀工作开度，即指令信号 0~100% 之间，一般小于 90%。

$$K_V = \frac{X_V}{X_{V\max}} \cdot 100\%$$

式中：

X_V——阀芯工作位移，mm；

$X_{V\max}$——主阀芯位移（最大），mm，查样本参数。

当 $K_V = 100\%$ 时，油在 Δp_V 下的最大流量：

$$Q_{V\max} = K_L K_C Q_N \sqrt{\frac{\Delta p_V}{\Delta p_N}} K_X K_{VS}$$

当 $K_V \neq 100\%$ 时，

$$Q_V = Q_{V\max} K_V$$

（2）阀开启过程的输出油容积计算

假定 Δp_V 在开启过程保持不变。当阀从 0 至某开度 K_V（<100%）的开启过程，$t_V < T_{VR}$，输出油容积计算：

$$V_{VK} = \frac{Q_V}{60 \times 1\,000} T_{VR} \frac{K_V}{2} = \frac{Q_{V\max}}{60 \times 1\,000} \frac{t_V^2}{2T_{VR}}$$

式中：

V_{VK}——阀在开度 $0 \sim K_V$ （ $<100\%$ ）过程中的实际输出油容积，L；

T_{VR}——阀从 $0 \sim 100\%$ 主阀芯位移的响应时间，ms，查样本参数；

t_V——阀从 $0 \sim K_V$ （ $<100\%$ ）主阀芯位移的响应时间，ms。

当 $K_V = 100\%$ 时，$t_V = T_{VR}$，V_{VK} 输出最大油容积：

$$V_{VK} = V_{VK\max} = \frac{Q_{VK\max} T_{VR}}{12} \cdot 10^{-4}$$

（3）阀理论饱和流量计算

阀理论饱和流量 $Q_{V\max}$ 计算：

$$Q_{V\max} \leqslant \upsilon_{V\max} \cdot 60 \cdot \frac{\pi}{4} d_V^2 \cdot 10^{-2}$$

式中：

$Q_{V\max}$——阀饱和流量，L/min；

$\upsilon_{V\max}$——阀油口允许最大流速，m/s，一般取 30 m/s；

d_V——阀 A、B 油口直径，mm。

（4）阀油口流速计算

伺服阀油口流速 υ_{VK} 计算：

$$\upsilon_{VK} = Q_V \times \frac{1}{60 \times 1\,000} \div \left(\frac{\pi}{4} d_V^2 \times 10^{-6} \right)$$

式中：

υ_{VK}——伺服阀油口流速，m/s。

（二）液压缸油容积需求计算

（1）液压缸工作腔面积

假定液压缸（以下简称：缸）受控工作腔为 A 腔。液压缸工作腔面积 A_A 计算：

$$A_A = \frac{\pi}{4} (D_{K-}^2 d_A^2) \cdot 10^{-6}$$

式中：

A_A——缸工作腔 A 面积，m^2；

D_K——缸工作腔 A 活塞直径，mm；

d_A——缸工作腔 A 活塞杆直径（单出杆缸 $d_A = 0$），mm。

（2）液压缸完成位移油容积需求

液压缸完成阶跃响应位移油容积 ΔV_K 需求计算：

$$\Delta V_K = A_A \Delta S$$

式中：

ΔV_K——缸完成位移需求油容积，L；

ΔS——缸阶跃响应位移量，mm。

（三）液压缸完成位移工作时间和速度计算

当 $\Delta V_K < V_{VK\max}$ 时，液压缸完成阶跃响应位移时间 t_K：

$$\Delta V_K = \frac{Q_{V\max} t_K}{2} \frac{t_K}{T_R}$$

$$t_K = \sqrt{\frac{2\Delta V_K}{Q_{V\max} T_R} \cdot 6 \times 10^4}$$

液压缸完成位移时的 V_K：

$$V_K = \frac{Q_{V\max} \sqrt{\frac{2\Delta V_K}{Q_{V\max} T_R} \cdot 6 \times 10^4}}{60 A_A}$$

当 $\Delta V_K > V_{VK\max}$ 时：

$$\Delta V_K = \frac{Q_{V\max} T_R}{2} + Q_{V\max}(t_K - T_R)$$

$$t_K = \frac{(\Delta V_K - V_{V\max}) \cdot 6 \times 10^4}{Q_{V\max}} + T_{VR}$$

$$V_K = \frac{Q_{V\max}}{60 A_A}$$

（四）液压缸油容变化计算

液压油具有可压缩性，在受到的压力变化时，容器中的液压油体积也会发生相应变化。

（1）液压油体积弹性模量

一般用体积弹性模量 β_e 来表示液压油的可压缩特性，β_e 的物理意义是液压产生单位体积相对变化量所需要的压力。

$$\beta_e = \frac{V_0}{\Delta V} \Delta p$$

$$\Delta p = p_1 - p_0$$

式中：

β_e——液压油体积弹性模量，MPa；

V_0——压力变化前，液压油的体积，L；

Δp——压力变化值，MPa；

ΔV——在 Δp 作用下，液压油体积的变化值，L；

p_0——初始压力，MPa；

p_1——当前压力，MPa。

表 5-16　各种纯液压油的体积模量（20 ℃，大气压）

液压油种类	石油基	水乙二醇基	乳化液型	磷酸酯型
MPa	$(1.4 \sim 2.0) \times 10^3$	3.15×10^3	1.95×10^3	2.65×10^3

由于液压油中混有空气，在动态特性计算时，一般取 $\beta_e = 700$ MPa。

（2）液压缸 A 腔油容变化

$$\Delta V = \frac{V_0}{\beta_e} \Delta p$$

压力变化前，液压油的体积 V_0：

$$V_0 = V_A + V_{LA} = \frac{\pi}{4}(D_A^2 - d_A^2) L_K N_1 \cdot 10^{-6} + \frac{\pi}{4} d_{LA}^2 L_{LA} N_2 \cdot 10^{-6}$$

式中：

V_A——液压缸初始油容积，L；

V_{LA}——阀口至液压缸管道初始油容积，L；

N_1——液压缸数量；

N_2——管道数量。

5.2.3.3　液压伺服控制回路负载-速度-压力计算

液压伺服控制回路分为单腔控制回路和双腔控制回路,液压伺服控制回路负载-速度-压力计算用于初选或初核伺服阀。

（一）单腔控制

无杆腔控制,有杆腔恒定压力。典型举例:轧机 AGC。

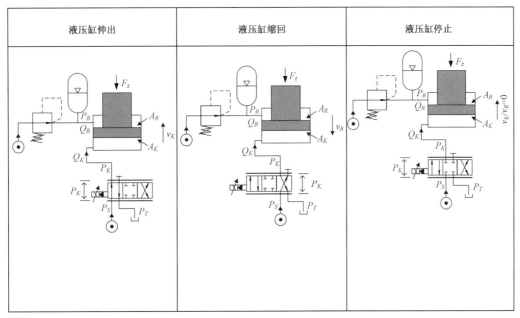

图 5-12　液压伺服控制回路(单腔控制)示意图

表 5-17　液压伺服控制回路(单腔控制)负载-速度-压力计算示例

伺服控制回路负载-速度-压力计算程序(单腔控制)							
项目名称		××钢铁公司××工程					
系统名称		××液压系统					
控制回路							
液压缸参数							
$D_K=$	900	mm	$d_A=$	0	mm	$d_B=$	800	mm
$L=$	265	mm	$M_h=$	2 850	kg			
$A_A=$	636 172.51	mm^2	$A_B=$	133 517.69	mm^2	$i=$	4.764 705 88	
安装方式	1	1-推上 ;2-压下;3-水平						
伺服阀参数							
$Q_{N(PA)}=$	90	L/min	$\Delta P_N=$	3.5	MPa	$Q_{\max(PA)}=$	350	L/min
$Q_{N(PB)}=$	90	L/min	$K_L=$	0.85		$K_x=$	0.9	
液压系统参数							
$P_S=$	29	MPa	$P_T=$	0.1	MPa	$P_R=$	5	MPa
$\Delta P_S=$	0.5	MPa	$P_{VS}=$	28.5	MPa			

续表 5-17

伺服控制回路负载-速度-压力计算程序(单腔控制)								
负载参数								
$M_m =$	22 500	kg	$F_{bal} =$	200	kN	$F_r =$	0	kN
负载-速度计算								
外负载力 F_W/kN	液压缸伸出速度 v_K/mm/s	液压缸缩回速度 v_R/(mm/s)	外负载力 F_W/kN	液压缸伸出速度 v_K/(mm/s)	液压缸缩回速度 v_R/(mm/s)	外负载力 F_W/kN	液压缸伸出速度 v_K/(mm/s)	液压缸缩回速度 v_R/(mm/s)
0	5.540	1.410	15 000	1.907	5.390	30 000		
1 000	5.375	1.948	16 000	1.353	5.555	31 000		
2 000	5.204	2.366	17 000	0.164	5.715	32 000		
3 000	5.028	2.720	18 000			33 000		
4 000	4.845	3.034	19 000			34 000		
5 000	4.656	3.318	20 000			35 000		
6 000	4.458	3.580	21 000			36 000		
7 000	4.250	3.823	22 000			37 000		
8 000	4.033	4.052	23 000			38 000		
9 000	3.802	4.269	24 000			39 000		
10 000	3.557	4.475	25 000			40 000		
11 000	3.294	4.673	26 000			41 000		
12 000	3.008	4.862	27 000			42 000		
13 000	2.691	5.044	28 000			43 000		
14 000	2.332	5.220	29 000			44 000		

负载-速度 F_W-v_R-v_K曲线

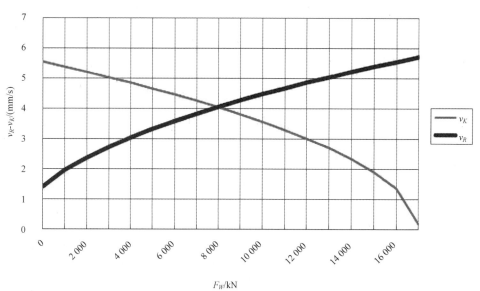

续表 5-17

伺服控制回路负载-速度-压力计算程序(单腔控制)								
负载-压力计算(油缸伸出)								
外负载力	液压缸伸出 A 腔压力	液压缸伸出 B 腔压力	外负载力	液压缸伸出 A 腔压力	液压缸伸出 B 腔压力	外负载力	液压缸伸出 A 腔压力	液压缸伸出 B 腔压力
F_W/kN	P_A/MPa	P_B/MPa	F_W/kN	P_A/MPa	P_B/MPa	F_W/kN	P_A/MPa	P_B/MPa
0	1.754	5.000	15 000	25.333	5.000	30 000		
1 000	3.326	5.000	16 000	26.905	5.000	31 000		
2 000	4.898	5.000	17 000	28.477	5.000	32 000		
3 000	6.470	5.000	18 000			33 000		
4 000	8.042	5.000	19 000			34 000		
5 000	9.614	5.000	20 000			35 000		
6 000	11.186	5.000	21 000			36 000		
7 000	12.758	5.000	22 000			37 000		
8 000	14.329	5.000	23 000			38 000		
9 000	15.901	5.000	24 000			39 000		
10 000	17.473	5.000	25 000			40 000		
11 000	19.045	5.000	26 000			41 000		
12 000	20.617	5.000	27 000			42 000		
13 000	22.189	5.000	28 000			43 000		
14 000	23.761	5.000	29 000			44 000		

液压缸伸出负载-压力 F_W-P_A-P_B 曲线

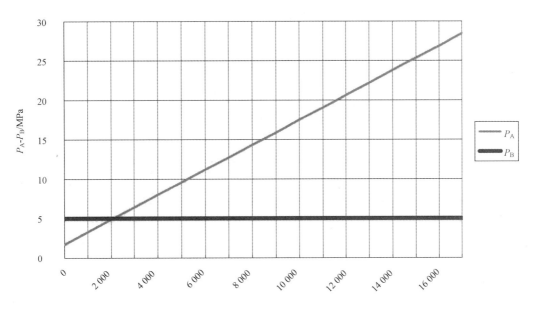

续表 5-17

伺服控制回路负载-速度-压力计算程序(单腔控制)

负载-压力计算(油缸缩回)

外负载力	液压缸缩回 A 腔压力	液压缸缩回 B 腔压力	外负载力	液压缸缩回 A 腔压力	液压缸缩回 B 腔压力	外负载力	液压缸缩回 A 腔压力	液压缸缩回 B 腔压力
F_W/kN	P_A/MPa	P_B/MPa	F_W/kN	P_A/MPa	P_B/MPa	F_W/kN	P_A/MPa	P_B/MPa
0	1.833	5.000	15 000	25.412	5.000	30 000		
1 000	3.405	5.000	16 000	26.984	5.000	31 000		
2 000	4.977	5.000	17 000	28.556	5.000	32 000		
3 000	6.549	5.000	18 000			33 000		
4 000	8.121	5.000	19 000			34 000		
5 000	9.693	5.000	20 000			35 000		
6 000	11.265	5.000	21 000			36 000		
7 000	12.837	5.000	22 000			37 000		
8 000	14.408	5.000	23 000			38 000		
9 000	15.980	5.000	24 000			39 000		
10 000	17.552	5.000	25 000			40 000		
11 000	19.124	5.000	26 000			41 000		
12 000	20.696	5.000	27 000			42 000		
13 000	22.268	5.000	28 000			43 000		
14 000	23.840	5.000	29 000			44 000		

液压缸缩回负载-压力 F_W-P_A-P_B 曲线

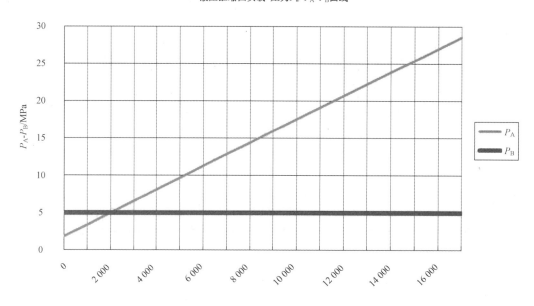

（二）双腔控制

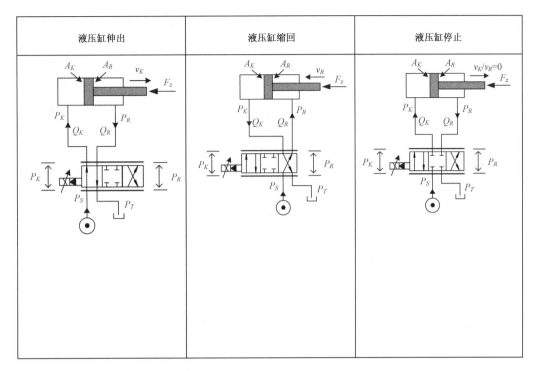

图 5-13 液压伺服控制回路（双腔控制）示意图

表 5-18 液压伺服控制回路（双腔控制）负载-速度-压力计算示例

伺服阀控制回路负载-速度-压力计算程序（双腔控制）							
项目名称			××钢铁公司××工程				
系统名称			××液压系统				
控制回路							
液压缸参数							
$D_K =$	400	mm	$d_A =$	120	mm	$d_B =$	360	mm
$L =$	850	mm	$M_h =$	1 500	kg	面积比 $i =$	4.79	
$A_A =$	114 353.97	mm^2	$A_B =$	23 876.10	mm^2	$1/i =$	0.208 791 21	
安装方式	3		1-推上；2-压下；3-水平					
伺服阀参数							
$Q_{N(PA)} =$	380	L/min	$\Delta P_N =$	3.5	MPa	$Q_{\max(PA)} =$	1 000	L/min
$Q_{N(PB)} =$	380	L/min	$K_L =$	0.85		$K_x =$	0.9	
液压系统参数							
$P_S =$	30	MPa	$P_T =$	0.1	MPa			
$\Delta P_S =$	0.5	MPa	$P_{VS} =$	29.5	MPa			
负载参数							
$M_m =$	3 000	kg	$F_{bal} =$	30	kN	$F_r =$	0	kN
负载-速度计算							

续表 5-18

伺服阀控制回路负载-速度-压力计算程序（双腔控制）								
外负载力	液压缸伸出速度	液压缸缩回速度	外负载力	液压缸伸出速度	液压缸缩回速度	外负载力	液压缸伸出速度	液压缸缩回速度
F_W/kN	$v_K/(\text{mm/s})$	$v_R/(\text{mm/s})$	F_W/kN	$v_K/(\text{mm/s})$	$v_R/(\text{mm/s})$	F_W/kN	$v_K/(\text{mm/s})$	$v_R/(\text{mm/s})$
0	131.17	62.98	1 500	100.51	110.44	3 000		
100	131.17	67.20	1 600	97.74	112.90	3 100		
200	131.17	71.16	1 700	94.89	115.30	3 200		
300	129.18	74.92	1 800	91.96	117.66	3 300		
400	127.04	78.50	1 900	88.92	119.97	3 400		
500	124.86	81.92	2 000	85.78	122.23	3 500		
600	122.64	85.20	2 100	82.52	124.46	3 600		
700	120.38	88.36	2 200	79.13	126.64	3 700		
800	118.08	91.41	2 300	75.58	128.79	3 800		
900	115.73	94.37	2 400	71.86	130.90	3 900		
1 000	113.34	97.23	2 500	67.93	131.17	4 000		
1 100	110.89	100.01	2 600	63.77	131.17	4 100		
1 200	108.39	102.72	2 700	59.31	131.17	4 200		
1 300	105.83	105.36	2 800	54.49	131.17	4 300		
1 400	103.20	107.93	2 900			4 400		

负载-速度 F_w-v_R-v_K 曲线

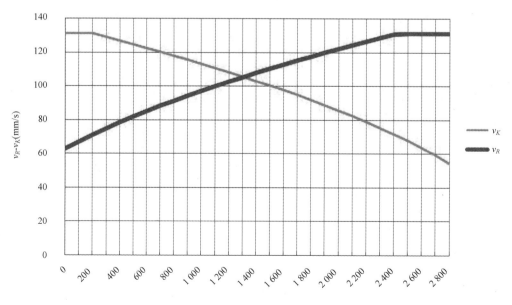

续表 5-18

负载-压力计算（油缸伸出）								
外负载力	液压缸伸出 A 腔压力	液压缸伸出 B 腔压力	外负载力	液压缸伸出 A 腔压力	液压缸伸出 B 腔压力	外负载力	液压缸伸出 A 腔压力	液压缸伸出 B 腔压力
F_W/kN	P_A/MPa	P_B/MPa	F_W/kN	P_A/MPa	P_B/MPa	F_W/kN	P_A/MPa	P_B/MPa
0	0.547	1.362	1 500	13.546	0.796	3 000		
100	1.413	1.324	1 600	14.412	0.758	3 100		
200	2.280	1.287	1 700	15.279	0.720	3 200		
300	3.147	1.249	1 800	16.145	0.682	3 300		
400	4.013	1.211	1 900	17.012	0.644	3 400		
500	4.880	1.173	2 000	17.879	0.607	3 500		
600	5.746	1.136	2 100	18.745	0.569	3 600		
700	6.613	1.098	2 200	19.612	0.531	3 700		
800	7.479	1.060	2 300	20.478	0.493	3 800		
900	8.346	1.022	2 400	21.345	0.456	3 900		
1 000	9.213	0.984	2 500	22.212	0.418	4 000		
1 100	10.079	0.947	2 600	23.078	0.380	4 100		
1 200	10.946	0.909	2 700	23.945	0.342	4 200		
1 300	11.812	0.871	2 800	24.811	0.304	4 300		
1 400	12.679	0.833	2 900					

液压缸伸出负载-压力 F_W-P_A-P_B 曲线

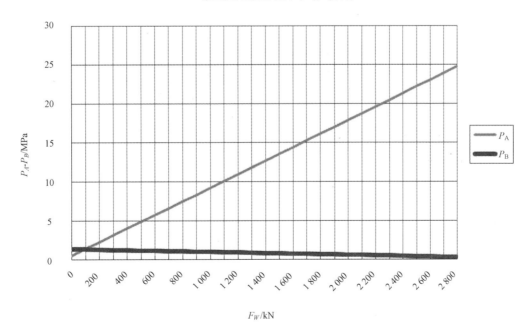

续表 5-18

负载-压力计算（液压缸缩回）								
外负载力	液压缸缩回 A 腔压力	液压缸缩回 B 腔压力	外负载力	液压缸缩回 A 腔压力	液压缸缩回 B 腔压力	外负载力	液压缸缩回 A 腔压力	液压缸缩回 B 腔压力
F_W/kN	P_A/MPa	P_B/MPa	F_W/kN	P_A/MPa	P_B/MPa	F_W/kN	P_A/MPa	P_B/MPa
0	6.365	29.227	1 500	19.364	28.660	3 000		
100	7.231	29.189	1 600	20.230	28.622	3 100		
200	8.098	29.151	1 700	21.097	28.585	3 200		
300	8.964	29.114	1 800	21.963	28.547	3 300		
400	9.831	29.076	1 900	22.830	28.509	3 400		
500	10.698	29.038	2 000	23.696	28.471	3 500		
600	11.564	29.000	2 100	24.563	28.434	3 600		
700	12.431	28.962	2 200	25.430	28.396	3 700		
800	13.297	28.925	2 300	26.296	28.358	3 800		
900	14.164	28.887	2 400	27.163	28.320	3 900		
1 000	15.031	28.849	2 500	28.029	28.282	4 000		
1 100	15.897	28.811	2 600	28.896	28.245	4 100		
1 200	16.764	28.774	2 700	29.763	28.207	4 200		
1 300	17.630	28.736	2 800	30.629	28.169	4 300		
1 400	18.497	28.698	2 900			4 400		

液压缸缩回负载-压力 F_W-P_A-P_B 曲线

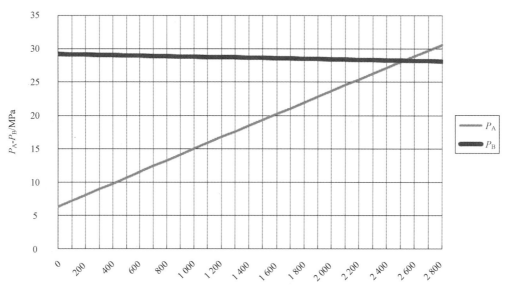

5.2.3.4　液压伺服控制回路理想供油-位移反应时间计算

在工程方案设计阶段中,根据工艺设备工况,快速计算并初选或初核伺服阀/比例阀(SV/PV)规格有非常重要的作用和意义。

（一）计算原理

SV/PV 开启过程时间及最大输出流量,决定了阶跃响应能力,即上升时间。计算中为达成简化计算,假设达到阶跃响应上升时间前,SV/PV 没有进入闭环纠偏,相当于在作开环控制,直到达到阶跃响应上升时间。

（二）计算条件

根据负载及其工况选取特定工作点,此时假设其负载压力恒定,SV/PV 压降亦为恒定,SV/PV 开启过程的为理想供油量(能力),SV/PV 阀流量-开度与指令信号成正比且为线性关系。

在液压缸位移阶跃响应中,假设液压缸及其管道为刚体没有容积变化,油液不可压缩,只考虑液压缸位移引起的容积变化(完成位移所需 ΔS 油容积),计算得到响应时间。

表 5-19　SV/PV 控制回路理论流量-液压缸位移时间计算示例(总表)

SV/PV 控制回路理论流量-液压缸位移时间计算程序(总表)	
项目名称	××钢铁公司××热轧工程
系统名称	××伺服液压系统
控制回路	FM-AGC

计算参数　Cal. DATA

序号	控制回路	缸活塞直径 D_K/mm	活塞杆直径 d/mm	缸响应位移量 ΔS/mm	缸工作腔有效面积 A_k/m²	完成位移 ΔS 所需油容积 ΔV_k/L	缸充油时间 t_k/ms	缸末速度 v_k/mm/s	油缸响应时间要求 t/ms	控制方式
1	FM-AGC	1 050	970	0.1	0.87	0.086 6	27.90	4.06	50	双阀-单缸-单腔控制
2	RM-APC/AGC	1 050	970	0.1	0.85	0.084 6	23.32	4.92	50	单阀-单缸-单腔控制
3	E1-AWC	460	360	0.3	0.17	0.049 9	6.23	131.31	60	单阀-单缸-双腔控制
4	E2-AWC	400	360	0.3	0.13	0.037 7	6.16	138.92	60	单阀-单缸-双腔控制
5	AWC-BALANCE	220	140	6	0.04	0.228 1	45.49	164.42		单阀-单缸-双腔控制
6	AJC	180	100	5	0.03	0.127 2	26.66	220.61		单阀-单缸-双腔控制
7	RM_SG	180	110	1	0.03	0.025 4	18.63	215.88		单阀-单缸-双腔控制
8	DC-SG	140	190	0.1	0.02	0.001 5	7.48	207.05		单阀-单缸-双腔控制
9	DC-PR	180	100	0.5	0.03	0.012 7	10.99	125.25		单阀-单缸-双腔控制
10	DC-MANDREL	360	180	0.1	0.10	0.010 2	5.14	87.99		单阀-单缸-双腔控制
11	FM-WRS	200	110	2	0.03	0.062 8	35.24	62.51		单阀-单缸-双腔控制
12	FM-LOOPER	100	70	40	0.01	0.314 2	48.65	960.34		单阀-单缸-双腔控制

续表 5-19

序号	控制回路	伺服阀型号	额定压降 ΔP_N /MPa	额定流量 Q_N/(L/min)	泄漏系数 K_L	遮盖系数 K_C	阀芯响应时间 T_R/ms	阀芯开度限制系数 K_X	阀口直径 d_V/mm	油口允许最大流速 Vv_{max}/(m/s)
1	FM-AGC	D661-4651	3.5	180	1	1	6.5	1	11.5	30
2	RM-APC/AGC	J079B144	3.5	209	1	1	6	1	11.5	30
3	E1-AWC	D792	3.5	1 000	1	1	8	1	28	30
4	E2-AWC	D792	7	800	1	1	8	1	28	30
5	AWC-BALANCE	D662-	1	125	1	1	18	1	28	30
6	AJC	J079B809	7	380	1	1	8	1	28	30
7	RM_SG	D662-4005	7	390	1	1	28	1	25	30
8	DC-SG	D661-4636	7	160	1	1	14	1	16	30
9	DC-PR	D661-4636	7	160	1	1	14	1	16	30
10	DC-MANDREL	J079B809	7	380	1	1	8	1	28	30
11	FM-WRS	D661-4651	7	90	1	1	6.5	1	11.5	30
12	FM-LOOPER	D661-4636	7	320	1	1	14	1	11.5	30

序号	控制回路	伺服阀工作开度 KVK	实际压降 ΔP_K/MPa	最大开度下负载流量 Q_{kmax}/(L/min)	工作开度 KVK 下负载流量 Q_k/(L/min)	最大开度下阀芯响应时间内的输出油容积 V_{kmax}/L	工作开度 KVK 下阀芯响应时间内的输出油容积 V_k/L	理论饱和流量 QSF/(L/min)	油口实际最大流速 V_{kmax}/(m/s)	工作开度 KVK 下油口实际流速 v_k/(m/s)
1	FM-AGC	100%	4.8	210.79	210.79	0.011 4	0.011 4	186.96	33.82	33.82
2	RM-APC/AGC	100%	5	249.80	249.80	0.012 5	0.012 5	186.96	40.08	40.08
3	E1-AWC	100%	6	1 309.31	1 309.31	0.087 3	0.087 3	1 108.35	35.44	35.44
4	E2-AWC	100%	12	1 047.45	1 047.45	0.069 8	0.069 8	1 108.35	28.35	28.35
5	AWC-BALANCE	100%	9	375.00	375.00	0.056 3	0.056 3	1 108.35	10.15	10.15
6	AJC	100%	5.5	336.83	336.83	0.022 5	0.022 5	1 108.35	9.12	9.12
7	RM_SG	100%	5	329.61	329.61	0.076 9	0.076 9	883.57	11.19	11.19
8	DC-SG	100%	10	191.24	191.24	0.022 3	0.022 3	361.91	15.85	15.85
9	DC-PR	100%	10	191.24	191.24	0.022 3	0.022 3	361.91	15.85	15.85
10	DC-MANDREL	100%	14	537.40	537.40	0.035 8	0.035 8	1 108.35	14.55	14.55
11	FM-WRS	100%	12	117.84	117.84	0.006 4	0.006 4	186.96	18.91	18.91
12	FM-LOOPER	100%	14	452.55	452.55	0.052 8	0.052 8	186.96	72.62	72.62

注：▨▨▨▨▨▨为设计输入参数

表 5-20　SV/PV 控制回路理论流量-液压缸位移时间计算示例（变负载工作点）

SV/PV 控制回路理论流量-液压缸位移时间计算程序（变负载工作点）								
项目名称			××钢铁公司××工程					
系统名称			××辅助液压系统					
控制回路								

控制参数要求 Control DATA

液压缸响应位移 $\Delta S=$	5	mm	液压缸响应（上升）时间 $t_r=$	90	ms			

液压缸参数 Cylinder DATA

缸径 $D_K=$	220	mm	杆径 $d_A=$	0	mm	工作行程 $L_K=$	880	mm
同回路液压缸数量	1	只	杆径 $d_B=$	140	mm			

伺服阀参数 Servo valve DATA

伺服阀型号	D662-P01		额定压降 $\Delta P_N=$	0.5	MPa	阀芯响应时间 $T_R=$	9	ms
阀油口直径 $d_V=$	20	mm	额定流量 $Q_N=$	150	L/min	阀芯开度限制系数 $K_X=$	0.9	
同回路数量	1	只	油口允许最大流速 $v_{max}=$	30	m/s	有效流量系数 $K_L=$	0.9	
						遮盖系数 $K_C=$	1	

计算参数　Cal. DATA

油缸工作腔面积 $A_A=$	0.038 0	m^2	缸位移所需油容积 $\Delta V_K=$	0.190 1	L	理论饱和流量 $Q_{limit}=$	565.486 7	L/min

计算 Calculate

阀口实际压降 $\Delta P_k/\mathrm{MPa}$	有效负载流量 $Q_{Amax}/(\mathrm{L/min})$	阀芯响应时间内总输出容积 V_{kmax}/L	油口 A 实际流速 $v_{Amax}/(\mathrm{m/s})$	液压缸响应时间 t_k/ms	液压缸末速度 $v_A/\mathrm{mm/s}$	伺服阀最大实际开度 X_{vmax}
0.50	121.500 0	0.009 1	6.445 8	98.359 9	53.270 9	100.00%
1.00	190.918 8	0.014 3	10.128 6	64.232 1	83.707 1	100.00%
1.50	233.826 9	0.017 5	12.404 9	53.271 0	102.519 8	100.00%
2.00	270.000 0	0.020 3	14.323 9	46.737 0	118.379 7	100.00%
2.50	301.869 2	0.022 6	16.014 7	42.277 9	132.352 5	100.00%
3.00	330.681 1	0.024 8	17.543 2	38.986 3	144.984 9	100.00%

续表 5-20

			计算 Calculate			
阀口实际压降 ΔP_k/MPa	有效负载流量 Q_{Amax}/(L/min)	阀芯响应时间内总输出容积 V_{kmax}/L	油口 A 实际流速 v_{Amax}/(m/s)	液压缸响应时间 t_k/ms	液压缸末速度 v_A/(mm/s)	伺服阀最大实际开度 X_{vmax}
3.50	357.176 4	0.026 8	18.948 8	36.428 1	156.601 6	100.00%
4.00	381.837 7	0.028 6	20.257 1	34.366 0	167.414 2	100.00%
4.50	405.000 0	0.030 4	21.485 9	32.658 0	177.569 6	100.00%
5.00	426.907 5	0.032 0	22.648 1	31.213 0	187.174 8	100.00%
5.50	447.744 3	0.033 6	23.753 6	29.969 8	196.310 5	100.00%
6.00	467.653 7	0.035 1	24.809 8	28.885 5	205.039 7	100.00%
6.50	486.749 4	0.036 5	25.822 9	27.928 9	213.412 1	100.00%
7.00	505.123 7	0.037 9	26.797 6	27.076 6	221.468 2	100.00%
7.50	522.852 8	0.039 2	27.738 2	26.311 1	229.241 3	100.00%
8.00	540.000 0	0.040 5	28.647 9	25.618 5	236.759 4	100.00%
8.50	556.619 3	0.041 7	29.529 6	24.987 9	244.046 0	100.00%
9.00	565.486 7	0.042 4	30.000 0	24.666 7	247.933 9	100.00%
9.50	565.486 7	0.042 4	30.000 0	24.666 7	247.933 9	100.00%
10.00	565.486 7	0.042 4	30.000 0	24.666 7	247.933 9	100.00%
10.50	565.486 7	0.042 4	30.000 0	24.666 7	247.933 9	100.00%

与阀口实际压降 ΔP(MPa)相关的液压缸响应时间 t_k(ms)曲线

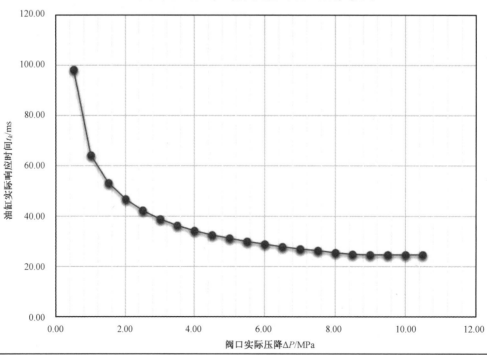

注：▨▨▨▨▨为设计输入参数。

5.2.3.5　液压伺服控制回路理想供油-压力反应时间计算

计算原理和计算条件同本章第 5.2.3.4 节"液压伺服控制回路理想供油-位移反应时间计算"。

在液压缸压力阶跃响应中,假设液压缸及其管道为刚体没有容积变化,液压缸位移保持不变,只考虑压力变化,即油液压缩性引起的容积变化(完成压力所需油容积),计算得到响应时间。

表 5-21　压力控制回路油液压缩性引起的油容变化计算示例(总表)

<table>
<tr><td colspan="11">压力控制回路油液压缩性引起的油容变化计算程序(总表)</td></tr>
<tr><td colspan="2">项目名称</td><td colspan="9">××钢铁公司××工程</td></tr>
<tr><td colspan="2">系统名称</td><td colspan="9">××伺服液压系统施工图设计</td></tr>
<tr><td colspan="11">液压缸及管道参数 Cylinder & Pipe DATA</td></tr>
<tr><td>序号</td><td>控制回路</td><td>活塞直径 D/mm</td><td>活塞杆直径 d/mm</td><td>设计行程 $S_{设计}$/mm</td><td>工作行程 $S_{工作}$/mm</td><td>油缸数量 N_1</td><td>管道外径 D_1/mm</td><td>管道壁厚 δ/mm</td><td>管道长度 L/mm</td><td>管道数量 N_2</td></tr>
<tr><td>1</td><td>WRB-F1-3</td><td>200</td><td>150</td><td>250</td><td>250</td><td>4</td><td>38</td><td>6</td><td>6 500</td><td>2</td></tr>
<tr><td></td><td>WRB-F4-7</td><td>200</td><td>150</td><td>250</td><td>250</td><td>4</td><td>48.3</td><td>8</td><td>8 000</td><td>4</td></tr>
<tr><td>2</td><td>AJC-1</td><td>180</td><td>100</td><td>1 380</td><td>1 380</td><td>1</td><td>48.3</td><td>8</td><td>1 500</td><td>1</td></tr>
<tr><td>3</td><td>AJC-2/3</td><td>180</td><td>100</td><td>1 045</td><td>1 045</td><td>1</td><td>48.3</td><td>8</td><td>1 500</td><td>1</td></tr>
<tr><td colspan="11">油容积变化计算 ΔV Calculate</td></tr>
<tr><td>序号</td><td>控制回路</td><td>初始压力 P_0/MPa</td><td>当前压力 P_1/MPa</td><td>压力变化值 ΔP/MPa</td><td>液压油缸初始油容积 V_C/L</td><td>液压管道初始油容积 V_P/L</td><td>总初始油容积 V_0/L</td><td>液压油体积弹性模量 β_e/MPa</td><td colspan="2">在 ΔP 作用下,液压油体积的变化值 V/L</td></tr>
<tr><td>1</td><td>WRB-F1-3</td><td>10</td><td>11.5</td><td>1.50</td><td>31.42</td><td>6.90</td><td>38.32</td><td>690</td><td colspan="2">−0.083 3</td></tr>
<tr><td></td><td>WRB-F4-7</td><td>10</td><td>11.5</td><td>1.50</td><td>31.42</td><td>26.22</td><td>57.64</td><td>690</td><td colspan="2">−0.125 3</td></tr>
<tr><td>2</td><td>AJC-1</td><td>15</td><td>10</td><td>−5.00</td><td>35.12</td><td>1.23</td><td>36.35</td><td>690</td><td colspan="2">0.263 4</td></tr>
<tr><td>3</td><td>AJC-2/3</td><td>13</td><td>10</td><td>−3.00</td><td>26.59</td><td>1.23</td><td>27.82</td><td>690</td><td colspan="2">0.121 0</td></tr>
</table>

注:▨▨▨▨▨为设计输入参数。

表 5-22　压力控制回路油液压缩性引起的油容变化计算示例(变负载工作点)

<table>
<tr><td colspan="4">压力控制回路油液压缩性引起的油容变化计算程序(变负载工作点)</td></tr>
<tr><td colspan="2">项目名称</td><td colspan="2">××钢铁公司××工程</td></tr>
<tr><td colspan="2">系统名称</td><td colspan="2">××液压系统</td></tr>
<tr><td colspan="4">液压油参数 Oil DATA</td></tr>
<tr><td>液压油体积弹性模量 β_e=</td><td>700 MPa</td><td>液压油牌号</td><td>HLP46</td></tr>
<tr><td colspan="4">液压缸参数 Cylinder DATA</td></tr>
<tr><td>缸径 D_1=</td><td>180 mm</td><td>杆径 d_1=</td><td>0 mm</td></tr>
<tr><td>工作行程 S_1=</td><td>1 045 mm</td><td>数量 n_{C1}=</td><td>2 只</td></tr>
</table>

续表 5-22

液压缸参数 Cylinder DATA

缸径 $D_2 =$	180 mm	杆径 $d_2 =$	0 mm	
工作行程 $S_2 =$	445 mm	数量 $n_{C2} =$	2 只	
设计行程 =	1 045 mm			

管道参数 Pipe DATA

外径 $D_{P1} =$	48 mm	壁厚 $\delta_{P1} =$	8 mm	
长度 $L_{P1} =$	1 500 mm	数量 $n_{P1} =$	2 段	
外径 $D_{P2} =$	48 mm	壁厚 $\delta_{P2} =$	8 mm	
长度 $L_{P2} =$	1 500 mm	数量 $n_{P2} =$	2 段	

油容积变化计算 ΔV Calculate

压力变化值 ΔP/MPa	液压缸初始油容积 V_C/L	管道初始油容积 V_P/L	总初始容积 V_0/L	油容积变化 ΔV/L
-10	75.831 8	4.825 5	80.657 2	-1.15
-10	75.831 8	4.825 5	80.657 2	-1.15
-10	75.831 8	4.825 5	80.657 2	-1.15
-10	75.831 8	4.825 5	80.657 2	-1.15
-10	75.831 8	4.825 5	80.657 2	-1.15
-10	75.831 8	4.825 5	80.657 2	-1.15
-10	75.831 8	4.825 5	80.657 2	-1.15
-10	75.831 8	4.825 5	80.657 2	-1.15
-10	75.831 8	4.825 5	80.657 2	-1.15
-10	75.831 8	4.825 5	80.657 2	-1.15
0.00	75.831 8	4.825 5	80.657 2	0.00
1.00	75.831 8	4.825 5	80.657 2	0.12
2.00	75.831 8	4.825 5	80.657 2	0.23
3.00	75.831 8	4.825 5	80.657 2	0.35
4.00	75.831 8	4.825 5	80.657 2	0.46
5.00	75.831 8	4.825 5	80.657 2	0.58
6.00	75.831 8	4.825 5	80.657 2	0.69
7.00	75.831 8	4.825 5	80.657 2	0.81
8.00	75.831 8	4.825 5	80.657 2	0.92
9.00	75.831 8	4.825 5	80.657 2	1.04
10.00	75.831 8	4.825 5	80.657 2	1.15

续表 5-22

由 ΔP(MPa)引起的油容积变化 V(L)曲线

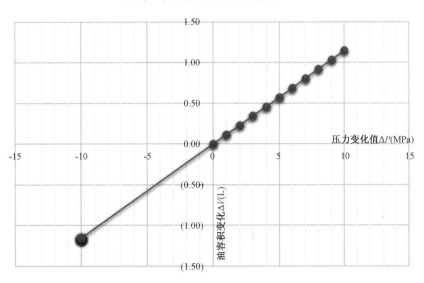

注：▨▨▨▨▨为设计输入参数。

5.2.3.6　液压缸-负载固有频率及加速度计算

液压缸及其负载组成一个弹簧-质量-阻尼系统,其固有频率是评价传动装置品质及允许最大加速度(最小加速时间)的尺度。

工程设计计算中为得到简明的无阻尼固有频率,我们将其简化为弹簧-质量系统。

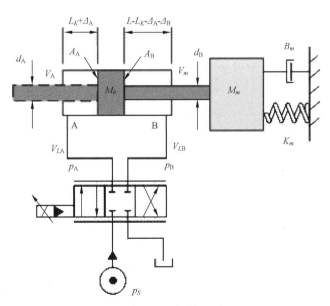

图 5-14　液压缸-负载示意图

说明：

大多情况下,液压缸驱动的机械结构均可简化为单自由度的弹簧-质量系统,不计机械结构的摩擦阻尼。液压缸两腔近似并联弹簧,机械结构视为刚体,不计机械结构的弹簧。

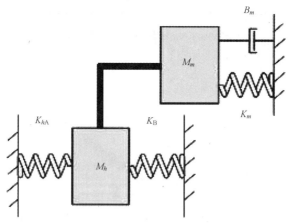

图 5-15 液压缸-负载模型

质量由机械结构质量和液压缸运动部分质量相加。

完全对称的双出杆液压缸及其连接管路,其最小刚度为液压缸行程的中点。

要准确计算一个系统的动力学品质,还需知道机械摩擦力和液压油黏性摩擦力,这些通常取经验值,以及建模计算。见其他章节有关计算。

表 5-23 液压缸-负载的固有频率计算示例

液压缸-负载的固有频率计算程序							
项目名称			××钢铁公司××工程				
系统名称			××液压系统				
控制回路							
液压缸参数 Cylinder DATA							
$D_K =$	140	mm	$d_A =$	0	mm	$d_B =$	100	mm
$v_K =$	200	mm/s	$v_R =$	200	mm/s	$L =$	3 000	mm
连接管道参数 Piping DATA							
$d_{LA} =$	28	mm	$L_{LA} =$	18 000	mm	$d_{LB} =$	22	mm
$L_{LB} =$	15 000	mm			$E_{oil} =$	1 500	MPa
质量参数 Mass DATA							
$M =$	245 000	kg	$M_m =$	244 000	kg	$M_h =$	1 000	kg
固有频率计算 Cal. Of Natural frequency							
$A_A =$	15 393.84	mm²	$A_B =$	7 539.84	mm²		
$V_{LA} =$	11 083 564.8	mm³	$V_{LB} =$	5 702 004	mm³		
液压缸最小刚度处	$L_{k\omega min} =$	1 913.31	mm				
液压缸最小刚度	$K_h =$	14 905.52	N/mm				
最低固有频率	$\omega_{0min} =$	7.80	s⁻¹	=	1.241 397 08	Hz
回路时间常数	$T_a =$	0.38	s				
最大允许加速度	$a_k =$	104.00	mm/s²				

注:████████ 为设计输入参数。

5.3　液压缸设计要领

5.3.1　液压缸选型要领

冶金设备大量采用液压缸作为执行机构的驱动方式。因重载、高速、高度自动化控制的连续运转工况,液压缸设计选型根据用途不同,有不同要求。

（一）优先选用标准尺寸系列的液压缸,尽可能选用耐冲击的重型液压缸。

（二）在液压缸的两侧设置排气口,有条件时设置测压口。

（三）活塞杆表面应进行镀硬铬或其他有效的表面硬化及防锈蚀处理。

（四）在需要缓冲减速停位,并未设置机械限位块的设备上使用的液压缸,两侧端盖处应设置缓冲装置,一般采用可调节流缓冲结构。

（五）为防止活塞杆螺纹部分松脱,应设置锁紧螺母;对承受冲击振动大的关键部位的液压缸,活塞与活塞杆、活塞杆与铰接头之间应考虑采用整体式结构。

（六）在易受污染的环境下工作的液压缸,活塞杆部位应设置防尘隔套。

（七）高温区域液压缸宜采用必要的隔热措施、水冷液压缸或其他冷却措施。

（八）根据设备动作需求选择的液压缸工作行程应小于或等于其设计行程(液压缸总行程,也是最大行程)。

（九）设备设计时应保证在液压缸的总行程范围内没有干涉,结构上应使活塞杆尽量少受或不受横向负荷。

（十）当液压缸用于驱动载人移动台或重载升降等工况,对生产、设备、人身安全存在隐患时,液压缸应设置防爆阀,防止软管爆裂。

（十一）液压缸承受较大轴向压载荷时,考虑细长杆的压杆失稳可能性,应进行稳定性验算。液压缸的稳定性常见问题是压杆失稳。一般出现在液压缸最大工作行程处,由于外力作用在液压缸活塞杆端成受力压杆,需要对其稳定性进行验算或查液压缸产品样本。

（十二）用液压缸(或其他)驱动设备时,为了防止在实际工作中出干涉问题,在设计时须作液压缸在全行程范围内的干涉检查。

5.3.2　液压缸行程设计要领

根据液压缸安装方式不同,对不同安装方式有以下不同要求:

情况一:通常采用液压缸缩回的后极限点(液压缸内部)作为机械零点,机构的工作行程起点也是液压缸的工作行程起点。此时的机构初始安装长度通过活塞杆头的耳环旋转来调整其长度。

情况二:较多的情况下,采用外部机械限位(如挡块)作为机械零点,此时,机构的工作行程起点不是液压缸缩回的后极限点。此时的机构初始安装长度通过活塞杆头的耳环旋转来调整其长度。

情况三:还有另外一种情况,采用液压缸伸出的前极限点(液压缸内部)作为机械零点,机构的工作行程起点也是液压缸的工作行程起点。此时的机构初始安装长度通过活塞杆头的耳环旋转来调整其长度。

当然,三种情况下,液压缸工作行程都要满足相应的机构工作行程要求,即动作要求。

5.3.2.1　液压缸机构简图

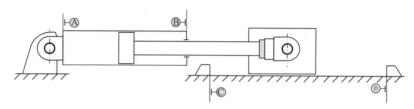

图 5-16　机械机构-液压缸工作简图

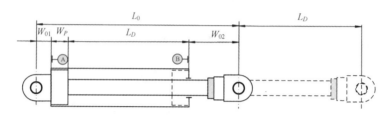

图 5-17　液压缸结构尺寸

图中：　　L_D——液压缸设计行程（总行程）；

L_0——液压缸最小安装尺寸；

W_{01}——液压缸尾部结构尺寸；

W_P——液压缸活塞宽度；

W_{02}——液压缸头部结构尺寸（通过耳环螺纹可调少量长度）；

Ⓐ——液压缸设计行程起点（缩回极限点）；

Ⓑ——液压缸设计行程终点（伸出极限点）。

5.3.2.2　安装设计要求

液压缸工作行程应小于或等于液压缸设计行程。

（一）液压缸工作行程等于液压缸设计行程

液压缸缩回极限点Ⓐ，伸出到极限点Ⓑ，可不用机械极限挡块。此时应注意工作行程正确。特别注意：液压缸的轴向尺寸累计误差较大，设计行程 2 无法调整。

（二）液压缸工作行程小于液压缸设计行程

图 5-18 所示安装方式较为常用。此时的工作行程前极限为液压缸伸出极限点，L 小于 L_D。

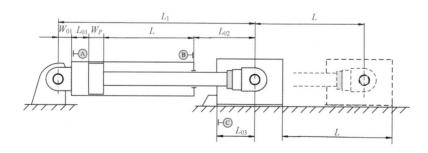

图 5-18　液压缸常用安装方式（一）（机械后限位点限位，伸出到液压缸伸出极限点）

图中：　　L——机械结构要求行程，即液压缸工作行程；

Ⓒ——机械后限位点（液压缸缩回）；

L_1——机构初始安装对应液压缸的长度；

L_{01}——机械结构要求起点对应的液压缸行程初始位置尺寸；

L_{02}——机械结构尺寸，$\geqslant W_{02}$；

L_{03}——机械结构尺寸；

W_{02}——液压缸头部结构尺寸（通过耳环螺纹可调少量长度）。

通常在机械结构的机械后极限Ⓒ确定后（即确定 L_1 及工作行程 L），微调至 L_{02} 合理位置，从而确定 L_{01} 尺寸，还需保证工作行程 L 满足要求。然后，点焊机械后极限挡块。待单体设备动作调试结束后，再将机械后极限挡块焊牢。

图 5-19 所示安装方式也较为常用。此时的工作行程后极限为液压缸缩回极限点，L 小于 L_D。

通常在机械结构的机械前极限确定后（即确定 L_1+工作行程 L），微调 W_{02} 至合理位置，确定 L_{03} 尺寸，还需保证工作行程 L 满足要求。然后，点焊机械后极限挡块。待单体设备动作调试结束后，再将机械后极限挡块焊牢。

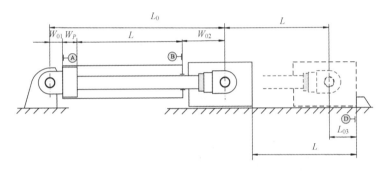

图 5-19　液压缸常用安装方式（二）（机械前限位点限位，缩回到液压缸缩回极限点）

图中：

　　Ⓓ——机械前限位点（液压缸伸出）。

5.3.3　缓冲原理与闭环控制设计要点

5.3.3.1　液压缸端部缓冲及缓冲行程的结构设计要点

冶金设备用液压缸，通常采用端部可调节流缓冲结构，用于吸收机械运动惯量力带来的停位冲击。缓冲结构长度包含在液压缸设计行程之内。

带端部缓冲的液压缸，液压缸的工作行程应与设计行程一致，才能得到设计的缓冲效果。

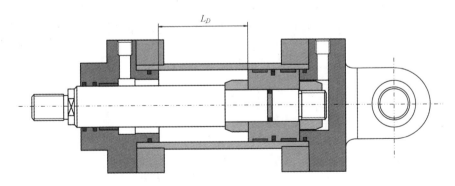

图 5-20　液压缸内部结构

带端部缓冲的液压缸，液压缸的工作行程应与设计行程一致，才能得到设计的缓冲效果。

用于比例阀开环控制的液压缸，原则上不能设端部缓冲，原因是端部缓冲区与比例阀加/减速控制冲突。

用于闭环控制的液压缸也不能设端部缓冲，原因是与闭环位置控制冲突。如必须带端部缓冲防止失控时冲击，则液压缸的工作行程要设计在缓冲行程区以外，还需考虑机械零点位置以及相应的机械限位零点用于位置传感器的零点标定。

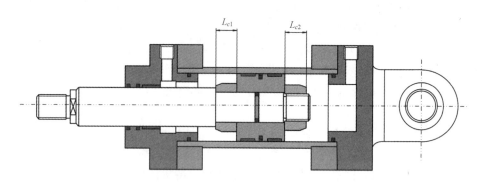

图 5-21　液压缸缓冲结构

5.3.3.2　液压缸装位置传感器的结构设计要点

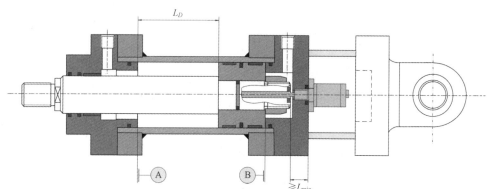

图 5-22　带内置位置传感器液压缸内部结构

（一）位置传感器安装面与内置磁环的距离必须大于位置传感器样本上要求的最小距离 $L_{\min}$，在最小位置时应避开信号死区，确保工作正常。

（二）位置传感器必须要标定，液压缸要考虑设置基准面作为基准零点。通常可为液压缸设计行程两端面Ⓐ或Ⓑ作为基准，如工作行程小于设计行程，可采用外部机械限位点作为其基准零点Ⓒ或Ⓓ，而且要考虑液压缸能到达基准零点以进行标定校准，消除累计误差。

5.3.4　工程项目伺服液压缸检验要求

表 5-24　工程项目伺服液压缸出厂检验项目和要求

序号	检验项目	检验内容、方法和要求	类别
1	型式检查	对伺服液压缸类型、规格、外形尺寸、安装尺寸、标签、组成元件等进行检查记录	必测
2	泄漏试验	应按照 GB/T 15622—2005 中 6.5 的规定，分别进行内泄漏、外泄漏以及低压的爬行和泄漏试验	必测
3	行程测量	应按照 GB/T 15622—2005 中 6.9 的规定执行	必测
4	耐压试验	若伺服液压缸结构型式允许，耐压试验应按照 GB/T 32216—2015 中 6.2 的规定执行； 若伺服液压缸结构型式不允许，耐压试验应在 AGC 缸杆侧加载后，按照 GB/T 32216—2015 中 6.2 规定的试验压力、试验时间以及观察项目执行	必测

续表 5-24

序号	检验项目	检验内容、方法和要求	类别
5	启动摩擦力试验	应按照 GB/T 32216—2015 中 6.3 的规定执行	必测
6	滞环(动摩擦力)试验	本试验应在伺服液压缸机械加载后,按照 GB/T 32216—2015 中 6.4 的规定执行,并按 GB/T 32216—2015 中附录 B 图 B.3 绘制滞环(动摩擦力)特性曲线	必测
7	阶跃响应试验	原则上可按照 GB/T 32216—2015 中 6.5 的规定执行,根据不同项目要求制定不同的试验方案、确定试验参数和试验内容	选项
8	频率响应试验	原则上可按照 GB/T 32216—2015 中 6.6 的规定执行,根据不同项目要求制定不同的试验方案、确定试验参数和试验内容	选项

5.4　稀油润滑系统设计

5.4.1　稀油润滑用户点流量表

冶金行业生产线稀油润滑系统服务用户点多面广,主要可分为三大类:

(一) 齿轮箱齿轮副及轴承润滑、轧机传动轴支持润滑。

(二) 轧机轧辊油膜轴承润滑。

(三) 大电机轴承润滑。

冶金行业齿轮润滑具有载荷重、运行速度宽、单系统供油设备较多等特点。油膜轴承因其承载很大 PV 值高,润滑油多采用黏度很大的专用润滑油。

表 5-25 所示用户点流量表适用于稀油润滑系统工程设计及生产运维管理。

表 5-25　用户点流量表

稀油润滑系统用户点流量表							
项目名称		××钢铁公司××工程					
区域		××区域					
系统名称		××稀油润滑系统					
序号	用户点名称	供油压力/MPa	供油温度/℃	流量/(L/min)	回油温度/℃	进油管数量	油量调节方式
1	1#卷取机上夹送辊减速箱			50	50	1	手动阀门
2	1#卷取机 1 号助卷辊 R1 齿轮箱			30	50	2	钢管扁头
3	1#卷取机 2 号助卷辊 $R2$ 齿轮箱			30	50	2	钢管扁头
4	1#卷取机 3 号助卷辊 $R3$ 齿轮箱	0.3	40	30	50	2	钢管扁头
5	1#卷取机卷筒减速箱			200	55	3	节流孔板
6	2#卷取机上夹送辊减速箱			50	50	1	手动阀门

序号	用户点名称	供油压力 /MPa	供油温度 /℃	流量 /(L/min)	回油温度 /℃	进油管数量	油量调节方式
7	2#卷取机 1 号助卷辊 R1 齿轮箱			30	50	2	钢管扁头
8	2#卷取机 2 号助卷辊 R2 齿轮箱	0.3	40	30	50	2	钢管扁头
9	2#卷取机 3 号助卷辊 R3 齿轮箱			30	50	2	钢管扁头
10	2#卷取机卷筒减速箱			200	55	3	节流孔板
		合计流量		680			
		流量裕度系数		1.3			
		系统流量		884			

注：▨▨▨▨为设计输入参数。

5.4.2 油箱结构设计要领

油箱是稀油润滑系统的重要组成部分之一,其主要功能是储存系统所需的足够油液、散发油液中的热量、分离油液中的气体及沉淀污物。

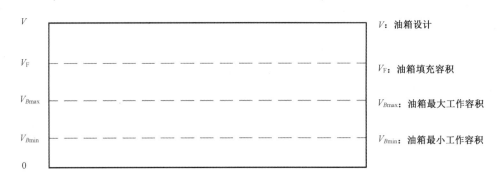

图 5-23

5.4.2.1 油箱容积计算

（一）油箱最小工作容积

$$V_{Bmin} = FH_{min} = 3.38F\sqrt{\frac{Q_p}{v}}$$

式中：

F——油箱底部截面积；

H_{min}——油箱最低工作液位,一般为 3 倍吸油管直径, $H_{min} = 3D$ ；

D——吸油管直径：

$$D = \sqrt{\frac{4Q_p}{\pi v}}$$

式中:

Q_p——泵流量;

v——泵吸油速度。

(二) 油箱最大工作容积

$$V_{B\max} = V_{B\min} + V_C = V_{B\min} + 0.12V_F$$

式中:

V_C——系统 6 个月的油液消耗量,选 $0.12V_F$;

$$V_{B\max} = 0.12V_F + 3.38F\sqrt{\frac{Q_p}{v}}$$

(三) 油箱填充容积

$$V_F = V_{B\max} + \Delta_V$$

式中:

Δ_V——润滑系统所有元件和用户点的存油量,系统停止时,这部分油要回到油箱,重新工作时需要
打出。

$$\Delta_V = V_{RO} + V_{KC} + V_{Fl} + V_u + V_D$$

式中:

V_{RO}——所有供油和回油管线的填充油量;

V_{KC}——冷却器(管道式加热器)的填充油量;

V_{Fl}——过滤器的填充油量;

V_u——所有用户点的填充油量;

V_D——压力罐的填充油量。

$$V_F = \Delta_V + 0.12V_F + 3.38F\sqrt{\frac{Q_p}{v}}$$

$$V_F = 1.14\left(\Delta_V + 3.38F\sqrt{\frac{Q_p}{v}}\right)$$

(四) 油箱容积

$$V = 1.11\,V_F$$

$$V = 1.27\left(3.38F\sqrt{\frac{Q_p}{v}} + V_{RO} + V_{KC} + V_{Fl} + V_u + V_D\right)$$

注意:

(1) 泵总流量一般为所有用户点用量和的 1.05~1.3 倍。

(2) 油箱设计容积 V 合理范围宜在泵总流量的 20~40 倍之间。

5.4.2.2 油箱结构设计要领

在油箱的设计过程中,各油口的设计也非常重要,吸油口和回油口的距离应尽量远;并且吸油腔和回油腔应用隔板分开,以增加油液循环的距离,使油液有足够的时间分离气泡、沉淀杂质。

回油管应插入最低油面以下,防止回油时带入空气。为增大通流面积,排油口端切成 45°,应面向箱壁。

吸油管距离油箱底面的距离应不小于 $2D$(D 为吸油管直径),距离油箱壁的距离不小于 $3D$,必要时可增加浮筒吸油。

图 5-24 为油箱结构及内部油液流动过程示意图。

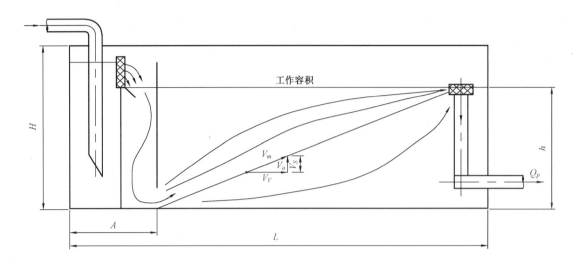

图 5-24　油箱结构及内部油液流动过程示意图

$$V_V = \frac{Q_p}{Bh}$$

$$t_V = \frac{L-A}{V_V} = \frac{(L-A)Bh}{Q_p}$$

式中：

t_V——油液停留时间；

L——油箱长度；

A——回油腔长度；

B——油箱宽度；

h——油箱工作容积高度；

Q_P——泵流量。

由以上公式可知,要使油液的杂质和气体充分分离,不进到吸油管内,一定要保证油液的停留时间 t_V 足够长。

5.4.3　螺杆泵选择计算

5.4.3.1　汽蚀余量

稀油润滑系统常用螺杆泵作为主泵,螺杆泵的选择除了要满足系统的压力、流量要求外,还有一个重要的选择参数是泵的汽蚀余量。要保持螺杆泵正常工作,不发生汽蚀、振动等问题,汽蚀余量必须满足以下条件：

$$NPSH_a > NPSH_r$$

式中：

$NPSH_r$——泵的汽蚀余量,m;一般可从泵厂家样本上查得,随泵转速、导程及工作黏度的增大而增大；

$NPSH_a$——系统的汽蚀余量,m。

$$NPSH_a = \frac{p_c - p_v}{\rho g} - h_g - h_c$$

式中：

p_c——油箱液面绝对压力,Pa；

p_v——液体饱和蒸气压,Pa;

h_g——泵进口中心到液面高度,吸上时为正值,倒灌时为负值,m;

h_c——吸油管路阻力(水力)损失,m。

5.4.3.2　螺杆泵的设计选型

润滑系统设计中螺杆泵的汽蚀余量要留有一定的安全系数,特别是高黏度润滑油。为保证泵的吸入条件,可从以下几个方面进行优化:

(一)在吸入条件不好的情况下,宜选用小导程的螺杆泵。

(二)根据液体黏度不同,选择合适的转速,对高黏度工作介质,宜选择低转速。

(三)减小上吸装置泵的安装高度。

(四)将上吸装置改为倒灌装置。

(五)减小泵前管路上的流动损失。如在要求范围内尽量缩短管路,减小管路中的流速,减少弯管和阀门,尽量加大阀门开度等。

5.4.4　稀油润滑系统电控设计要求

钢铁冶金企业各类生产线或机组的工艺设备用稀油润滑系统,由油箱及附件、主泵组、循环过滤冷却装置、压力罐组等组成,其电气传动及控制一般由独立的传动柜和控制柜组成,加上与机组的联锁条件,构成站内电气控制及联锁。

钢铁工程稀油润滑站设计尽量采用标准化和模块化设计,利于控制工程造价及生产运维。

5.4.4.1　稀油润滑系统泵站联锁控制方式基本要求

泵站联锁控制方式主要是对工作泵、备用泵、油温、液位、过滤器堵塞报警、压力等进行要求。

(一)工作泵控制方式

(1)"HMI"方式

自动启动:鼠标按住"自动启动"按钮 5 s,开始进行启动程序,首先启动 1#润滑泵 MA*,再延时 5~10 s,启动 2#润滑泵 MA*……依次类推。备用泵的选择由人工确定。泵站设备启动完成时,延时 10 s通过主管路压力开关 SP* 对主管路进行压力监控(只要润滑泵在运行,就要进行压力监控)。同时,启动程序完成后,任何一台润滑泵(包括备用泵)都可以由操作工在 HMI 上进行停止/启动。

自动停止:鼠标按住"自动停止"按钮 5 s,开始进行停止程序,首先停止 1#润滑泵 MA*,再延时 5~10 s 停止 2#润滑泵 MA*……依次类推。停止程序完成后,主管路压力开关 SP* 对主管路压力不再监控。

(2)"机旁"方式

机旁不设自动启动和自动停止方式,操作程序由人工确定操作,一般情况下与自动启动类似。延时10 s 通过主管路压力开关 SP* 对主管路压力进行监控(只要润滑泵在运行,就要进行压力监控)。

(二)备用泵控制方式

下面三种情况可以进行:

(1)运行中的润滑泵电机因电气产生故障;

(2)启动润滑泵完成后,运行 30 s 后系统压力仍低于最小设定压力即主管路压力开关 SP* 的最小设定压力仍发讯;

(3)润滑泵运行后,系统压力由正常压力降到最小设定压力即主管路压力开关 SP* 的最小设定压力发讯,PLC 将自动启动备用泵,备用泵运行 30 s 后,如果压力恢复正常即主管路压力开关 SP* 的最小设定压力不发讯,则说明其中一台泵故障,由人工进行检查;如果压力未恢复正常即主管路压力开关 SP* 的最小设定压力仍发讯,说明管路破裂或故障泵过多,需要润滑系统报警并停机,由人工进行检查。

（三）油温控制方式

油温控制分为加热和冷却两部分,由温度控制装置、加热器组成热控系统,由电子温度开关、冷却器、冷却调节阀组成冷却系统。

（1）当温度<30 ℃,即温度开关的最低设定温度 ST*a 发讯时,加热器 RH* 要求打开;润滑泵 MA* 不允许启动;若润滑泵 MA* 已经启动,发出温度最低的报警信号(系统三级报警)。

（2）当温度>60 ℃,即温度开关的最高设定温度 ST*d 发讯时,控制冷却器的电磁水阀 YVW* 要求打开;润滑泵 MA* 不允许启动;若润滑泵 MA* 已经启动,发出温度最高的报警信号。延时 60 s 后,油温仍过高即温度开关的最高设定温度 ST*d 仍发讯,系统停机(系统二级报警)。

（3）当温度<35 ℃,即温度开关的设定温度 ST*b 发讯时,加热器 RH* 要求打开;当温度>45 ℃即温度开关的设定温度 ST*b 不发讯时,加热器 RH* 要求关闭。

（4）当温度>42 ℃,即温度开关的设定温度 ST*c 发讯时,控制冷却器的电磁水阀 YVW* 要求打开。

（5）当温度<38 ℃,即温度开关的设定温度 ST*c 不发讯时,控制冷却器的电磁水阀 YVW* 要求关闭。

（四）液位控制方式

油箱装有液位控制指示器。报警信号出现后,由操作工解决问题,确认液位是否正常,最后把液位清零到正常状态。

（1）当液位过高,即液位开关 SL* 的过高设定液位发讯时,发出液位过高的报警信号,要求不得向油箱加油(系统三级报警)。

（2）当液位过低,即液位开关 SL* 的过低设定液位发讯时,发出液位过低的报警信号,如果润滑泵未启动,不能启动(系统三级报警)。

（3）当液位极低,即液位开关 SL* 的极低设定液位发讯时,发出液位极低的报警信号,如果润滑泵 MA* 未启动,不能启动;加热器 RH* 禁止运行;若润滑泵已经启动,发出液位极低的报警信号并无延时停机(系统一级报警)。

（五）过滤器堵塞控制方式

润滑泵出口或机旁过滤器堵塞即压差开关 SDP* 发讯,发出堵塞报警信号(系统三级报警),要求人工进行切换到备用滤芯。

（六）压力控制方式

主油路电子压力开关:

（1）当系统压力低于设定压力,即主管路压力开关 SP* 的最小设定压力发讯达 20 s,发出压力低的报警信号,并启动备用泵。

（2）启动备用泵后,当系统压力仍低于正常压力,即主管路压力开关 SP* 的最小设定压力发讯达 20 s,润滑系统润滑泵停机(系统二级报警)。

（3）当系统压力高于设定压力,即主管路压力开关 SP* 的最大设定压力发讯达 20 s,发出压力高报警信号,润滑系统润滑泵停机(系统一级报警)。

（七）辅助设备控制方式

（1）吸油管路上蝶阀处于打开状态即对应行程开关 SQ* 发讯,相应的润滑泵才能启动。

（2）启动控制冷却器的电磁水阀 YVW*、加热器 RH* 受电子温度开关 ST* 联锁控制。

5.4.4.2　稀油润滑系统泵站操作方式设计基本要求

泵站联锁操作方式主要包括机旁箱操作和画面 HMI 操作。

（一）机旁操作箱操作

泵站设置机旁操作箱,主要负责润滑泵、加热器、水冷却器电磁阀等单机的启/停控制,并设有相应的"启/停"带灯按钮(运行"绿灯"/故障"红灯");同时负责监控油位控制点设定 SL* 的报警信号,报警信号由一个显示灯表示,监控两个油温控制点设定的"<30 ℃"即温度开关的最低设定温度 ST*a 发讯、">60 ℃"即温度开关的最高设定温度 ST*d 发讯,报警信号由一个显示灯表示,过滤器堵塞报警信号即压差开关

SDP*发讯,由一个显示灯表示。

操作箱上设有蜂鸣器,负责故障报警信号(声音报警)。设置一个试灯按钮,并预留适量备用按钮。设置急停按钮,用于在紧急状态下停止泵站内的所有工作设备。

操作箱上设有机旁/远程操作选择开关。当选择"机旁"时,泵站各设备由机旁操作,HMI 操作无效。当选择"远程"时,泵站各设备由 HMI 操作,机旁操作无效。设定"机旁"控制与"HMI"控制由 PLC 在"HMI"控制上作出选择并锁定。开关选择在"机旁"时,PLC 根据相应的操作方式进行控制和必要的联锁,便于检修和调试。

（二）画面 HMI 操作

在操作室设置泵站画面 HMI,主要负责润滑泵、加热器、温度控制阀、压力控制阀等单机的启/停控制,并设有相应的"启/停"带灯按钮(运行"绿灯"/故障"红灯"),记录润滑泵的运行时间;同时负责监控油位控制点设定 SL*的报警信号或连续显示油位的状态 SEL*,监控油温控制点设定 ST*报警信号或连续显示油温的状态 SET*,监控各压力开关设定 SP*的报警信号或连续显示油压的状态 SEP*,监控各过滤器堵塞报警信号即压差开关 SDP*发讯,监控各泵吸油口蝶阀的开闭状态即对应行程开关 SQ*是否发讯。

5.4.4.3　稀油润滑系统泵站故障分类及处理设计基本要求

（一）一级故障

一级故障表示:无延时系统停机。

（1）油箱液位处于"极低液位",即液位开关 SL*的极低设定液位发讯。

（2）系统压力高于设定压力,即主管路压力开关 SP*的最大设定压力发讯达 20 s。

（二）二级故障

二级故障:延时后系统润滑泵停机。

（1）油温>60 ℃,即温度开关的最高设定温度 ST*d 发讯,启动控制冷却器的电磁水阀 YVW*后延时 20~60 s 再判断,若信号仍在。

（2）系统压力过低,即主管路压力开关 SP*的最小设定压力发讯,却无法启动备用泵。

（3）系统压力过低,即主管路压力开关 SP*的最小设定压力发讯,启动备用泵后,延时 20 s 压力仍过低,即主管路压力开关 SP*的最小设定压力仍发讯。

（三）三级故障

三级故障:仅发出报警信号。

（1）油温<30 ℃,即温度开关的最低设定温度 ST*a 发讯。

（2）液位过高,即液位开关 SL*的过高设定液位发讯、过低即液位开关 SL*的过低设定液位发讯。

（3）系统压力低,即主管路压力开关 SP*的最小设定压力发讯而启动备用泵后,压力恢复正常即主管路压力开关 SP*的最小设定压力不发讯。

（4）工作泵故障(不影响系统工作)。

（5）过滤器堵塞,即压差开关 SDP*发讯。

5.4.4.4　电气编号设计基本要求

泵站的电气元件均须进行编号,编号规则见相关章节。

表 5-26 为油膜轴承稀油润滑系统电控要求。

表 5-26　油膜轴承稀油润滑系统电控要求

序号	电气设备	数量	动作要求	电参数	操作室控制要求		联锁条件	机务操作箱控制要求	生产操作条件	备注
					控制要求	控制方式				
(1)	主泵电机 L. P. MKL1～2	2	正常工作时,1台工作,1台备用;在工作泵出现电气或润滑故障时,备用泵自动投入	AC 380 V 50 Hz 30 kW	显示工作状态,记忆工作时间	自动	(2)(3)(7)(8)(12)(16)	手动按钮启/停,显示工作状态		人工选择工作油箱(1#或 2#)及工作泵,未选的油箱和泵自动作备用油箱和泵。选择工作泵条件:各个泵有大体相同的工作小时数
(2)	1#油箱液位开关/传感器 L. P. SL1/SEL1	1	SL1a:液位高,油箱不能加油,报警; SL1b:液位低,油箱需要加油,报警; SL1c:液位低低,报警,停机 SEL1:4～20 mA(对应容积 0～100%)模拟量输出	DC 24 V DC 24 V	显示工作状态,报警显示 画面显示油箱液位	自动		共用一个指示灯,显示报警状态	低位报警,润滑系统故障	
(3)	1#油箱温度开关/传感器 L. P. ST1/SET1	1	ST1a<25 ℃,1#油箱低温报警; ST1b<40 ℃/>45 ℃,1#油箱若是工作油箱,电加热器得电/断电; ST1c>70 ℃,1#油箱高温报警 SET1:4～20 mA(0～100 ℃),模拟量输出。显示1#油箱温度	DC 24 V DC 24 V	显示工作状态,报警显示 画面显示油箱温度	自动		共用一个指示灯,显示报警状态	>70 ℃高温报警,润滑系统故障	
(4)	1#油箱电加热器, L. P. RH1.1 ～1.8	18	由温度开关 ST1 控制电加热器的得电/断电。一组控制,同时得电/断电。电加热器运行条件:主泵处于正常工作;1#油箱为工作油箱	AC 220 V 50 Hz 6 kW	显示工作状态,工作状态	自动	(1)(2)(3)	手动按钮启/停,显示工作状态		一组控制开关;只要电加热器运行,必须确认主泵开启
(5)	1#油箱积水报警器 L. P. SEW1	1	1#油箱水位过高,报警	DC 24 V				报警显示		通知维护人员进行工作油箱切换,及时启动净油机

续表 5-26

序号	电气设备	数量	动作要求	电参数	操作室控制要求		联锁条件	机旁操作箱控制要求	生产操作条件	备注
					控制要求	控制方式				
(6)	蝶阀(带启/闭开关) L.P. SQ1.1~1.4	4	SQ1.1,SQ1.3 同时发信号,油口开启,1#油箱为工作; SQ1.2,SQ1.4 同时发信号,油口关闭,1#油箱为备用	DC 24 V	显示工作状态	自动		共用一个指示灯,报警显示		人工开/关截止阀
(7)	2#油箱液位开关/传感器 L.P. SL2/SEL2	1	SL2a:液位高,油箱不能加油,报警; SL2b:液位低,油箱需要加油,报警; SL2c:液位低,报警,停机	DC 24 V	显示工作状态 报警显示	自动		共用一个指示灯,报警状态显示	极低液位报警,润滑系统故障	
			SEL1:4~20 mA(对应容积 0~100%)模拟量输出	DC 24 V	画面显示油箱液位					
(8)	2#油箱温度开关/传感器 L.P. ST2/SET2	1	ST1a<25 ℃,2#油箱低温报警; ST1b<40 ℃/>45 ℃,2#油箱电加热器得电/断电,电加热器得电; ST1c>70 ℃,2#油箱高温报警	DC 24 V	显示工作状态 报警显示	自动		共用一个指示灯,报警状态显示	>70 ℃高温报警,润滑系统故障	
			SET2:4~20 mA(0~100 ℃),模拟量输出。显示 2#油箱温度	DC 24 V	画面显示油箱温度					
(9)	2#油箱电加热器 L.P. RH2.1~2.18	18	由温度开关 ST2 控制电加热器的得电/断电。一组控制,同时得电/断电,电加热器运行条件:主泵处于正常工作;2#油箱为工作油箱	AC 220 V 50 Hz 6 kW	显示工作状态	自动	(1)(7)(8)	手动按钮 显示工作状态	一组控制开关;只要电加热器运行,必须确认主泵开启	
(10)	2#油箱积水报警器 L.P. SEW2	1	2#油箱水位过高,报警	DC 24 V	报警显示	自动		报警显示		通知维护人员进行工作油箱切换,及时启动净油机
(11)	蝶阀(带启/闭开关) L.P. SQ2.1~2.4	4	SQ2.1,SQ2.3 同时发信号,油口开启,2#油箱为工作; SQ2.2,SQ2.4 同时发信号,油口关闭,2#油箱为备用	DC 24 V	显示工作状态	自动		共用一个指示灯,报警显示		人工开/关截止阀

续表 5-26

序号	电气设备	数量	动作要求	电参数	操作室控制要求		联锁条件	机房操作箱控制要求	生产操作条件	备注
					控制要求	控制方式				
(12)	蝶阀（带开启开关）L. P. SQ3~4	2	SQ3未打开，不能启动相应油泵电机 MKL1；SQ4未打开，不能启动相应油泵电机 MKL2	DC 24 V	显示工作状态	自动		共用一个指示灯，报警显示		人工开关截止阀
(13)	温度开关/传感器 L. P. ST3/SET3	1	ST1a<35 ℃，供油温度低报警；ST1b>45 ℃，供油温度高报警 SET3:4~20 mA（0~100 ℃），模拟量输出。与温度调节阀 L. P. YVLP2 构成闭环，控制供油温恒定在 40±2 ℃	DC 24 V	画面显示出油口温度	自动	(21)			2路开关量信号，1路模拟量信号
(14)	过滤器 L. P. SDP1~2	2	堵塞报警：当压差超差时，发讯	DC 24 V 60 W	报警显示	自动		报警显示		通知维护人员及时更换滤芯
(15)	电子压力开关 L. P. SP1/SEP1（2点发讯）	1	油压>0.8 MPa 时，延时 0~30 s 再确认，若仍油压>0.8 MPa 时，报警并停机。油压<0.3 MPa 时，延时 0~30 s 后再确认，油压<0.3 MPa，报警并停机。SEP1:4~20 mA（0~2.5 MPa）模拟量输出，和油压力调节阀 L. P. YVLP1 形成压力闭环控制	DC 24 V，<1.2 A	显示工作状态 画面显示出油口压力	自动	(20)	高、低压报警显示	油压<0.3 MPa 或>0.8 MPa，报警（润滑系统故障）	1个开关量信号：控制油压<0.3 MPa 1个开关量信号：控制油压>0.8 MPa 主泵启动完成后，延时 5 s 投入使用
(16)	压力罐液位计 L. P. SL3/SEL3	1	a-发讯，液位高，报警，所有工作泵停止，不能启动；b-发讯，液位正常；c-发讯，液位低，报警；d-发讯，液位低低，报警，气动换向阀 L. P. YVL1 电磁铁得电、气动蝶阀关闭。SEL3:4~20 mA（对应各现场积液位调整）模拟量输出	DC 24 V	显示工作状态 报警显示 画面显示油箱液位	自动		共用一个指示灯，显示报警状态		

续表 5-26

序号	电气设备	数量	动作要求	电参数	操作室控制要求		联锁条件	机旁操作箱控制要求	生产操作条件	备注
					控制要求	控制方式				
(17)	压力罐充放油气动换向阀 L. P. YVL1	1	受油压和液位计 L. P. SL3 控制得电／失电。主泵正常启动时,油压>0.4 MPa 时,延时 4~6 s,L. P. YVL1 电磁铁失电,气动蝶阀(件号 35)开启;系统正常停机时,延时 5 s,L. P. YVL1 电磁铁得电,气动蝶阀关闭,当 SL3. d 发讯,液位低低,L. P. YVL1 电磁铁得电,气动蝶阀关闭(件号 35)	DC 24 V	显示工作状态	自动	(1)(15)(16)	手动按钮启/停,显示工作状态		
(18)	气动蝶阀(带启/闭 2 个开关)L. P. SQ5.1~5.2	2	L. P. SQ5.1 发信号,气动蝶阀(件号 35)处于开启状态;L. P. SQ5.2 发信号,气动蝶阀(件号 35)处于关闭状态	DC 24 V	显示工作状态	自动	(17)	共用一个指示灯,报警显示		
(19)	油水分离器 L. P. MKL3	1	积水报警器报警时,人工确认开启	AC 380 V,50 Hz,~26.3 kW						机电一体品,功率包含电机和加热器
(20)	气动压力调节阀 L. P. YVLP1	1	和电子压力开关 L. P. SEP1 形成压力闭环控制	输入 4~20 mA	显示工作状态	自动	(15)			
(21)	气动温度调节阀 L. P. YVLP2	1	和电子温度开关 L. P. SET3 形成温度闭环控制	输入 4~20 mA	显示工作状态	自动	(13)			
(22)	压力罐充气的气动换向阀 L. P. YVL2(压力罐放气为手动阀门)	1	系统正常停机时,延时 5 s,L. P. YVL2 电磁铁得电,停止向压力罐充气;停机时,当 SL3. d 发讯,液位低低,L. P. YVL2 电磁铁得电,停止向压力罐充气;其余正常情况,L. P. YVL2 电磁铁失电,气源向压力罐充气	DC 24 V	显示工作状态	自动	(1)(16)	手动按钮启/停,显示工作状态		

备注:1. 润滑站机旁操作箱上设"就地操作/操纵室操作"选择开关。
2. 停机表示停泵和停加热器。

5.4.5　压力油罐设计

稀油润滑系统压力油罐的主要作用：

吸收系统润滑油压力波动；泵发生故障或系统紧急停车时向设备临时供油，以防止设备损坏。

压力罐的设计要满足以下基本要求：

（一）根据工况要求决定是否需要设置压力油罐。

（二）压力油罐的容积应能保证突然断电时，维持不少于 3~4 min 的供油量。

（三）压力油罐应与润滑系统的出口管道并联，且其出口应安装有用于自动控制的气动阀。

（四）压力油罐应设有液位显示和具有高、低两点发讯的液位继电器。

（五）压力油罐顶部设有压缩空气控制阀组，一般包括减压阀、安全阀、充气阀、放气阀等。

（六）对油温要求严格时，可在压力油罐入口设置微循环管路，保持压力油罐的油温和系统一致。

（七）运行中根据系统压力的变化，通过控制压力油罐充气阀/放气阀自动调整液位，液位维持在 1/3~2/3 之间。

5.4.6　润滑油加热计算

适用于稀油润滑系统浸入式和管式加热器在已知油箱容积、加热时间及温升时的加热器选择，并提供了实际加热时间校核。

油箱中油液的加热计算公式：

$$H_c \geqslant \frac{c\rho V \Delta T}{860 \times t_0 \eta}$$

式中：

H_c——加热器计算功率，kW。

c——油的比热：矿物油一般可取 $c = 0.4 \sim 0.5$ kcal/(kg·℃)。

ρ——油密度，kg/L。

V——油箱容积，L。

ΔT——加热温升，℃。

t_0——加热时间，h。

η——加热器效率。

润滑油正常温度范围为 15~65 ℃。加热器开/关控制。通常，油温≤15 ℃时开，油温≥30 ℃时关。

表 5-27　稀油润滑站浸入式加热器设计计算示例

稀油润滑系统浸入式加热器加热设计计算程序	
项目名称	××钢铁公司××热轧工程
系统名称	××润滑系统
系统类型	齿轮润滑系统

浸入式加热器功率计算表			
系统类型	齿轮润滑系统		
油箱容积 V	18 000	L	
油液比热容 c	0.42	kcal/(kg·℃)	矿物油
加热器效率 η	0.7		
油液密度 ρ	0.9	kg/L	

续表 5-27

加热升温 ΔT	10	℃	
加热时间 t_0	1.5	h	液压系统:温升 5 ℃ 下 2.5 h 左右; 齿轮润滑系统:温升 10 ℃ 下 1.5 h 左右; 油膜润滑系统:温升 10 ℃ 下 1.5 h 左右
加热器计算功率 H_c	75.35	kW	根据加热器功率、油箱外形选择加热器的数量及单个功率
单个加热器设计功率 H_0	9	kW	
加热器设计数量	8.4	个	
加热器实际数量	9	个	取 3 或 3 的倍数
加热器总功率 H_t	81	kW	
浸入式加热器功率校核表			
实际加热时间 t	1.4 h		液压系统:温升 5 ℃ 时,建议加热时间约为 2.5 h; 齿轮润滑系统:温升 10 ℃ 时,建议加热时间约为 1.5 h; 油膜润滑系统:温升 10 ℃ 时,建议加热时间约为 1.5 h

注: ▨ 为设计输入参数。

表 5-28 稀油润滑站管式加热器设计计算示例

稀油润滑系统管式加热器加热设计计算程序	
项目名称	××钢铁公司××热轧工程
系统名称	××润滑系统
系统类型	油膜润滑系统

管式加热器功率计算表

系统类型	油膜润滑系统		
加热油流量	1 060	L/min	
加热升温 ΔT	10	℃	液压系统:温升 5 ℃;润滑系统:温升 10 ℃
单位加热功率 H_0	12.0	kW	液压系统:流量 100 L/min,温升 1 ℃ 需要功率为 0.5 kW; 齿轮润滑系统:流量 100 L/min,温升 1 ℃ 需要功率为 0.9 kW; 油膜润滑系统:流量 100 L/min,温升 1 ℃ 需要功率为 1.2 kW
加热器计算功率 H_c	127.20	kW	

注: ▨ 为设计输入参数。

5.4.7 润滑油发热及冷却计算

冶金工业大量使用"中心稀油润滑站"集中供油的方式,其连续工作时间很长,润滑油在运行中有大量的热量带回油箱,加上投运初期用加热器对油箱内油液加热,构成稀油润滑站的发热量来源。

为控制经油泵输出润滑油的温度,确保长期连续稳定可靠运行。目前大量使用压力路道对输出润滑油在线冷却方式,采用水冷换热器进行冷却。

稀油润滑站油箱表面散热量可忽略不计。

稀油润滑站的润滑油正常温度范围为40±2 ℃。冷却方式一般采用板式冷却器,冷却水流量调节连续控制。冷却器供水方式一般采用工业净环水系统供水,夏季最高水温应控制为≤33 ℃。

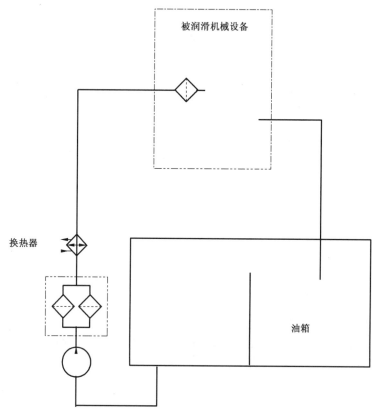

图 5-25 稀油润滑站设置在线冷却示意图

5.4.7.1 稀油润滑站油箱表面散热能力计算

按照常用稀油润滑系统油箱设计要求,油箱为长方形,油箱轮廓尺寸比为1:1:1至1:2:3,油面高度为油箱高度的0.8倍。

油箱表面散热计算公式:

$$H = KA(T - T_0)$$

式中:

H——散热量,W;

K——油箱的传热系数,W/($m^2 \cdot$ ℃);

　　通风条件差,$K = 8 \sim 9$,通风条件好,$K = 15$;

T——油液温度,K;

T_0——环境温度,K;

A——油箱的散热面积,m^2。

$$A = 6.66 \sqrt[3]{V^2}$$

式中：

V——油箱的有效容积，m^3。

5.4.7.2　润滑系统水冷器设计计算

传热基本方程：

$$H = kF\Delta t_m$$

式中：

H——传热功率，W；

k——冷却器传热系数，$W/(m^2 \cdot ℃)$；

　　轻油：$k = 400 \sim 550$；中油：$k = 300 \sim 1\,100$；重油：$k = 150 \sim 300$；

F——冷却器换热面积，m^2。

逆流模式下，对数平均温差 Δt_m：

$$\Delta t_m = \frac{(T_1 - T_4) - (T_2 - T_3)}{\ln\left(\dfrac{T_1 - T_4}{T_2 - T_3}\right)}$$

式中：

Δt_m——对数平均温差，℃；

T_1——润滑油的进口温度，℃；

T_2——润滑油的出口温度，℃；

T_3——冷却水的进口温度，℃；

T_4——冷却水的出口温度，℃。

系统需要散热量：

$$H_{油} = Q_{总}\,\rho_{油}\,c_{油}(T_1 - T_2)/860$$

式中：

$H_{油}$——系统需要散热量功率，kW；

$Q_{总}$——系统总流量，L/h；

$\rho_{油}$——油的比重，$\rho_{油} = 0.9$ kg/L；

$c_{油}$——油的比热，$c_{油} = 0.42$ kcal/$(kg \cdot ℃)$。

冷却器换热面积：

$$F = \frac{H_{油}}{k\Delta t_m} \times 1\,000$$

式中：

F——冷却器换热面积，m^2；

$H_{油}$——冷却器散热功率，W。

冷却器冷却水量：

$$Q_{水} = \frac{860 \times H_{油}}{\rho_{水}\,c_{水}(T_4 - T_3)} = \frac{860 \times H_{油}}{T_4 - T_3}$$

式中：

$Q_{水}$——冷却器冷却水量，L/h；

$\rho_{水}$——冷却水的比重，$\rho_{水} = 1$ kg/L；

$c_{水}$——冷却水的比热，$c_{水} = 1$ kcal/$(kg \cdot ℃)$。

表5-29 稀油润滑系统热交换器计算示例

稀油润滑系统热交换器计算程序						
项目名称		××钢铁公司××工程				
系统名称		××润滑系统				
系统类型		润滑系统				
系统参数						
1	系统流量 Q	1 010	L/min	2	油进冷却器温度 T_1	50	℃
	=	60 600	升/小时	3	油出冷却器温度 T_2	40	℃
				4	水进冷却器温度 T_3	33	℃
				5	水出冷却器温度 T_4	38	℃
				6	冷却器传热系数 k	350	W/(m²·℃)
冷却器计算						
1	热平衡热量 $H_油$	229 068.00	kcal/h	7	对数平均温差 Δt_m	9.28	℃
2	=	266.36	kW				
4	冷却器冷却水量 $Q_水$	45 813.60	升/小时				
5		763.56	L/min				
6	冷却器面积 F	70.55	m²				

注：▨为设计输入参数。

5.4.7.3 影响润滑系统油温冷却效果的主要因素

影响润滑系统油温冷却效果的主要因素：

（一）系统发热超过设计值。

（二）循环泵能力不足。

（三）水冷却器冷却面积不足，或散热系数偏小（与冷却器类型、流程、材质等有关）。

（四）水冷却器的水量或水压不足。

（五）供水不能正常接通。

（六）供水水质差导致结垢、换热系数下降。

（七）供水水质含颗粒物较多，板片异常磨损。

（八）润滑油品质下降。

（九）进出水的水温未处于合理范围，冷却水入水温度过高，尤其是夏季。

（十）供水水路旁通阀未正常关闭。

（十一）供水水路过滤器未正常工作。

（十二）润滑站内环境温度过高。

（十三）其他影响油温冷却效果的因素。

5.4.8 稀油润滑系统管道设计

5.4.8.1 管道流量计算

管道的管径和壁厚选取，首先通过流量计算，作为设计管径初步选取依据。

管道流量计算公式：

$$Q = \frac{\left(\dfrac{D-2\delta}{1\ 130}\right)^2 v}{1\ 000 \times 60}$$

式中：

Q——管道流量,L/min;

D——管道外径,mm;

δ——管道壁厚,mm;

v——流速,m/s。

稀油润滑系统推荐流速:

压力油管:1 m/s;

回油管:重力自回流;

吸油管:0.5~1 m/s;

冷却水管(润滑设备内部):1~2 m/s。

5.4.8.2　管道压力损失计算

管道压力损失计算,作为设计管径初步选取依据。

直管单位长度压力损失计算程序。

雷诺数 Re 计算公式:

$$Re = \frac{v d_H}{\upsilon}$$

式中:

Re——雷诺系数;

υ——运动黏度,m^2/s;

v——流速,m/s;

d_H——水力直径,m;圆管:$d_H = d$;非圆管:$d_H = 4A/U$;

d——管道内径,m;

A——截面面积,m^2;

U——截面周长,m。

沿程阻力系数 λ 计算公式:

层流(适用于 $Re < 3\,000$):

$$\lambda = \frac{64}{Re}$$

式中:

λ——沿程阻力系数。

紊流(适用于 $3\,000 < Re < 100\,000$):

$$\lambda = \frac{0.316\,4}{Re^{0.25}}$$

管道压力损失计算公式:

$$\Delta p = \frac{\lambda L \rho v^2}{2d}$$

式中:

Δp——压力损失,MPa;

ρ——油液密度,kg/m^3;

L——直管长度,m。

图 5-26 为稀油润滑系统压力油管道流量流速通径选择计算示例。

表 5-30 为稀油润滑系统回油管流量计算示例。

表 5-31 为稀油润滑系统管道流速及雷诺数验算示例。

稀油润滑系统压力油管道流量流速通径选择计算程序

项目名称	××钢铁公司××热轧工程		
系统名称	××稀油润滑系统		
系统压力P	1.6MPa	材质	30408

°E	42.24	润滑油密度ρ	7.85 kg/dm³	管道长度L	30 m
mm²/s =	320	润滑油运动黏度 v			

设计流量/(L/min)	推荐流速下流量（L/min）计算流量	推荐流速/(m/s)	计算流速/(m/s)	管道通径DN	选择管径 管道外径/mm	管道壁厚/mm	管道内径/mm	雷诺数 Re	沿程阻力系数 λ	管道压降 设计流速下压降/bar	推荐流速下压降/bar 推荐流速下压降/m
0.20	2.36	0.8	0.5	8	14	2	10	15.6	4.10	1.12	13.21
2.00	3.39	0.3	0.5	10	16	2	12	18.8	3.41	5.41	9.17
3.00	6.03	0.2	0.5	15	20	2	16	25.0	2.56	2.57	5.16
6.00	8.50	0.4	0.5	20	25	3	19	29.7	2.16	2.58	3.66
8.00	13.56	0.3	0.5	25	30	3	24	37.5	1.71	1.35	2.29
13.00	28.94	0.3	0.6	32	38	3	32	60.0	1.07	0.70	1.55
28.00	66.47	0.3	0.8	40	48	3	42	105.0	0.61	0.50	1.20
66.00	114.62	0.5	0.9	50	60	4	52	146.3	0.44	0.51	0.88
114.00	239.57	0.5	1.1	65	76	4	68	233.8	0.27	0.30	0.63
239.00	339.93	0.8	1.1	80	89	4	81	278.4	0.23	0.31	0.44
370.00	560.38	0.7	1.1	100	114	5	104	357.5	0.18	0.18	0.27
760.00	848.86	1.0	1.1	125	140	6	128	440.0	0.15	0.16	0.18
1400.00	1260.85	1.2	1.1	150	168	6	156	536.3	0.12	0.13	0.12
2400.00	2135.04	1.2	1.1	200	219	8	203	697.8	0.09	0.08	0.07
4800.00	3368.95	1.6	1.1	250	273	9	255	876.6	0.07	0.06	0.04
7600.00	4819.63	1.7	1.1	300	325	10	305	1048.4	0.06	0.05	0.03
10900.00	6529.36	1.8	1.1	350	377	11	355	1220.3	0.05	0.04	0.02
14800.00	8289.60	2.0	1.1	400	426	13	400	1375.0	0.05	0.03	0.02

图 5-26 稀油润滑系统压力油管道流量流速通径选择计算示例

注： □ 为输入值。

5.4.8.3　回油管设计要领

润滑油靠重力(自重)自流回油。

为使回油通畅,遵循以下要领:

(一)回油管设计连续坡度。可根据土建及设备布置情况,设计连续多段的不同回油坡度。原则上最小坡度大于 1.5%。

(二)设计考虑通流面积按钢管内横截面积的一半设计。

(三)回油管的润滑油温不能太低,否则由于黏-温特性,黏度过大影响通畅回油。

阀门及管件当量长度见表 4-5。

表 5-30　稀油润滑系统回油管流量计算示例

<table>
<tr><td colspan="9" align="center">稀油润滑系统回油管流量计算程序</td></tr>
<tr><td colspan="3" align="center">项目名称</td><td colspan="6" align="center">××钢铁公司××工程</td></tr>
<tr><td colspan="3" align="center">项目名称</td><td colspan="6" align="center">××稀油润滑系统</td></tr>
<tr><td colspan="3" rowspan="2"></td><td align="center">压力</td><td align="center">1.6 MPa</td><td align="center">材质</td><td align="center">不锈钢</td><td></td></tr>
<tr><td></td><td></td><td></td><td></td><td></td></tr>
<tr><td align="center">润滑油黏度</td><td align="center">320</td><td align="center">mm²/s
(运动黏度)</td><td align="center">42.24</td><td align="center">°E
(恩氏黏度)</td><td colspan="4" align="center">回油管坡度 G/%</td></tr>
<tr><td></td><td></td><td></td><td></td><td></td><td align="center">1</td><td align="center">1.5</td><td align="center">2</td><td align="center">2.5</td></tr>
<tr><td></td><td align="center">管道通径
DN</td><td align="center">管道外径
/mm</td><td align="center">管道壁厚
/mm</td><td align="center">管道内径
/mm</td><td colspan="4" align="center">流量
/(L/min)</td></tr>
<tr><td align="center">1</td><td align="center">15</td><td align="center">20</td><td align="center">3</td><td align="center">14</td><td align="center">0.01</td><td align="center">0.02</td><td align="center">0.02</td><td align="center">0.03</td></tr>
<tr><td align="center">2</td><td align="center">20</td><td align="center">25</td><td align="center">3</td><td align="center">19</td><td align="center">0.04</td><td align="center">0.06</td><td align="center">0.07</td><td align="center">0.09</td></tr>
<tr><td align="center">3</td><td align="center">25</td><td align="center">30</td><td align="center">3.5</td><td align="center">23</td><td align="center">0.08</td><td align="center">0.12</td><td align="center">0.16</td><td align="center">0.20</td></tr>
<tr><td align="center">4</td><td align="center">32</td><td align="center">38</td><td align="center">4</td><td align="center">30</td><td align="center">0.23</td><td align="center">0.34</td><td align="center">0.46</td><td align="center">0.57</td></tr>
<tr><td align="center">5</td><td align="center">40</td><td align="center">48</td><td align="center">4</td><td align="center">40</td><td align="center">0.73</td><td align="center">1.09</td><td align="center">1.45</td><td align="center">1.81</td></tr>
<tr><td align="center">6</td><td align="center">50</td><td align="center">60</td><td align="center">4</td><td align="center">52</td><td align="center">2.07</td><td align="center">3.11</td><td align="center">4.14</td><td align="center">5.18</td></tr>
<tr><td align="center">7</td><td align="center">65</td><td align="center">76</td><td align="center">5</td><td align="center">66</td><td align="center">5.38</td><td align="center">8.07</td><td align="center">10.76</td><td align="center">13.45</td></tr>
<tr><td align="center">8</td><td align="center">80</td><td align="center">89</td><td align="center">6</td><td align="center">77</td><td align="center">9.96</td><td align="center">14.95</td><td align="center">19.93</td><td align="center">24.91</td></tr>
<tr><td align="center">9</td><td align="center">100</td><td align="center">114</td><td align="center">6</td><td align="center">102</td><td align="center">30.68</td><td align="center">46.02</td><td align="center">61.36</td><td align="center">76.70</td></tr>
<tr><td align="center">10</td><td align="center">125</td><td align="center">140</td><td align="center">6.5</td><td align="center">127</td><td align="center">73.74</td><td align="center">110.61</td><td align="center">147.48</td><td align="center">184.35</td></tr>
<tr><td align="center">11</td><td align="center">150</td><td align="center">168</td><td align="center">7.5</td><td align="center">153</td><td align="center">155.33</td><td align="center">232.99</td><td align="center">310.65</td><td align="center">388.32</td></tr>
<tr><td align="center">12</td><td align="center">200</td><td align="center">219</td><td align="center">8</td><td align="center">203</td><td align="center">481.35</td><td align="center">722.03</td><td align="center">962.71</td><td align="center">1 203.38</td></tr>
<tr><td align="center">13</td><td align="center">250</td><td align="center">273</td><td align="center">9</td><td align="center">255</td><td align="center">1 198.51</td><td align="center">1 797.76</td><td align="center">2 397.02</td><td align="center">2 996.27</td></tr>
<tr><td align="center">14</td><td align="center">300</td><td align="center">325</td><td align="center">10</td><td align="center">305</td><td align="center">2 452.90</td><td align="center">3 679.35</td><td align="center">4 905.80</td><td align="center">6 132.25</td></tr>
<tr><td align="center">15</td><td align="center">350</td><td align="center">377</td><td align="center">11</td><td align="center">355</td><td align="center">4 501.88</td><td align="center">6 752.82</td><td align="center">9 003.76</td><td align="center">1 1254.70</td></tr>
</table>

注:▢ 为设计输入参数。

表 5-31　稀油润滑系统管道流速及雷诺数验算示例

稀油润滑系统管道流速及雷诺数验算程序

项目名称			××钢铁公司××工程			
项目名称			××稀油润滑系统			
		压力	1.6 MPa	材质	不锈钢	
润滑油黏度	320	mm²/s（运动黏度）	42.24	°E（恩氏系度）		
流量/（L/min）	管道通径 DN	管道外径/mm	管道壁厚/mm	管道内径/mm	计算流速/（m/s）	计算流量雷诺数
1	0.03	15	20	3	14	0.01	0.26
2	0.09	20	25	3	19	0.01	0.64
3	0.20	25	30	3.5	23	0.02	1.14
4	0.57	32	38	4	30	0.03	2.54
5	1.81	40	48	4	40	0.05	6.02
6	5.18	50	60	4	52	0.08	13.22
7	13.45	65	76	5	66	0.13	27.03
8	24.91	80	89	6	77	0.18	42.93
9	76.70	100	114	6	102	0.31	99.79
10	184.35	125	140	6.5	127	0.49	192.62
11	388.32	150	168	7.5	153	0.70	336.79
12	1 203.38	200	219	8	203	1.24	786.62
13	2 996.27	250	273	9	255	1.96	1 559.19
14	5 000.00	300	325	10	305	2.28	2 175.35
15	6 000.00	350	377	11	355	2.02	2 242.76

注：▨ 为设计输入参数。

5.4.9　稀油润滑站结构模块化设计要求

　　为满足产品成熟可靠、工期、标准化及系列化要求,便于工厂设计和现场安装,优先采用模块化的润滑设备结构设计。

　　对大中型润滑设备结构设计,模块化一般分类为:

　　（一）油箱装置。

　　（二）泵组装置。

　　（三）调节控制阀组装置。

　　（四）过滤装置。

　　（五）冷却器及控制阀装置。

　　（六）压力罐。

　　对中小型润滑设备结构设计,参考标准系列产品。

第6章 液压润滑设备制造控制

6.1 液压润滑设备制造要领

液压润滑设备的制造一般由专业制造厂完成。为了在制造过程中落实设计要求并进行有效控制,需要制定制造要领书。

6.1.1 制造设计

(一)要求液压润滑设备所涉及的自制元器件、部装件、阀块、阀组、阀台、蓄能器组、泵站的制造设计,宜采用三维设计。

(二)要求在制造设计时对阀块孔道进行干涉检查,对阀块进行受力分析。

(三)要求对制造厂的制造设计图纸、阀块干涉检查及受力分析结论进行审查。

(四)所有密封件要求选用优良可靠的产品,具有良好的防尘、防渗、防漏、抗压、易更换等性能,不用石棉制品。

(五)安装在厂房外(包括有顶无墙在内)的液压、润滑设备应设计加装防护罩,防护罩材质宜为不锈钢。

(六)专业制造厂提供的所有技术资料中,涉及材料和元件代用转用,均需经用户签字确认。

6.1.2 材料

(一)所有金属材料、非金属材料、焊接材料、外购、外协件等均必须满足技术资料与合同技术文件要求。

(二)专业制造厂负责的全部材料均应具有生产制造许可证、材质证明(原件)、出厂合格证书(原件)、质保书等。

(三)专业制造厂应采用近一年内出厂的且未经露天存放的合格材料,有锈蚀或其他缺陷的材料严禁使用。

6.1.3 焊接

(一)所有焊接件的焊接工艺、焊前准备、施焊、焊件矫形、焊后处理、焊后表面处理、焊缝质量检验和焊缝修补等技术要求均必须满足合同技术文件的规定。

(二)焊接零部件均须采用机器切割下料,特别是管道的相贯线,严格禁止用割枪切割,所有焊接件的拼装与焊接,应严格按照事先编制的工艺和焊接规范进行。制作过程中应随时进行检测,严格控制焊接变形和焊接质量,并根据实际情况对工艺流程和焊接工艺进行修正。对于焊接变形超差部件和不合格的焊缝,应逐项进行处理,并详细记录,处理合格后才能进行下一道工序。

(三)油箱、管路的焊接严格按合同技术文件中相关要求进行。

(四)专业制造厂应提供焊接人员资质证书、焊缝质量检验报告(一般含探伤报告)。

6.1.4 机械加工

所有机械加工件的加工精度应符合图纸及其他合同技术文件的规定。

6.1.5 油箱

(一)油箱材质及制造需根据图纸及其他合同技术文件要求。应采用氩弧焊焊接,油箱焊后不得有明显变形,检查焊缝合格后油箱内外表面喷丸处理,矩形油箱容积<12 000 L 时,壁厚不小于 6 mm,油箱容积>12 000 L 时,壁厚不小于 8 mm;圆桶形油箱壁厚不小于 6 mm。特殊规定的除外。

（二）油箱宜采用圆桶形或矩形折边式结构。吸油腔与回油腔分开,每一腔都设计清洗孔。油箱上设有:吸油口、回油口、泄油口、加油口、液位开关和温控开关、空气滤清器,以及为油箱排污和取样设置的截止阀、排污口等;油膜轴承润滑油箱宜在底部设置排水装置。油箱上设置嵌入式加热器(可在系统工作时拆换)。油箱中放置永久磁铁。

（三）大型油箱,以及箱体上承载有较重装置的油箱,出厂前宜做满箱盛水试验,以避免出现鼓肚、焊缝裂开等强度问题。

6.1.6　阀块

（一）液压阀块材料宜选用35#锻件,锻件阀块六面体磨平后经探伤处理,阀块内部不能有皱皮、裂缝、夹渣等影响强度的缺陷。与液压元件、出口法兰等处配合的阀块表面,应有足够的平面度及表面粗糙度,阀块表面不能有划痕或其他伤痕。

（二）应提供阀块材质及热处理报告(含硬度)、探伤报告。

（三）液压元件的安装螺孔与油孔的加工,应采用数控、坐标镗床等精密机床加工或定位,否则应使用钻模。

（四）与油口相连的O形圈沟槽加工,应采用数控等精密机床加工,否则应使用锪钻。

（五）螺纹插装阀及类似要求高的安装孔的加工,须采用专用刀具。

（六）阀块内部油道须去除毛刺,可采用机械法、磨粒流法、超声波法、热能法、电化学法等方法去除毛刺,并用工业内窥镜进行检查。

（七）阀块表面须镀镍或镀彩锌以防锈。

6.1.7　阀台（含蓄能器组）

（一）阀块间采用垂直或水平装配连接成阀组。

（二）独立阀块或阀组安装在阀架上。

（三）阀台的显著位置,设置阀台原理图标牌及用户LOGO(不锈钢或铝制材料)。元器件及油口要设置序号小标牌,小标牌的序号要与原理图标牌上的序号一一对应。

（四）阀台应设置仪表盘:用于布置压力表、压力开关等。

（五）阀台P、T、L口,各执行回路A、B口,控制油口,减压油口等均应有测压点。

（六）阀台若有电气接线,阀台应设置接线箱。

（七）阀台宜设置集油盘,集油盘应有放油口。

6.1.8　泵站

（一）泵站的显著位置设置原理图标牌及用户LOGO(不锈钢或铝制材料)。元器件及油口要设置序号小标牌,小标牌的序号要与原理图标牌上的序号一一对应。

（二）泵站应设置仪表盘:用于布置压力表、压力开关等。主仪表盘宜设置于油箱上。循环系统可单设仪表盘。

（三）泵站电气接线,强电与弱电应分别制作端子箱。

（四）循环系统回油箱处应设止回阀或其他措施,以避免拆管时因虹吸而漏油。

（五）冷却器进出水口、进出油口应设温度计。

（六）泵出口、循环过滤器进出口、高压过滤器进出口、回油过滤器进口、冷却器进出油口、冷却器进出水口、主P口均应有测压点。

（七）主泵组与循环泵组均应设置集油盘,集油盘应有放油口。

（八）设置于油箱顶盖上的空气过滤器,其安装底座应高于油箱顶盖。

（九）若选用的止回阀,其阀芯是依靠重力复位,必须水平安装,以保证阀芯垂直向下复位可靠。

（十）Y形水过滤器必须水平安装。

6.1.9 配管

（一）采用的无缝钢管外径及壁厚,应严格按照设计图上的要求选定。

（二）外径 φ38 以下的钢管,可采用弯管机弯曲,钢管弯曲半径不小于钢管外径的 3 倍。弯曲部位不得有裂痕、皱折等缺陷,椭圆度不得超标。

（三）不采用弯管机弯曲的钢管,应采用弯头对焊。

（四）钢管焊接全部采用对接焊形式。

（五）钢管、法兰或管接头焊接前必须加工坡口。

（六）管道加工必须采用机械方式,如带锯、倒角机、机床等,不允许用气割和砂轮切割机加工管道。

（七）焊接采用氩弧焊全焊或氩弧焊打底焊接。当压力管道壁厚大于 10 mm 时,应采用多层焊接,焊接前应预热。

（八）配管要求整齐美观,高压管路尽量减少弯曲部位,并尽量不用弯头或少用弯头。配管时要考虑到检修方便,并留有足够操作维护空间。

（九）管路应考虑在合适位置设置测试和取样接口。液压站内管路最高处,设置排气接头。

（十）管路接头应采用 24 度锥形接头。

（十一）配管焊接完毕,应进行酸洗、磷化(或钝化)、冲洗、涂油封口等措施。

（十二）管路宜设流向标示。

6.1.10 涂装

（一）涂装的油漆种类和牌号、生产厂家、色标标准和色标卡、喷涂工艺、涂漆遍数和漆膜厚度/硬度,按图纸及其他合同技术文件的规定。

（二）管道宜涂色环,除图纸另有规定外,色环按《重型机械液压系统 通用技术条件》(JB/T 6996)的 3.15.2.4 条执行,压力管路(P)要求色环为红色,回油管路(T)、泄漏油管路(L)色环为黄色。

6.1.11 包装

（一）设备的包装应能满足长途运输,多次搬运及存储的要求,包装要坚固、牢靠、防雨、防潮、防锈、防震与防污染。

（二）发货时所有的比例阀、伺服阀不应安装在阀组上,应用盖板代替。设备发货时随机发送比例阀或伺服阀冲洗盖板,冲洗盖板数量宜同比例阀、伺服阀装机数量相同。

（三）在交付设备时,应带齐调试必需的易损件、消耗件、工器具。

（四）主体设备如需裸装,产品出厂前所有外接管口均采用封盖进行密封,所有管道出厂前均在两端用封盖进行密封后包装发运。

（五）箱内设备用标签做标记,注明设备名称、安装位置号。箱外标注运输标记(合同号、目的地、收件人单位、设备名称、箱号/捆号、毛/净重、尺寸、吊装点)。

6.2 液压润滑系统设备制造中间检查

6.2.1 设备制造中间检查目的

中间检查是设备制造质量过程控制的一个重要手段。

通过准确了解设备制造的现状,及时发现不符合合同技术文件、相关国家标准的问题,提出整改措施,从而更好地保证设备制造的质量。

特别是,有经验的工程师可以根据外购件、结构件、机加工件等部件的实际情况,对液压润滑成套设备的装配情况作出预判,对可能出现的问题提出预案,以避免出现大的返工。

根据合同的要求,结合设备制造和外购件到货的实际进度,制订切实可行的后期设备制造进度计划。

6.2.2 设备制造中间检查要素表

表 6-1 设备制造中间检查要素表

工程名称		
设备名称		
设备编号		
设备制造中间检查时间	××××年××月××日—××××年××月××日	
设备制造中间检查地点	制造厂名： 检查地点：	
设备制造中间检查参加人员	专业技术人员	
	采购部	
	监理	
	其他部门名称	
	制造厂主要配合人员	

6.2.3 设备制造中间检查项目

6.2.3.1 检查结构件加工情况

检查油箱、泵组底座、阀架、蓄能器架等结构件。

检查内容：安装尺寸、外形尺寸、接口尺寸、材料选择、焊缝质量、设备外观质量等。

列出存在问题及处理措施。

6.2.3.2 检查阀块加工情况

检查内容：锻件材质及硬度、机加工质量、锻件表面处理质量、清洗及去毛刺情况，列出存在问题及处理措施。

6.2.3.3 检查外购件供货情况

表 6-2 外购件供货情况表

序号	项目名称	供应商	备注	到达供应商

列出存在问题及处理措施。

6.2.3.4 检查主要零部件加工进度

表 6-3 主要零部件加工明细表

制造厂名		×××设备加工计划单			文件编号：
序号	图号	名称	加工数量	材质	加工状态

6.2.3.5 检查设备制造进度

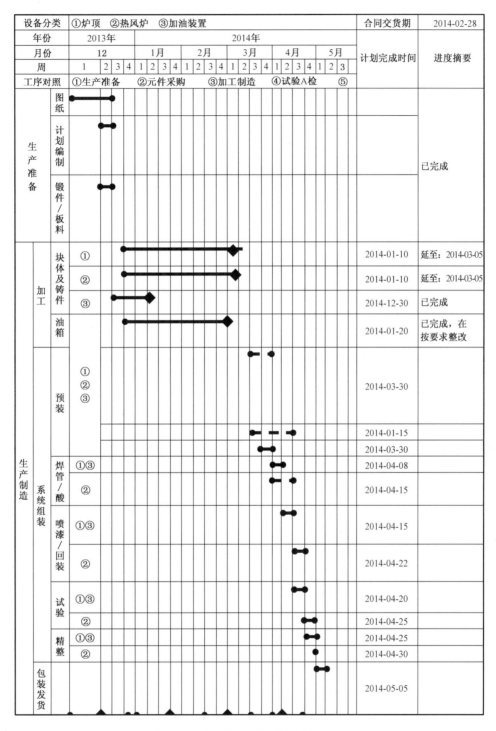

图 6-1 设备制造进度计划(例)

6.2.3.6 检查文件资料

检查并清理制造厂所需提供的各类文件资料。

6.2.3.7 结论及改进要求

根据合同及技术附件的要求,主要从制造质量、制造进度两方面对中间检查提出结论意见,列出存在问题及处理措施,并提出后期整改要求。

6.3 液压系统设备出厂检验

表6-4 液压系统设备出厂检验要素及检验等级划分表

工程名称			
设备名称		×××液压系统设备	
设备编号			
检验等级	A检	业主和供货方共同参加并主持的出厂检查,重要的、关键的设备	□
	B检	供货方参加并主持的出厂检查	□
	C检	制造厂自行主持的出厂检查	□
设备制造中间检查时间	××××年××月××日—××××年××月××日		
设备制造中间检查地点	制造厂名: 检查地点:		
设备制造中间检查参加人员	专业技术人员		
	采购部		
	监理		
	其他部门名称		
	制造厂主要配合人员		

表6-5 液压系统设备出厂检验项目表

序号	检验项目		检验方法	检验要求	检验等级	检验结果	备注
	类别	分项					
1	外购元件	型号规格	查验	应与设计相一致			
		外观质量	目测	整体构造完整无缺,外露零件无损坏,外露油气口须封闭			
		质量合格证	查验	所有外购件必须具有相应质量等级的合格证,以证明其质量达到设计要求。重要外购件按性能要求验收			
2	阀块	锻件材质及热处理报告	查验	须准备:有相关资质的单位出具的材质及热处理报告,以证明锻件材质、硬度及力学性能等指标符合设计要求			
		锻件探伤报告	查验	不允许有内部裂纹、白点、残余缩空			
		锻件表面处理	查验	符合设计要求			
		外观质量	目测	六面光平,八角形整,十二棱倒边			
3	焊接件	材质	查验	符合设计要求。不锈钢须有材质报告			
		外观质量	目测	无裂纹、夹渣、气孔、漏焊等缺陷			
		焊缝质量检验报告	查验	焊缝质量级别评定不得低于设计要求,管路的焊缝质量级别评定不得低于 BS 和 BK 级。管道焊接采用氩弧焊,或者氩弧焊打底再用电焊焊满			

续表 6-5

序号	检验项目		检验方法	检验要求	检验等级	检验结果	备注
	类别	分项					
3	焊接件	容器渗漏检查	液压油、水、煤油、气等介质试漏	不得有外漏			
		焊缝超声波探伤报告	查验	达到设计要求			
		焊缝表面磁粉探伤报告	查验	达到设计要求			
		焊缝射线探伤报告	查验	达到设计要求			
4	装配	零部件及其数量	查验	与设计一致			
		装配关系	目测	与设计一致			
		外形尺寸	目测，直（卷）尺、游标卡尺测量	与设计一致			
		安装面与接口尺寸		与设计一致			
		材质	查验	与设计一致			
		元件和油口标号	逐一清查	与原理图一一对应			
		铭牌	查验	齐全，符合设计要求			
		配管	目测，查验	横平竖直，可靠固定，不得压扁。不锈钢管材须有材质报告			
		紧固件	查验	紧固牢靠			
		电气配线	目测，查验	布线合理，线号标清，线径正确，接线可靠，端子箱齐备			
		操作性维护性	目测	易于调试，方便现场拆卸、维护和更换易损件			
5	油液清洁度	常规系统	使用油液清洁度检测仪	通常为 NAS 9 级			
		比例控制系统		通常为 NAS 7 级			
		伺服控制系统		通常为为 NAS 5 级			
		油液清洁度外检报告	取样送至有相关资质的单位检验	根据合同要求提供外检报告，油液清洁度达到设计要求			
6	液压站性能试验	循环过滤冷却系统运行试验	目测、点温计压力表	工作 0.5 h 平稳，工作压力正常，无异响，无异常高温，无外漏			
		高压泵组运行试验	目测、点温计，压力表	工作 0.5 h 运行平稳，工作压力调节、切换及显示均正常，变量泵的流量调节可靠，安全装置工作无误，无异响，无异常高温，无外漏			
		压力油路耐压试验	压力表，目测	按设计要求			

续表 6-5

序号	检验项目 类别	检验项目 分项	检验方法	检验要求	检验等级	检验结果	备注
6	液压站性能试验	温控器	通电观察、整定	显示无误,发讯与切换正确			
		(带电信号输出的)液位计	通电观察、整定	显示无误,发讯与切换正确			
		压力继电器、压力开关、压力传感器	通电观察、整定	显示无误,发讯与切换正确			
		球阀与碟阀	开关若干次	动作灵活,行程开关通断正确			
		电磁水阀	得失电若干次	水阀通断灵敏无误			
7	阀台性能试验	油路动作	按液压原理图,每条油路外接试验液压缸(马达)进行试验	与设计一致			
		压力阀		调压连续平稳,无异常噪声			
		方向阀		换向和复位动作无误,无卡阻现象			
		调速阀		能均匀调速,试验液压缸无爬行、前冲现象			
		压力继电器/开关/传感器		显示无误,发讯与切换正确			
		保压试验	有保压要求的回路作此试验	按设计要求			
		压力油路耐压试验	压力表,目测	按设计要求			
8	蓄能器(组)性能试验		蓄能器充氮后做此试验	皮囊不得有明显的漏气现象,蓄能器控制阀组的通断、溢流、卸荷功能正确无误。耐压试验,无渗漏			
9	伺服系统动态性能测试	滞环试验	在有加载的条件下,连上伺服液压缸、伺服阀的电控部分来做此试验	按设计要求			
		频带宽试验		按设计要求			
		阶跃响应时间		按设计要求			
		位置控制精度		按设计要求			
		压力控制精度		按设计要求			
10	涂装	涂色	查验	符合用户提供的色板或按设计要求			
		外观质量	目测	涂装表面光滑、平整。涂装位置或区域符合设计要求			
11	随机附件	现场调试附件	查验	齐备,满足设计要求			
		安装附件	查验	齐备,满足设计要求			
		专用工具	查验	齐备,满足设计要求			
		随机资料	查验	齐备、正确、有效			

续表 6-5

序号	检验项目 类别	检验项目 分项	检验方法	检验要求	检验等级	检验结果	备注
12	包装		目测	包装方式,对重点部位在储运过程中的保护措施,防锈(涂油)的部位和方法等都必须与设计相符			

6.4 稀油润滑设备出厂检验

表 6-6 稀油润滑系统设备出厂检验要素及检验等级划分表

工程名称		
设备名称	×××稀油润滑系统设备	
设备编号		
检验等级	A 检	业主和供货方共同参加并主持的出厂检查,重要的、关键的设备	☐
	B 检	供货方参加并主持的出厂检查	☐
	C 检	制造厂自行主持的出厂检查	☐
设备制造中间检查时间	××××年××月××日—××××年××月××日	
设备制造中间检查地点	制造厂名: 检查地点:	
设备制造中间检查参加人员	专业技术人员	
	采购部	
	监理	
	其他部门名称	
	制造厂主要配合人员	

表 6-7 稀油润滑系统设备出厂检验项目表

序号	检验项目 类别	检验项目 分项	检验方法	检验要求	检验等级	检验结果	备注
1	外购元件	型号规格	查验	应与设计相一致			
		外观质量	目测	整体构造完整无缺,外露零件无损坏,外露油气口须封闭			
		质量合格证	查验	所有外购件必须具有相应质量等级的合格证,以证明其质量达到设计要求。重要外购件按性能要求验收			
2	焊接件	材质	查验	符合设计要求。不锈钢须有材质报告			
		外观质量	目测	无裂纹、夹渣、气孔、漏焊等缺陷			
		焊缝质量检验报告	查验	焊缝质量级别评定不得低于设计要求,管道的焊缝质量级别评定不得低于 BS 和 BK 级			
		容器渗漏检查	液压油、水、煤油、气等介质试漏	不得有外漏			

续表 6-7

序号	检验项目		检验方法	检验要求	检验等级	检验结果	备注
	类别	分项					
3	装配	零部件及其数量	查验	与设计一致			
		装配关系	目测	与设计一致			
		外形尺寸	目测,直（卷）尺、游标卡尺测量	与设计一致			
		安装面与接口尺寸		与设计一致			
		材质	查验	与设计一致			
		元件和油口标号	逐一清查	与原理图一一对应			
		铭牌	查验	齐全,符合设计要求			
		配管	目测,查验	横平竖直,可靠固定,不得压扁。不锈钢管材须有材质报告			
		紧固件	查验	紧固牢靠			
		电器配线	目测,查验	布线合理,线号标清,线径正确,接线可靠,端子箱齐备			
		操作性维护性	目测	易于调试,方便现场拆卸、维护和更换易损件			
4	油液清洁度	目测		连续过滤 1 h 后在滤芯上应无肉眼可见的固体污染物			
		油液清洁度检测仪		油液清洁度等级达到设计要求,一般不低于 NAS11 级			
5	润滑泵站性能试验	泵组运行试验	目测,点温计压力表	工作 0.5 h,运行平稳,压力调节、切换及显示均正常,无异响,无异常高温,无外漏。安全装置工作无误			
		压力油路耐压试验	压力表,目测	工作压力 P_1,试验压力 $P_2 = 1.25 P_1$			
		温控器	通电观察、整定	显示无误,发讯与切换正确			
		（带电信号输出的)液位计	通电观察、整定	显示无误,发讯与切换正确			
		压力继电器、压力开关、压力传感器	通电观察、整定	显示无误,发讯与切换正确			
		球阀与碟阀	开关若干次	动作灵活,行程开关通断正确			
		电磁水阀	得失电若干次	水阀通断灵敏无误			

续表 6-7

序号	检验项目		检验方法	检验要求	检验等级	检验结果	备注
	类别	分项					
6	涂装	涂色	查验	符合用户提供的色板			
		外观质量	目测	涂装表面光滑、平整。涂装位置或区域符合设计要求			
7	随机附件	现场调试附件	查验	齐备,满足设计要求			
		安装附件	查验	齐备,满足设计要求			
		专用工具	查验	齐备,满足设计要求			
		随机资料	查验	齐备、正确、有效			
8	包装		目测	包装方式,对重点部位在储运过程中的保护措施,防锈(涂油)的部位和方法等都必须与设计相符			

第7章 液压润滑系统安装调试

7.1 现场施工调试安全

用于指导液压专业现场施工、调试和维护人员(简称液压专业人员)的行为安全。现场是指工程现场和设备制造单位制造现场。

7.1.1 安全规定

安全事故的起因,可归纳为三方面的要素:人的不安全行为、设备的不安全状态、不良的环境。所以必须认真学习国家、行业、企业及相关方有关安全规定文件。

表7-1 液压润滑系统安装调试国家有关安全规定文件

序号	名称
1	中华人民共和国主席令第70号《中华人民共和国安全生产法》
2	国务院令第393号《建设工程安全生产管理条例》
3	国务院令第493号《生产安全事故报告和调查处理条例》

7.1.2 调试准备阶段

专业人员在调试准备阶段必须注意以下事项:

(一)专业人员进入施工现场必须按规定穿戴好劳保用品(如安全帽、防护靴、劳保手套等)。必须正确戴安全帽(带子要系好),穿防护靴后才能进入工程现场,特殊环境下需佩戴相应的特殊防护用具(如安全绳、防毒面具、防灼伤和化学灼伤用具、防飞溅和飞来物用具、防护眼镜、防腐蚀用具、防尘用具、防噪声用具等)。

(二)专业人员进入现场首先要观察施工环境,做到心中有数,确保自身安全。有明显安全隐患的区域,如未能整改或未采取必要的防护措施,应拒绝进入。

(三)行走时做到"一慢二看三通过"。

注意脚下,请走安全通道,不要跑、跳和急行。过临时跳板时,千万小心,跳板不稳定、没有安全栏杆,不要通过。

不要从未安装盖板的沟、孔、洞上跳/跨越。

注意头顶可能的坠物。避免在吊车吊起的物件下通过,即使吊车未移动也不可在吊起的物件下通过。

注意可能妨碍身体通过的突出物和部位。

(四)未经允许不得进入施工现场和甲方的要害部门及岗位,严禁随意乱动电气设备的开关。

(五)严格遵守施工现场的道路交通条例。选择安全的交通工具、安全的步行线路出入现场。

(六)严格遵守公共道路交通条例。

(七)避免在现场边移动边接/打电话。

(八)要求现场负责人必须给专业人员配备通信联络工具(最好使用对讲机)。

如发现调试工作环境不能保证人身安全,可向现场负责人提出整改意见和建议,在整改完成之前,可拒绝进行现场的调试工作。

应要求现场负责人明确调试指挥人,担当环境、人员、设备安全条件确认负责人,并担当调试方案制定者、调试指挥人。

液压稀油润滑系统调试要按调试大纲的要求进行,调试大纲中各步骤应充分考虑安全因素。调试前必须做以下准备工作:调试指挥人汇齐相关专业及其他相关单位的人员;各专业人员确认相关设备处于安全的可调试状态;调试环境良好或处于受控状态(应设置警戒线)。专业人员分工安排。

避免在过度疲劳的情况下进行现场工作。在身体不适的情况下,尤其要注意这一点。应杜绝带病(伤)进入正在调试或施工的区域。参加调试的人员在出现以上情况时有权向现场负责人提出休息要求。

7.1.3 调试阶段

调试阶段主要有液压站/稀油润滑站内调试、中间管道试压和单体设备调试三个阶段,其中单体设备调试阶段可能出现的问题最多。

调试现场应明确调试指挥人,调试指挥人为环境、人员、设备安全条件确认负责人,并负责调试大纲制定和调试指挥。

各专业人员必须听从调试指挥人指挥,不得随意进行活动。

各项调试要按调试大纲的要求进行,调试大纲中各步骤应充分考虑安全因素。调试前必须做以下准备工作:汇齐相关专业及相关单位的人员;各专业人员确认相关设备处于安全的可调试状态;调试环境良好或处于受控状态(应设置警戒线)。

7.1.3.1 液压站/稀油润滑站内调试

在调试前应确定环境、人员、设备安全条件,通过试电笔或万用表测试设备带电情况(现场施工情况复杂,可能出现设备带电)。

油泵初次启动:启动前柱塞泵壳体一定要通过加油孔加满干净的工作油。将泵出口安全阀设定压力调至最小(调压手柄完全松开,确保低压),同时确认压力管路是关闭的(通过关断球阀或法兰上加装盲板确保压力油不会打出去,目的有二:阀台及联上设备的液压缸/液压马达还没动过,所处的状态说不清,出于人员和设备安全原因,在液压站调试时避免向中间配管内送油;液压站打压需要)。

确认电机具有点动按钮,并有急停按钮。点动一下电机,确认旋向正确,如不正确,通知电气人员调线,调线后重复以上步骤,直到正确。

检查油位、油温、油压。确认压力管路是关闭的且压力油不会打出去。可进行液压站内升压调试。

在升压试验时,人员要远离设备和管道,确保人员自身安全。

未经特别授权,严禁操控现场的各种电器控制装置和开关。

7.1.3.2 中间管道试压

在升压试验时,人员要远离设备和管道,确保人员自身安全。

必须保持管道巡查人员与液压站/稀油润滑站操作人员的对讲机联系。

7.1.3.3 单体设备调试(液压阀台和所控制的机械设备调试)

在调试前应确定环境、人员、设备安全条件,通过试电笔或万用表测试设备带电情况(现场施工情况复杂,可能出现设备带电)。

(一)设备单调阶段

为应对设备调试时出现异常必须紧急关闭液压站/稀油润滑站油源的情况,站内必须有人监控值班,并保持对讲机联络,若站房无人值守,需关闭液压站/稀油润滑站。即使是在设备联调阶段,若液压站/稀油润滑站联锁条件未完全投入,也应派人值守并保持可靠的对讲机联络。

阀台操控位置和执行机构不在同一处或不便直接观察时,必须多人合作调试,且相互间必须保持可靠的对讲机联络。

首次调试液压阀台/执行机构时,必须在低压的状况下进行,蓄能器一律不得投入。

保持低速点动方式,使执行机构全行程运动至极限位置,注意观察运动过程的机械干涉、碰撞情况,如有碰撞可能,用对讲机及时指挥叫停,待仔细观察,并在机械人员确认后再作下一步调试。

在执行机构出现异常动作或不动作时,应冷静地仔细分析故障原因,不得随意升压操作,更不能不顾安全盲目操作。

拆卸液压元附件、管路前,必须做以下准备工作:关停相关区域的压力油源;拆卸区域内相关的放油阀、压力阀、换向阀或测压点等卸压,并充分利用各测压点检查压力。特殊情况下,局部静压无法卸掉,也要先缓缓地松开螺钉或接头螺纹,以让静压油从螺牙间隙溢出,从而达到卸压的目的,最后才拆开。

带电气部分的液压元/附件,原则上专业人员不能接触其插针、线脚、裸线等可能的导电物。特殊情况下,比如伺服阀的调试,专业人员也必须使用万用表等电工器具,以保用电安全。

在伺服控制回路调试时,因伺服阀通常没有确定的中位机能,应密切注意伺服阀在供油正常但断电时执行机构的可能动作。

系统各种设定参数应在该阶段完成。

当天调试结束,应将机械设备执行机构复位或处于安全状态,再关闭液压站,并泄掉系统压力管路的压力。确认设备不会出现错误动作。切记关闭站内电加热器。

(二)设备电气单体调试/联调阶段

单体设备调试完成后,移交电气人员实施该阶段。液压专业人员处于配合状态,与电气调试人员一定要建立通信联系。

该阶段需要特别注意事项:

处理设备故障和重新调整系统各种设定参数时,一定通知电气调试人员停止动作,确认安全的条件下,才能进行处理。

液压站/稀油润滑站必须有人监控值班,并保持对讲机联络。若站房无人值守,需关闭液压站/稀油润滑站;即使是在设备联调阶段,若液压站/稀油润滑站联锁条件未完全投入,也应派人值守并保持可靠的对讲机联络。

在配合电气调试人员观察液压和机械设备动作过程中,一定要与电气调试操作人员保持对讲机通信联系或面对面沟通,发现问题及时叫停。

7.2 液压系统安装要领

7.2.1 安装前准备工作

7.2.1.1 设备的接收

(一)必须具有设备出厂检验报告,设备和元件的合格证。

(二)清点、检查设备与元件,核实型号、规格和数量必须同设计一致。

(三)设备外观检查:

(1)整体构造完整无缺;

(2)外露零件应无损坏;

(3)设备表面应清洁,加工面应无锈渍;

(4)所有外露油口和冷却水进出管口必须封闭。

7.2.1.2 设备的吊装和运输

(一)已开箱的组件应使用吊环及其他起重器具。

(二)设备运输前的包装,应有严格合理的防雨、防潮、防锈、防震与防污染要求。

(三)按制造厂家说明书中的运输规范吊运。

7.2.1.3 设备的保管和存放

(一)存放设备的库房或地方应清洁干燥、无腐蚀气体。

(二)对于泵、缸、阀等液压元件,若保存时间较长,需充入清洁的防腐油液并密封。

（三）有些带磁性的元件（如伺服阀），不得靠近磁场存放。

（四）若要封存伺服阀，一般用专门的干燥箱。干燥箱内应清洁；伺服阀在干燥箱内水平放置；被封存的伺服阀应充防锈油（油的过滤精度不得大于 10 μm）；干燥箱内应放置干燥剂。

7.2.1.4　图纸技术资料的准备

备齐液压系统原理图、液压系统电气接线图、液压站和阀台布置图、站内配管和中间配管图、液压元件辅件及管件清单、有关样本和说明书等技术资料。熟悉了解安装内容与安装要求。

7.2.1.5　安装物资的准备

备齐各组件、散装的零部件、管件等物资以及安装工具和设备，并检查其质量。

7.2.1.6　安装方案的准备

安装方案的准备包括安装的流程、实施方案、检验标准等，并注明关键节点。

7.2.2　设备的安装

7.2.2.1　液压缸的安装

（一）液压缸的安装面与活塞（杆）的滑动面，保持一定的平行度或垂直度。

（二）液压缸的轴线与负载力的作用线应保证一定的同轴度，以尽量避免侧向力。

（三）活塞杆端销孔与耳环销孔（或耳轴）方向一致。

（四）行程较大的液压缸，应在缸体和活塞杆中部设置支承，以防因自重而产生的向下弯曲现象。

（五）在行程较大、环境温度较高的场合，液压缸只能一端固定，另一端保持自由伸缩状态，以防热胀而引起缸体变形。

（六）对于伺服液压缸，缸体与活塞杆之间不能发生相对转动。

7.2.2.2　液压设备的安装

（一）将液压站、蓄能器组和阀台等设备吊装到地坑或轧机等预定位置时，须注意不要损坏设备。必要时，对液压站和阀台可作分解。

（二）液压站、蓄能器组和阀台必须可靠固定。

（三）液压站内的泵组与油箱，都必须可靠接地。

（四）必须在整个系统管道冲洗完毕后，伺服阀、比例阀才能安装于阀台上。

（五）安装过程中，要采取措施避免对连接油口的污染。

7.2.2.3　散件发致现场的元件的安装

（一）泵

（1）轴向水平度公差 0.5/1 000；

（2）纵、横向中心线极限偏差 ±10 mm；

（3）标高极限偏差 ±10 mm。

（二）油箱、过滤器、冷却器

（1）轴向水平度公差 1.5/1 000；

（2）纵、横向中心线极限偏差 ±10 mm；

（3）标高极限偏差 ±10 mm；

（4）过滤器安装位置，必须有足够空间更换滤芯。

（三）控制阀

（1）应安装在便于操作、调整、维护的位置上，并应有牢固的支承；

（2）换向滑阀的安装，应使滑阀轴线在水平位置上。

（四）蓄能器

（1）重力式蓄能器铅垂度公差为 0.1/1 000；

（2）非重力式蓄能器铅垂度公差为 1/1 000；

（3）蓄能器安装位置须远离热源。

（五）压力继电器、压力电子开关、压力传感器

（1）当进水、震动与发热等因素对元件有不利影响时,宜采取措施；

（2）安装时须采取有效措施,以防止可能出现的对元件的电磁干扰。

（六）电液伺服阀

（1）电液伺服阀在安装前,切勿拆下保护板和力矩马达上盖,更不允许拨动调零机构。

（2）电液伺服阀油液管路中应尽力避免或减少焊接。电液伺服阀进油口管道上须安装精滤器。

（3）伺服阀台及管道装成后,应先安装电液伺服阀冲洗板进行管路冲洗。冲洗后经检验,当油液清洁度确已达到要求时,才能安装电液伺服阀。

（4）安装电液伺服阀时,要特别注意安装面的清洁,连接螺钉均匀拧紧且不应过紧,以在工作状态下不漏油为准。

7.2.3 管道的安装

7.2.3.1 管道安装的顺序

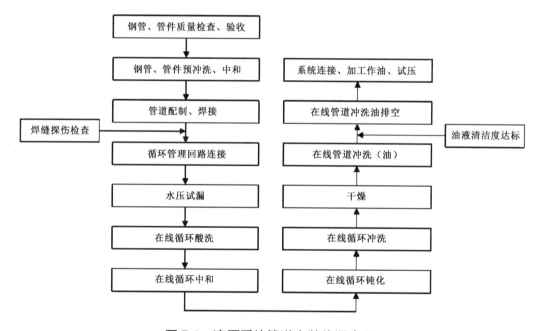

图 7-1 液压系统管道安装的顺序图

7.2.3.2 配管的要求

（一）管子及管件外观检查,有下列缺陷,不得使用：

（1）内外壁面已腐蚀或显著变色；

（2）表面凹入；

（3）表面裂纹、砂眼或其他伤口；

（4）表面有离层或结疤。

（二）布管注意事项：

（1）管道敷设位置应便于管道的装拆、检修,且不妨碍生产操作、设备运转和维修；

（2）设备配管要横平竖直,管子相互间交叉要尽量少；

（3）相邻两管道的间隙必须不小于 10 mm,以防相互干扰和振动;

（4）中间法兰与中间配管接头不得装在管道的弯曲部分或弯曲才开始部分;

（5）配管不能在圆弧部分接合,必须在平直部分接合;

（6）法兰连接时,法兰盘要与管子中心线垂直;

（7）双缸同步回路中,两液压缸的管道应尽可能对称敷设。

（三）管道支架的安装要求:

（1）较长管道的沿途应安装支架,支架配作在设备机体或建筑基础上;

（2）应利用装在支架上的塑料管夹固定管子,不得将管子直接焊接在设备和支架上;

（3）管夹间距,应符合设计要求。

（四）钢管的弯制要求:

（1）弯管半径应大于 3 倍管子外径,工作压力高的管子,其弯管半径宜大;

（2）管子弯制后,其椭圆率不超过 8%;

（3）弯管处内外侧不得有皱纹和凹凸不平等不规则形状;

（4）通径不大于 DN32 的钢管可采用弯管机冷弯,大于 DN32 的钢管,宜采用焊接式弯头。

（五）软管安装的注意事项:

（1）避免急转弯,弯曲半径不小于 10 倍软管外径;

（2）距离接头 6 倍软管外径以外弯曲;

（3）静止或工作时软管都不得有扭转现象,且不得同其他物体相互摩擦;

（4）软管长度应有余量,工作时,不允许端部接头和软管间受强力拉伸;

（5）若软管不得不靠近热源,须有隔热措施。

（六）管道焊接注意事项:

（1）管道焊接前,按规定进行坡口处理和预热处理;

（2）对液压伺服系统的管道焊缝,须采用氩弧焊。

（七）管道连接时,不得用强力或加热法来对正。

（八）不锈钢管道安装时,不得用铁质工具敲击。

（九）在各段管道的高位,宜设排气装置。

（十）管道试安装时,要特别注意不得污染法兰和接头。

7.2.3.3　管道的酸洗

（一）槽式酸洗(钢管,管件预酸洗)一般流程:脱脂→水冲洗→酸洗→中和→水冲洗→干燥→涂油。

（二）循环酸洗(在线)一般流程:水试漏→酸洗→中和→钝化→干燥。

（三）酸洗时间约 30~40 min,温度保持在 40~60 ℃。

（四）中和时间约 15 min,温度保持在 30~40 ℃。

（五）管道循环酸洗后,应尽快循环冲洗,否则应每周用油循环一次。

7.2.3.4　管道的循环冲洗(一次冲洗)

（一）在管道系统安装及酸洗合格后,利用冲洗泵(施工单位自备)用冲洗油对液压系统所有管道进行循环冲洗。

（二）将阀台、液压缸(马达)、蓄能器及其他液压元辅件与冲洗回路分开,利用临时管路和液压系统管道组成循环冲洗回路。

（三）冲洗回路的构成应使每一管段全部管内壁接触冲洗油(液);若干个并联的冲洗回路,各回路管道大小应相近;冲洗回路中的死角管段,应另成回路冲洗。

（四）作临时连接的钢管道,在接入冲洗回路前亦应酸洗合格。

（五）冲洗液宜用液压系统工作介质或与其相容的低黏度介质。

（六）冲洗液的过滤精度不低于液压系统的过滤精度。

（七）冲洗液温度宜偏高,但不得超过 60 ℃。

（八）冲洗液流速应尽可能高,且使液流呈紊流状态。

（九）冲洗过程宜变换冲洗方向及振动管路,以加强冲洗效果。

（十）若冲洗液非液压系统工作介质,在冲洗合格后排尽。若冲洗液是液压系统工作介质,经检验油的各项品质指标仍合格,可以留用。

（十一）按液压系统对油的清洁度要求检验冲洗结果,以达到设计要求为合格,并提供油液清洁度检验报告。

7.2.3.5　液压系统的循环冲洗（二次冲洗）

（一）液压系统的循环冲洗(二次冲洗)由安装公司负责实施,设备厂家技术协助。

（二）在液压系统管道的在线循环冲洗(一次冲洗)后,去掉一次冲洗时的临时管路,连上液压站及阀台,利用工作泵和工作油对液压系统工作管道进行循环冲洗。

（三）二次冲洗时,必须将液压缸、液压马达、蓄能器与冲洗回路分开。

（四）二次冲洗时,在电液比例阀和电液伺服阀的安装位置处装上冲洗板。

（五）二次冲洗后,按液压系统对油的清洁度要求检验冲洗结果,以达到设计要求为合格,并提供油液清洁度检验报告。

7.2.4　系统试压

（一）系统试压应在冲洗合格后进行。

（二）系统试压按 GB/T 50387—2017《冶金机械液压、润滑和气动设备工程安装验收规范》执行。

7.3　润滑系统安装要领

7.3.1　安装前准备工作

7.3.1.1　设备的接收

（一）必须具有设备出厂检验报告、设备和元件的合格证。

（二）清点、检查设备与元件,核实型号、规格和数量必须同设计一致。

（三）设备外观检查:

（1）整体构造完整无缺;

（2）外露零件应无损坏;

（3）设备表面应清洁,加工面应无锈渍;

（4）所有外露油口和冷却水进出管口必须封闭。

7.3.1.2　设备的吊装和运输

（一）已开箱的组件应使用吊环及其他起重器具。

（二）设备运输前的包装,应有严格合理的防雨、防潮、防锈、防震与防污染要求。

（三）按制造厂家说明书中的运输规范吊运。

7.3.1.3　设备的保管和存放

（一）存放设备的库房或地方应清洁干燥,无腐蚀气体。

（二）对于泵、控制阀、油流指示器、分配器等元件,若保存时间较长,需充入清洁的防腐油液并密封。

（三）带磁性的元件,不得靠近磁场存放。

7.3.1.4　图纸技术资料的准备

备齐稀油润滑系统原理图、稀油润滑系统电气接线图、站内配管和中间配管图、稀油润滑元件辅件及管件清单、有关样本和说明书等技术资料。熟悉了解安装内容与安装要求。

7.3.1.5　安装物资的准备

备齐各组件、散装的零部件、管件等物资以及安装工具和设备,并检查其质量。

7.3.1.6　安装方案的准备

安装方案的准备包括安装的流程、实施方案、检验标准等,并注明关键节点。

7.3.2　设备的安装

7.3.2.1　稀油润滑设备的安装

(一)将稀油润滑设备吊装到地坑或装备等预定位置时,须注意不要损坏设备。必要时,对稀油润滑站可作分解。

(二)稀油润滑设备必须可靠固定。

(三)稀油润滑设备内的泵组与油箱,都必须可靠接地。

(四)安装过程中,要采取措施避免对连接油口的污染。

7.3.2.2　散件发致现场的元件的安装

(一)泵

(1)轴向水平度公差 0.5/1 000;

(2)纵、横向中心线极限偏差±10 mm;

(3)标高极限偏差±10 mm。

(二)油箱、过滤器、冷却器

(1)轴向水平度公差 1.5/1 000;

(2)纵、横向中心线极限偏差±10 mm;

(3)标高极限偏差±10 mm;

(4)过滤器安装位置,必须有足够空间更换滤芯。

(三)控制阀

应安装在便于操作、调整、维护的位置上,并应有牢固支承。

(四)压力继电器、压力电子开关

(1)须安装在无震动的位置;

(2)安装时须采取有效措施,以防止可能出现的对元件的电磁干扰。

7.3.3　管道的安装

7.3.3.1　管道安装的顺序

稀油润滑系统管道安装顺序见图 7-2。

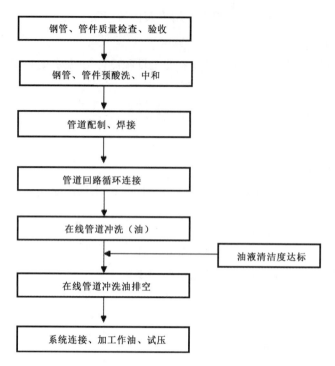

图 7-2　稀油润滑系统管道安装顺序框图

7.3.3.2　配管的要求

（一）管子及管件外观检查,有下列缺陷,不得使用:

（1）内外壁面已腐蚀或显著变色;

（2）表面凹入;

（3）表面裂纹、砂眼或其他伤口;

（4）表面有离层或结疤。

（二）布管注意事项:

（1）管道敷设位置应便于管道的装拆、检修,且不妨碍生产操作、设备运转和维修;

（2）管子相互间交叉要尽量少;

（3）回油管要按设计要求保证一定的坡度;

（4）相邻两管道的间隙必须不小于 10 mm,以防相互干扰和振动;

（5）中间法兰与中间配管接头不得装在管道的弯曲部分或弯曲才开始部分;

（6）配管不能在圆弧部分接合,必须在平直部分接合;

（7）法兰连接时,法兰盘要与管子中心线垂直。

（三）管道支架的安装要求:

（1）较长管道的沿途应安装支架,支架配在设备机体或建筑基础上;

（2）应利用装在支架上的塑料管夹固定管子,不得将管子直接焊接在设备和支架上;

（3）管夹间距,应符合设计要求。

（四）钢管的弯制要求:

（1）弯管半径应大于 3 倍管子外径,工作压力高的管子,其弯管半径宜大;

（2）管子弯制后,其椭圆率不超过 8%;

（3）弯管处内外侧不得有皱纹和凹凸不平等不规则形状;

（4）通径不大于 DN32 的钢管可采用弯管机冷弯,大于 DN32 的钢管宜采用焊接式弯头。

（五）软管安装的注意事项：

（1）避免急转弯,弯曲半径不小于 10 倍软管外径；

（2）宜距离接头 6 倍软管外径以外弯曲；

（3）静止或工作时软管都不得有扭转现象,且不得同其他物体相互摩擦；

（4）软管长度应有余量,工作时,不允许端部接头和软管间受强力拉伸；

（5）若软管不得不靠近热源,须有隔热措施。

（六）管道焊接前,按规定进行坡口处理和预热处理。

（七）管道连接时,不得用强力或加热法来对正。

（八）不锈钢管道安装时,不得用铁质工具敲击。

（九）在各段管道的高位,宜设排气装置。

（十）管道试安装时,要注意不得污染法兰和接头。

7.3.3.3　钢管及管件预酸洗

（一）稀油润滑系统钢管及管件预酸洗一般流程为：脱脂→水冲洗→酸洗→中和→水冲洗→干燥→涂油。

（二）酸洗时间约 30~40 min,温度保持在 40~60 ℃。

（三）中和时间约 15 min,温度保持在 30~40 ℃。

7.3.3.4　管道的循环冲洗

（一）在管道系统安装完成后,利用冲洗泵(通常安装单位自备)用冲洗油对系统所有管道进行循环冲洗。

（二）将稀油润滑系统元辅件与冲洗回路分开,利用临时管路和稀油润滑系统管道组成循环冲洗回路。

（三）冲洗回路的构成应使每一管段全部管内壁接触冲洗油(液)；若干个并联的冲洗回路,各回路管道大小应相近；冲洗回路中的死角管段,应另成回路冲洗。

（四）作临时连接的钢制管道,在接入冲洗回路前亦应预酸洗合格。

（五）冲洗油宜用稀油润滑系统工作介质或与其相容的低黏度介质。

（六）冲洗油的过滤精度不低于稀油润滑系统的过滤精度。

（七）冲洗油温度宜偏高,但不得超过 60 ℃。

（八）冲洗油流速应尽可能高,且使液流呈紊流状态。

（九）冲洗过程宜变换冲洗方向及振动管路,以加强冲洗效果。

（十）若冲洗油非稀油润滑系统工作介质,在冲洗合格后排尽。若冲洗油是稀油润滑系统工作介质,经检验油的各项品质指标仍合格,可以留用。

（十一）按稀油润滑系统对油的清洁度要求检验冲洗结果,以达到设计要求为合格,并提供油液清洁度检验报告。

7.4　液压系统现场调试要领

7.4.1　调试准备

7.4.1.1　液压系统清洁度确认

液压系统正常运行,有一个重要的先决条件:液压系统的清洁度满足设计要求。

一般来说,常规液压系统的清洁度不低于 NAS9 级,比例液压系统的清洁度不低于 NAS7 级,伺服液压系统的清洁度不低于 NAS5 级。

设备制造厂应提供所供设备的清洁度检测报告,以证明液压设备出厂时的清洁度符合设计要求。

在调试前必须确认管道系统已经进行过彻底的酸洗与循环冲洗,现场施工单位应提供所有管道及回路循环冲洗后的清洁度检测报告,以证明管道系统清洁度符合设计要求。

7.4.1.2 现场安装施工相关情况的检查确认

根据液压系统原理图、设备安装(布置)图和配管施工图,检查确认所有液压设备、站内配管及中间配管安装完毕并且正确无误。着重检查管道接口(法兰连接螺栓、管接头)有无松动,如必要需再次拧紧。

检查确认液压站内电气控制部分安装正确无误,并已单独调试。可正常启停液压站内的电机、加热器、电控阀件(如电磁水阀等),温度、压力、液位、压差、流量等电子监测与发讯元件能正常通电。

检查确认液压阀台电气控制部分安装正确无误。着重检查在无油源状态下,各电磁阀的通断电状态是否正常。

检查确认相关机械部分的安装正确无误。着重检查安装在机械设备上的管线是否与机械有相互干涉的情况。

7.4.1.3 油箱加油

加油前,先确认油品是否与设计相符。最常用的液压油为:ISOVG46/40 ℃抗磨液压油。

对于油箱的加油,原则上只能通过专用的加油管路来进行,打开加油管路上的截止阀,液压油经加油过滤器过滤后流入油箱。

油箱的液位是通过液位计来观察,最高和最低的充油高度应标注在油箱上。

在第一次加油时,油箱的油位至少不低于液位计满刻度的3/4,以保证在液压站及管路初步充液后,油箱的油位仍能正常工作。在调试过程中,所需油位的高度应通过再加入同种油品来保持。

7.4.1.4 蓄能器充氮

检查确认蓄能器已充氮至设计要求的压力值。

7.4.2 调试

在液压系统图上所给定的调节值(压力、流量等)是理论上求得的基本调节值,在正常运行时,可能出现适当的偏差,更改时应在控制系统中注明。调试分无负荷试车、压力试验、设备单调、系统联动调试等项目。

各调试项目均由局部到整体逐项进行,即部件→单机→区域联动→系统联动。

7.4.2.1 无负荷试车

(一)循环过滤冷却系统

为了保证液压油的工作温度大约为40 ℃,必须要有足够大的流量对油箱中的油进行冷却或加热,并同时进行过滤。

(1)打开泵的吸油阀门,通过点动方式确认电动机转向与螺杆泵转向一致,然后对泵进行充油排气。

(2)给过滤器充油。可切换的双筒过滤器两个过滤器壳体都必须排尽空气。如果在调试时,压差指示器多次报警或者电气压差指示器发讯,过滤器的滤芯就应进行更换。如何更换滤芯,参见维护手册。(在后面的调试中,也按此处理主回油路上的双筒过滤器)

(3)给热交换器充油。打开排气装置,让油渐渐充满热交换器的外壳套,以排尽空气。如果热交换器存放了较长时间,有必要在影响密封性能的连接部位重新拧紧螺栓。

(4)用同样的方法注入冷却水,必须注意正常工作的冷却水不是通过旁路管道,而是通过水过滤器和电磁水阀流入热交换器。

(5)循环运转油路和水路,注意观察液压油在冷却器前后的压力和温度变化。

(6)检测循环泵回路的溢流阀是否连续可调,最后将循环泵出口的压力调为10 bar。

此后的试车过程中,循环泵不要关闭。

（二）空运转每台主泵

（1）打开吸油管路和压力管路中的阀门（蓄能器球阀除外），采用点动方式确认泵的转向，然后启动，将变量泵流量限制在全流量 50% 左右，通过充油及排气装置对泵进行排气；

（2）检测主泵和循环泵的运转是否正常，主泵的压力是否连续可调，压力是否稳定，有无刺耳噪声，泵壳温升如何等；

（3）对主泵出口的高压过滤器充油，通过排气装置排尽高压过滤器中的空气。

（三）管道系统充油

保证液压系统良好功能的条件之一：管道系统必须充满液压油，无空气存在。

充油排气前，将系统中的节流阀和减压阀调整到最大开度。

只开一台泵，将泵出口电磁溢流阀的压力调至 10~20 bar，以使控制压力处于（能维持油液循环克服管道阻力的）最低值。然后分段进行充油排气：

（1）泵站主管道以及泵站和控制阀台之间的管道需进行缓慢的充油，在管道中被油所封闭的空气将由专门安装在管道中的微型测压排气接头进行排气。该接头一直开到不含气泡的油排出为止。同时观察油箱的油位，如有必要的话进行补油。

（2）控制阀块和执行机构（液压缸和液压马达）之间的管道要求循环连接起来，排气过程与（1）基本相同，但需增加执行机构的排气。排除液压缸中的空气可通过液压缸的来回运行实现。只要在液压缸或管道中还有空气存在，液压缸的运行就有可能出现抖动或爬行现象，因此在液压缸的动作区域内尽量注意避免这种现象的发生。在一些情况下，如果液压缸要在大的负载下移动的话，那么就必须加大压力来进行排气。

（四）系统空运转

液压系统空运转 30 min 以上，并检查：

（1）油箱的油位，油液表面有否气泡；

（2）泵的卸荷压力，噪声；

（3）滤油器前后压差显示；

（4）各连接处、接合面有无泄漏；

（5）有无其他异常。

（五）压力试验

在空运转合格后，对液压系统（但不包括液压缸、液压马达、流量计、蓄能器、设计要求不参与压力试验的其他元辅件）进行压力试验。

（1）试验压力：按设计工作压力。

（2）试验时间：大约为 30 min。

（3）试验压力应逐级升高，每升高一级稳压 2 min，达到试验压力后，保压 10 min，然后降至工作压力，进行全面检查。

（4）压力试验时，若液压系统出现异常响声和较大泄漏，应立即停止试验。

（5）压力试验时，不得锤击管道，且在试验区域的 5 m 范围内不得同时进行明火作业。

（6）压力试验以液压系统所有焊缝、连接处、接合面无漏油，且管道无永久变形为合格。

（7）应在系统无压力的情况下，对密封不良处采取相应的措施（如焊缝的补焊或重焊，螺栓拧紧，管接头的拧紧和更换密封件等）。

7.4.2.2　设备单调

（一）执行机构动作粗调

（1）只需开启一台泵，将压力值调整到 50 bar 左右。

（2）液压缸动作采用点动方式。

（3）液压站内应有人员与现场保持联系,可随时关停主泵。这样可避免初次动作时机械与各种管线或自身发生碰撞。

（4）确认换向阀功能正常且受控。对于比例或伺服阀,可通过现场操作的方式,输入一个确定值（通常较小）进行液压缸动作的启停。

（5）确认与液压缸动作相关的电气联锁能否正常工作。

（6）进行一个周期的液压缸动作试验,确认现场不再有相互干涉的情况出现,让液压缸到达极限位置。

（二）压力调试

（1）按液压系统原理图,从压力调定值最高的主溢流阀开始,逐次调整每个分支回路的压力阀;

（2）调试时,应缓慢旋紧溢流阀手柄,使系统工作压力逐渐上升,每升一级都应使液压缸往复动作数次或一段时间;

（3）打开蓄能器的球阀,对蓄能器充压力油,并将其安全阀调定至设计值,并锁紧调整螺杆,以后不得擅自改动;

（4）压力调定值,以及压力联锁的信号和动作应与设计相符;

（5）压力调定后,锁紧压力阀的调整螺杆。

（三）流量调试

（1）液压缸的速度调试

① 在液压缸已进行动作粗调的基础上,通过调整节流阀、调速阀或调整比例或伺服阀的操纵信号,使液压缸从低速至高速运动;

② 如液压缸带可调缓冲装置,在调速过程中应同时调整缓冲装置,以满足该液压缸所带机构的平稳性要求;

③ 双缸同步回路在调速时,应先将两缸调整到相同的起步位置,再进行速度调试;

④ 若液压缸出现低速爬行现象,可检查:工作机构的润滑是否良好,机械设备及运行轨道是否有卡阻,系统排气是否彻底。

（2）系统的速度调试

在正常工作压力和正常工作油温下,进行速度调试。系统的速度调试应逐个回路进行,在调试一个回路时,其余回路应处于不通油状态。

在系统的速度调试过程中,元件和管道不得有漏油和异常振动,联锁装置应准确、灵敏、可靠。

（3）液压缸工作情况检查

流量调试完毕,再检查液压缸的工作情况。液压缸应在起动、换向、停止时运行平稳,在规定低速下运行时,不得爬行,运行速度符合设计要求。

7.4.2.3　系统联动调试

（一）系统联动调试时,应先在较低负荷下试车,然后逐渐加载,若运转正常,才进行最大负荷试车。

（二）试车过程中:

（1）检查并及时调节先导阀、行程开关、挡铁、碰块、压力开关、位置传感器、位移传感器及自控装置等,使系统按工作循环顺序动作无误;

（2）通过调节或调整溢流阀、节流阀、调速阀、比例或伺服阀、变量泵、运动导轨的碳条与压板、润滑与密封装置等,来控制运动速度,使工作平稳,无冲击和振动噪声;

（3）不允许有外泄漏;

（4）检查泵壳温升和油温,油温应在 40~50 ℃之间,不应超过 60 ℃;泵壳温度可比油温高 5~10 ℃;

（5）伺服回路应测试动态特性。

全部调试结束后,应对整个液压系统作出评价。

7.5 润滑系统现场调试要领

7.5.1 调试准备

7.5.1.1 稀油润滑系统的清洁度确认

稀油润滑系统正常运行的一个重要的先决条件是系统的清洁度满足设计要求。

一般来说,稀油润滑系统的清洁度不低于 NAS11 级。

在调试前必须确认管道系统已经进行过冲洗,现场施工单位应提供所有管道和回路循环冲洗后的清洁度检测报告,以证明管道系统清洁度符合设计要求。

7.5.1.2 现场安装施工相关情况的检查确认

根据稀油润滑系统原理图、设备布置图和配管施工图,检查确认所有稀油润滑设备,站内配管及中间配管安装完毕并且正确无误。着重检查管道接口(法兰连接螺栓、管接头等活接位置)有无松动,如有必要需再次拧紧。

检查确认电气控制部分安装正确无误,并已单独调试。可正常启停液压站内的电机、加热器、电控阀件(如电磁水阀等),温度、压力、液位、压差、流量等电子监测与发讯元件能正常通电。

7.5.1.3 油箱加油

加油前,先确认油品是否与设计相符。

油箱的液位是通过液位计来观察,最高和最低的充油高度宜标注在油箱上。

带开关(模拟)量控制的液位计,要按设计要求整定,并能正常发讯。

在第一次加油时,油箱的油位至少不低于液位计满刻度的 3/4,以保证在稀油润滑站及管路初步充液后,油箱的油位仍能正常工作。在调试过程中,所需油位的高度应通过再加入同种油品来保持。

7.5.2 调试

7.5.2.1 站内调试

为了保证能向站外提供工作温度大约为 40 ℃并且是清洁的润滑油,必须要有足够大的流量对油箱中的油进行冷却、加热并同时进行过滤。

关闭向站外供油的阀门,在站内作如下调试:

(一)打开泵的吸油蝶阀,通过点动方式确认电动机转向是否与稀油润滑泵转向一致,然后对泵进行充油排气。若蝶阀配有行程限位开关,须确认其安装位置是正确的,并能正常发讯。

(二)注意:第一次启泵前,应将溢流阀和排油阀的调节手柄逆时针旋至最松。

(三)检测溢流阀是否连续可调,最后将循环泵出口的压力调定在设计压力。其间,可能需要适当调节旁通排油阀。

(四)给过滤器充油。可切换的双筒过滤器两个过滤器壳体都必须排尽空气。如果在调试时,压差指示器多次报警或者电气压差指示器发讯,过滤器的滤芯就应进行更换。

(五)给热交换器充油。打开排气装置,让油渐渐充满热交换器的外壳套,以排尽空气。如果热交换器存放了较长时间,有必要在影响密封性能的连接部位重新拧紧螺栓。

(六)用同样的方法注入冷却水,应注意正常工作的冷却水不是通过旁路管道,而是通过水过滤器和电磁水阀流入热交换器。

(七)循环运转油路和水路。注意观察:润滑油在冷却器前后的压力和温度变化;元辅件、管道、各接合面应无泄漏。

(八)整定温控器的开关量控制点,并确认加热器、冷却水的切换及工作符合设计要求。

(九)整定压力开关(传感器),确认其能按设计要求发讯和工作。

7.5.2.2　润滑点的供油

（一）在站内调试完毕后，打开站内向外供油的主阀门。初次向站外供油，一定要在相关供油区域派人监守，并与站内人员保持良好的通信联络，以避免不必要的漏油或其他事故。

（二）应逐次打开到分支回路上的阀门，供油到各润滑点。

（三）润滑油流量的调节：

（1）润滑系统总供油量：可通过站内的油泵变频电机、旁通排油阀、流量阀来调节。请注意，系统所需总供油量随温度而变化，因此可能需要调整。

（2）润滑点供油量：可通过该润滑点供油支路上的节流阀、节流分配器或阀门等来调节。供油量的大小必须符合设计要求，并由机械设备人员确认。

（3）确认油流检测元件（油流信号器、给油指示器、压力开关、流量计）工作状态正常。

（4）确认元辅件、管道、各接合面无泄漏。

7.6　液压系统操作维护要领

操作维护要领书是用作操作人员和维护人员的培训资料。这些有关操作和维护的说明，对于液压设备的正常运行是非常重要的。

维护内容不包括设备投产前的损坏和运行中的功能故障。

由于错误的操作、非专业性的操作或缺乏维护而产生的故障，不在系统保修的范围内。

7.6.1　液压系统使用要求

（一）操作员必须遵守各项操作规程。

（二）必须选用设计要求的液压油。

（三）系统温度控制在设计要求的范围内，否则，要查找原因。

（四）电源电压稳定，其波动值不得超过额定电压的 5%。

（五）按设计要求合理调节各压力阀和流量阀，调定后须紧固调节螺钉。

（六）不能在无压力表或（其他检测元件）显示压力的情况下调压。除校核压力外，平时可断开压力表与油路的连接，以保护压力表。

（七）保持电气控制系统的清洁与干燥。

（八）防止灰尘、异物等污染液压油。在拆装液压元件时，尤其要注意这一点。

（九）定期检查液压油的污染程度和理化指标，若油质不合格，应及时更换。

（十）定期检查系统各元件的性能，及时更换毁损元件。

（十一）及时处理系统的内外泄漏情况。

7.6.2　操作规程

操作规程适用于操作人员。

7.6.2.1　开车前的准备

（一）检查油箱内的油量、油温是否正常。

（二）检查各截止阀和球阀，保证其处于正确的开闭位置。

（三）检查确认与液压系统相关的仪器仪表和开关按钮无毁损且处于正确的位置。

（四）检查确认电源是否正常。

（五）检查确认设备运行的相关禁区无人和无异物。

（六）检查确认行程开关和限位保护装置是否正常。

（七）检查确认电磁阀是否处于初始状态。

7.6.2.2　运行中的注意事项

（一）停机 4 h 以上的液压系统，再次启动时，宜空载运行 5~10 min，再加载运行。

（二）当油温和泵壳温度超出规定范围时,要采取必要的升降温措施。油温在 40~50 ℃为宜,不得超过 60 ℃。泵壳温度可比油温高 5~10 ℃。

（三）液压系统出现故障时,应及时通知维修人员维修,不得带故障操作。

（四）不得随意操控电磁阀的手动应急机构。

（五）不得擅自移动现场各操作件位置。

（六）不得擅自调节或拆换各液压元件。

（七）不得擅自调整电气系统的联锁装置。

7.6.2.3　停车

（一）整套液压设备或其中一个部件,通常在下列情况下停止运行:

（1）系统或元件发生故障;

（2）执行机构停车。

（二）要使整套液压设备停止运行,必须满足以下几点:

（1）切断加热器或冷却器;

（2）切断电动机;

（3）卸荷,如果是蓄能器,应先关闭 P 管道的球阀再进行卸荷。

7.6.3　日常保养

日常保养主要由操作人员实施,由维修人员监管。

（一）检查油量。

（二）检查油温和泵壳温度。

（三）检查工作压力,压力表指标有无异常跳动。

（四）检查泵和压力阀（主要是溢流阀）的振动和噪声。

（五）检查各连接处、接合面的漏油情况。

（六）检查液压缸、液压马达的运动情况。

（七）检查电磁阀电磁铁的温度。

（八）清除油箱、液压元件、运动部件及外罩上的油污和尘埃。

（九）检查电气元件及接头是否有异常现象。

7.6.4　维护规程

7.6.4.1　液压油监控

液压系统常用工作介质为 ISOVG46/40 ℃液压油。

（一）黏度

选择液压油关键在于黏度,黏度值必须与特殊的工作条件相适应。黏度太高的液压油将导致控制回路的流动阻力和发热量加大。相反,黏度太低的液压油将使泄漏损失增大以及泵的实际流量减小。

液压泵的工作性能和寿命以及泵的润滑与液压油的黏度选择密切相关。

液压油的固有特性是其较高的黏度指数,即使没有添加剂也能得到抗剪切性较好的黏温系数,也就是说,在较高温度时保证了液压设备调节精度和启动方便的特性,并且在高温时也能保证移动部件的密封和润滑。在黏度等级中划分了液压油所有使用情况的最佳黏度范围,即适用于所有液压泵和液压设备的实际液压油的黏度范围。

（二）耐磨性

现代液压系统中泵、控制组件和工作液压缸均受到较大的磨损影响,部分元件是在混合摩擦中运动的,因此需要在液压油中加入添加剂,使液压油对摩擦副有良好的润滑性。

（三）抗氧化性

由于液压油及设备工作温度上升,以及液压油加油次数增多,与空气接触的机会增加,因此应使用抗氧化性和耐温性的液压油。这种液压油选择抗老化的基油,并加入耐氧化的添加剂,这些添加剂在额外的热负荷情况下可抑制残留物的形成。

（四）抗乳化性

水可能从不同途径混入工作介质,因此必须从油箱中分离出多出来的水。含水的液压油在泵和其他元件的剧烈搅动下,极易乳化,使油液变质生成沉淀物,妨碍冷却器的导热,阻滞管道和阀门,降低润滑和腐蚀金属,同时使控制组件产生故障以及使液压泵和液压马达损坏。

抗磨液压油含有分水的添加剂,具有抗乳化能力,并且在水处于悬浮状态且含水量大约为1%时形成稳定的乳化液。根据油液乳化状况检查,如果发现有大量的水就必须立即设法排放掉。

（五）防腐蚀性、金属兼容性

液压油中混有的水和空气中含有的水,在氧气的作用下就会导致锈蚀的形成,这在液压系统中必须避免。锈蚀的催化作用促使油老化现象加快,如果在相对移动表面之间产生了锈蚀,将直接导致磨损。如在液压控制元件上极小间隙中产生锈蚀就将导致功能故障产生。这就要求液压油与液压设备中的所有金属材料必须具有兼容性,并要求油对金属材料有足够的防锈性和抗腐蚀性。

（六）空气分离、起泡

随着加油循环的增加,空气分离能力及消泡抗泡沫能力显得更为重要。因为即使是少量空气侵入油箱,以后也会在涡流的作用下,使泵在吸油过程中产生起泡现象。如果空气分离能力不良,就会形成可压缩的油-空气,这些都能够导致泵效率降低和泵的损坏。含有空气的油也会影响控制的准确性和灵敏度,甚至导致功率损失。抗磨液压油具有良好的空气释放性、抗泡性。

（七）密封的兼容性

抗磨液压油对于液压设备的所有密封均具有良好的兼容性。

（八）过滤

使用油过滤器是为了保证液压元件和液压执行机构的使用寿命,这在大多数情况下都是能够达到的。随着控制技术要求的提高,液压组件越来越精密,因此就必须通过足够精度的过滤来防止污染对组件的危害。

在讨论污染原因时,应排除大气的影响。如果泵的轴封和液压缸活塞杆的防尘圈可靠,那么,一个周围密闭的系统只存在油箱从外吸取极微小的污染物的可能,大气污染被限制在极小范围内。

在调试时系统安装的残留物通过酸洗以及冲洗过滤过程被清除。另外,在运行阶段由于金属磨削原因和工作过程的密封磨损也会产生污染,这些微小颗粒必须应用高精度过滤器来进行过滤。

对过滤效果的评定不但取决于过滤器结构形式、过滤器安装地点,还取决于全流量过滤准则或部分流量过滤准则,但主要是根据过滤器的效率和可靠性。

工作油要求精过滤有两个原因:一方面因为在循环过程中存在固有磨削颗粒并且使磨损加剧。这些颗粒在系统调节时会卡在节流孔之中,或阻碍阀芯移动。此类污染源是运转故障的主要原因。另一方面,污染后的油加快了油的老化,由于氧气的作用使得碳氧化合物分子产生变化致使油液化学组织发生变化。

安装在管道上的双筒回油过滤器,其外壳和所有连接件要考虑压力冲击。例如:由于瞬时通过流量增加而造成的冲击。

双筒过滤器的特殊优点在于系统工作时就能更换被污染了的滤芯,并带有电气或光电污染指示器。

（九）换油

液压油的老化在很大程度上取决于系统中的压力、油的循环次数、流速和液压油箱的结构形式,因此对于液压油更换没有进一步给出通常的有效准则说明。

换油时间在实际运转中由使用者多次观察来确定。根据污染程度和热负荷推荐在通常情况下为4 000~8 000 h。

如果有杂质(例如水、坚硬的金属颗粒)卡住泵或液压马达时,并且在系统中存在较多类似杂质时,必须对油进行更换。这种换油与所给定的换油周期无关,并需排空液压回路中的所有液压油。

液压油混合的极限指标是:

(1)中和值大于 1 mg KOH/g;

(2)用快速分析仪计数得出值大于所允许的污染颗粒值;

(3)含水量超过允许值。

在液压油更换时,应把整套系统中的油排空,并且要进行彻底的清洗。

油箱通过清洗孔进行清洗。

注意事项:

不允许使用带有纤维的抹布!

在换油前蓄能器必须进行排空。

冲洗前,工作液压缸应排空;过滤器应排空,更换过滤器的滤芯;主管道上的油应排放。在一般情况下,要求液压系统用已过滤的新油或冲洗油来对系统进行冲洗。对于新油来说只允许采用与工作液压油一致的油。

冲洗绝不允许使用煤油和汽油,因为冲洗以后在循环回路中的残留物会加速液压油的老化。

必须使用冲洗泵对全部回路(包括所有的换向阀和工作液压缸)进行冲洗。

对污染特别敏感的组件,如伺服阀必须考虑在污染前进行保护或设置旁通管道,冲洗也必须包括所有的管道系统中支路的冲洗。在冲洗时,液压设备应先在微小的功率下运行,此后尽可能达到多次短时间内的全功率运行,但应在工作温度下。然后要求有最佳的检查方法(污染颗粒计数法和进行化学分析)。在液压系统重新试车前应更换安装在系统中的所有过滤器滤芯,在加油时需根据说明进行观察,确认新油油品。

(十)油位

油位必须控制在全套设备的工作状态范围内,在正常情况下总是处于"最低油位"和"最高油位"之间。

尽管油位能够通过电气液位开关来控制,但绝不允许放弃对油位的正常观察检查。

在发生缺油信号时必须对系统进行加油,在油位继续下降时,必须立刻切断电动机电源。在加油前必须排除使油损失的因素,在加油时只允许使用原型号的液压油。

(十一)油温

液压油的使用时间往往决定于系统工作而产生的油温,为此在油箱内的油温应该在规定范围内进行监控。通过温度控制器可以保证油温在低于或高于规定值时发出信号并调节油温。如果给出报警信号,通常是在冷却器和过滤装置间有功能故障发生,但特殊情况除外,如系统在长时间停车以后开始运转阶段。

(十二)油压

为了使液压设备满足其运动速度,必须保持应有的系统压力,需要进行压力监控。可在危险处设置压力开关,以测定超压和低压值,并进行报警。除此以外液压站内和每个控制阀台上应设置压力表,通常情况下应对压力表进行观察。

借助于系统中(安装板、液压缸管道等处)的微型测压排气接点,在发生故障时,有利于进行故障的寻找。

(十三)油的泄漏

因为泄出的油会污染环境,管道系统和所有的密封处在运转时都必须检查它们的密封性能。随着泄漏的加剧,液压油压力就有可能降低到不允许再低的数值。

拧紧管螺纹接口和法兰连接件以及其他密封设施的工作,只有在管道系统无压力情况下进行才是可靠的。

7.6.4.2　蓄能器监控

（一）蓄能器的检查

蓄能器大约需每隔10~15天进行一次检查。

（1）检查步骤

① 关闭在P管道中的球阀。

② 缓慢打开T管道中的球阀放油,此时可以确定有多少液压油或无油流出蓄能器。

③ 把充氮和检测装置接在气压侧,以检查充气压力。对于皮囊式蓄能器组来说,此过程如要在正常的运行期间进行,则需逐只对单一皮囊进行上述操作。这种方法的优越之处在于检查能在设备不停止的状态下进行。

（2）检查结果

① 当T管道中的球阀被缓慢打开时,听到连续的流体的流动声,气压达到设计值时,说明蓄能器皮囊正常。当与给定的值有较大出入时,必须进行充气或排气,并检验气阀。

② 当T管道中的球阀被缓缓打开时,只听到极短暂的流动声,并且充气压力P为零,这时蓄能器皮囊已漏。为此必须更换蓄能器皮囊(参见蓄能器制造厂的操作说明)。

（3）注意事项

① 对蓄能器站或单个蓄能器拆卸修理,必须在气侧和油侧卸压后进行;

② 按照"皮囊蓄能器"安装和维护说明进行维修(可参见产品样本)。

（二）蓄能器的充气

皮囊式蓄能器,在气囊侧只允许充氮气,绝不允许充氧气或压缩空气,制造商所提供的皮囊蓄能器一般充有约5 bar的氮气压力。

蓄能器原则上只允许在液压侧无压力的情况下对气囊充气,充气压力的大小按设计的标定。

充氮气只允许采用规定的充气和检验装置。

当达到所期望的充气压力时,需关闭液压油侧的旁通。

7.6.4.3　电液伺服阀的维护

（一）电液伺服阀一般不拆卸、分解,因再次装配往往保证不了精度。

（二）检查电液伺服阀故障时,应首先检查清洗阀内的滤芯。

（三）如确认电液伺服阀有故障,请伺服阀供货厂家处理。

7.6.5　故障诊断

对液压系统的故障分析及排除需要系统进行,最恰当的是采用系统图。

首先必须清楚故障是如何表现的,以及哪些在系统运行中是属于不正常的,并且是有误差的,必须检查同时发生的许多故障之间是否有联系,以便能推断原因和故障点。

为了避免故障在保证期内影响液压设备,只允许使用专业的维护人员。

表7-2列出了液压设备中常见的一些故障及其检查和排除方法。

表7-2 液压设备常见故障及其检查和排除方法

序号	现象	可能的原因	检查和排除	附注
一	油温太高	1. 加热装置在满负荷运行状态	1. 检查电气联锁,并立即断开加热装置	
		2. 未接通冷却水循环	2. 冷却器,检查电磁水阀的开闭机能和电压	
		3. 冷却功能不好	3. 将温度控制器中冷却器关闭的接点温度调高	
		4. 液压泵吸空	4. 检查泵的吸油回路	
		5. 泵吸油不畅	5. 检查空气滤清器	
		6. 误用高黏度液压油	6. 检测油的黏度,更换液压油	
		7. 液压元件磨损局部发热	7. 检查更换导致发热的元件	
		8. 卸荷回路动作不良	8. 检查卸荷回路,必要时更换卸荷溢流阀	
		9. 泄漏严重	9. 找出泄漏点,加以处理	
二	泵不运行	1. 油位太低	1. 检查油箱中的油位 2. 检查液位计的最低液位接点位置	
		2. 蝶阀	1. 检查蝶阀的位置 2. 检查限位开关的电压	
三	液压系统中的压力太低	1. 作安全阀用的溢流阀工作不良	1. 重新整定或更换溢流阀	
		2. 油位太低	2. 加油至规定高度	
		3. 卸压阀处于卸荷状态	3. 检查卸压阀的开关功能,必要时更换阀	
		4. 泵转速太低	4. 检查电机方面原因	
		5. 泵工作不正常	5. 检查、修理和更换液压泵	
		6. 软管破裂	6. 更换软管	
		7. 系统有内外泄漏	7. 检查各元件、各连接处、各接合面,换密封件	
四	液压系统的爬行	1. 液压泵吸空	1. 检查改良吸油管路的密封性能,检查油位	
		2. 系统内有空气	2. 采用排气装置,排尽空气	
		3. 润滑不良	3. 调整润滑油,检查导轨面	
五	液压系统的振动与噪声	1. 液压组件质量不好或磨损严重	1. 检查并更换液压组件,特别注意先导型溢流阀的导阀	
		2. 系统压力和流量脉动较大	2. 采取措施,稳定系统的压力和流量	
		3. 液压系统产生的"空穴"(气泡)形成的"爆炸"现象	3. 检查处理泵的吸空问题,排尽系统中的空气	
		4. 管道装配不良	4. 按管道的安装要求处理已成为振动与噪声源的管道	
六	液压系统的压力油供给不稳	1. 蓄能器中的气体损耗	1. 检查并测量气压,必要时注入氮气	
		2. 蓄能器球阀动作不良	2. 检查球阀开闭,必要时更换这个阀	
		3. 蓄能器安全阀调节值有误	3. 检查并调整安全阀的调节值	
		4. 没接通所有的蓄能器	4. 检查蓄能器安全块中的球阀	

上述说明仅仅是一个简单的描述,用户在设备运行过程中将会有自己的认识并形成相应的工作方法,以便使故障不会过早地产生,并有预见性和针对性地进行维护。

7.6.6 运输和存放

用于液压设备的元件具有不同的灵敏度,因此在运输时必须采取相应的措施。在运输中包装和薄膜中的元件(泵、阀等)都应能防潮和防损坏,已开箱元件的运送必须使用专用吊具(环行吊环、吊钩等)。

密封件的存放仓库必须干净干燥、没有腐蚀气体。

外露孔口、螺纹在运输中应得到保护。

如果对于元件在存放和运输中有专门规范的话,必须在设备制造厂的操作说明中给出。

7.6.7 维修

在液压系统中将维修工作分为两大类:

(一)一般管道系统和成套设备的检修。

(二)元件的特殊维修。

在(一)中所指的工作,只要正确诊断故障,那就相对简单。

在(二)中所指的工作,在大多数情况下相当复杂,在某些情况下,维修人员还根本无法进行,比如伺服比例阀的维修。

液压元件的维修工作需要有一定的基础知识,这些知识可在学校或在液压实验室里获得。

对液压系统的维护,一定要将日常维护保养工作和设备定期检修工作有机地结合起来,这样就可以预防和减少故障,延长设备的使用寿命。

7.6.7.1 设备检修注意事项

(一)当整套设备出现故障,应立即切断系统,生产过程必须尽快结束。

必须保护所有的机械设备部分不受损坏,保护在运行状态或不稳定状态下运动的液压设备。

液压系统的全部切断只能通过外部的电源切断或"紧急开关"来产生。

检修时若需要重新启动设备时,必须逐一手动接通运行。

(二)拆卸液压油管时,应事先将油管连接部位的周围清洗干净;分解后应用干净塑料薄膜或石蜡纸将管口包好,以防止污物进入,不宜用棉纱或破布堵塞油管。

(三)在分解复杂管路时,应在每根油管两端和连接处均编上号,以免回装时装错。

(四)在分解元件检修时,应将元件认真测试、鉴别后,分成已损、待修、完好三类,并防止污物进入。

(五)橡胶材质的密封件,不得在汽油、香蕉水等溶剂中浸洗,应在清亮的液压油中摇洗后晾干。

(六)液压组件在安装时必须清洗干净,并在配合表面涂抹少许润滑油,以利于安装。

7.6.7.2 设备定期检修的内容

(一)定期紧固各种紧固件,一般三个月一次。

(二)定期清洗油箱,一般一年一次。

(三)定期更换滤芯。

(四)定期更换国产密封件,一般一年半更换一次,进口密封件更换期限参见所使用的零部件说明。

(五)定期清洗管道系统,检查高压软管。

(六)定期检验油液的污染程度。

(1)对已确定要换的油,提前一周检验;

(2)对新换油,经过 1 000 h 使用后,应检验;

(3)检验取样须取正在使用的"循环油",不取静止油,取液量为 300~500 mL。

(七)定期检测压力表。

(八)定期在线检测液压元件的性能。

(九)定期冲洗液压元件,并更换已毁损的液压元件。

(十)定期检查电气控制系统和电子控制元件的使用状况。

7.6.7.3　液压元件及辅件的维修

（一）轴向柱塞泵

轴向柱塞泵出现故障,通常表现为工作压力和液压缸运动的不稳定。出现这种故障时,就必须立即打开备用泵吸油侧的蝶阀并启动备用泵。

（二）螺杆泵

螺杆泵一般属免维修。

（三）工作泵的拆卸

（1）切断工作泵电动机;

（2）关闭吸油管道中的蝶阀,拆卸泵侧的软管（P 管道、泄油管道、吸油管道、挠性接头）,断开的软管端不允许带有污染物或放到油槽内与底板接触;

（3）拆下带有半分式的联轴节;

（4）然后拆除整套马达-泵的连接,将泵与电动机分开。

（四）安全阀-减压阀

在安全阀和减压阀的结构中,先导锥阀是一个易损件。根据我们的经验,阀的多数故障能在这一位置得以排除,减压阀的先导锥阀处是最危险的,因为它几乎是一直运动的。先导锥阀损坏基本上是由不清洁的液压油造成的,并在先导阀锥处形成环形槽磨损。

为了节约时间,在发生此类故障时,可更换先导阀芯,更可靠的是换整个阀。

（五）电磁阀

在一般情况下,电磁阀无须维护。

电磁阀故障几乎都是由受污染的油所引起的。

在一般情况下,滑阀和滑动表面之间的间隙在 0.008～0.012 mm 之间。只要在此间隙有相应的颗粒嵌入,当滑阀移动时,将使滑阀阀芯或滑动面损伤。在电磁阀出现此故障时,应立即更换。

电磁阀的拆卸,按如下过程进行:

（1）确认执行机构的机械位置不在该电磁阀控制的状态。

（2）关闭 P 管道和 X 管道的球阀（如果是先导控制）。

（3）对电磁阀各油口及相连通的管道,要泄压。

（4）松开电磁阀上的电气接线插头。

（5）松开内六角螺栓,取出电磁阀,此时必须注意保护电磁阀底部的 O 形密封圈。

（6）如果电磁阀和其他控制阀块安装在一块连接板上,一般至少需要 2 个紧固螺栓（带有螺母的双头螺栓）。在这种情况下,将旋入阀块中的双头螺栓保留,阀从螺栓中抽出,而螺栓是否从连接板上拆卸,则根据需要。

（7）注意事项:

① 在拆卸阀时应注意,在阀处应没有液压压力(除回流管道中有微小的脉动压力)产生,并且必须保证阀拆卸后有相应的装置使执行机构不运动。

② 电磁阀的分解,应根据样本规定的步骤顺序进行。

③ 如果证实滑阀芯以及滑动表面已损坏时,阀是不能再修复的。所有还未损坏的剩余部分,也只能充当备件使用。

④ 在正常的情况下,可以将整个阀寄到制造厂进行修理,并根据其损坏情况加工阀芯体的滑动表面,配上滑阀阀芯。

⑤ 此外,电磁阀还存着另外一种损坏现象,例如:电气插头连接件的外表面损坏。如果此时其余部分正常,可简单地更换插头就可以。如果此时插座已坏,这时就必须更换整个电磁铁。

⑥ 在拆卸电磁阀时,经常会出现密封圈的损坏,因此在更换安装相应的部件时必须特别留意。

（六）冷却器

管式冷却器通常无须维护。

板式冷却器的功率下降需要维修时,应按如下步骤进行:

(1) 关闭循环泵的电动机以及泵前后的截止阀,然后拆卸散热片。

(2) 清洗所有的换热片中的污泥和冷却水循环中的过滤器,热交换器还必须进行排气。

(3) 检查所有镀锌保护杆,在锈蚀严重时要进行整体更换。

冷却器可按下列步骤来清洗:

(1) 用束状水喷射管子来冲洗。

(2) 坚固的剩留物用尼龙刷来清除。

(3) 管子周围用化学清洗。

(4) 用15%的盐酸,经约30 min能去除1 mm锅炉水垢。此时系统必须是打开的,因空气将自由进入。

(5) 然后用5%的苏打溶液(Na_2CO_3)来冲洗,油泥用清洗汽油来去除。

（七）过滤器

在液压回路中设置的过滤器一般带有电气或光电污染指示器。如果在正常工作中,指示器灯亮或指示器发讯,过滤器的滤芯就必须更换。

过滤器的滤芯通常每隔4~6个月更换一次。

更换滤芯的方法:

(1) 设备不必完全停机就可更换滤芯。

对于主回油路和循环回路的双筒过滤器,只有在流量很小或者为零时,才能进行切换滤筒;从被污染侧换向到干净侧前,必须把液压回路分隔开,否则,污染杂质就会在涡流的作用下流到清洁侧。

对于泵出口处的高压单筒过滤器,只有在备用泵替代(该滤器相对应的)工作泵投入工作后才能更换滤芯。

(2) 松开污染侧盖板并且检查密封的损害情况,必要时进行更换。

(3) 把油排放掉,取出滤芯。

(4) 滤筒内壁用合适的清洗油(煤油、汽油)清洗,在此不能用抹布。

(5) 把新滤芯小心仔细地放入滤筒,并且固定。

(6) 拧紧过滤器盖板。

(7) 排除过滤器外壳内空气。

(8) 注意事项:在液压设备中设置的过滤器滤芯通常是一次性使用的,其材质通常为纤维。

7.7 润滑系统操作维护要领

7.7.1 稀油润滑系统使用要求

（一）操作员必须遵守各项操作规程。

（二）必须选用设计要求的润滑油。

（三）系统温度控制在设计要求的范围内,否则,要查找原因。

（四）电源电压稳定,其波动值不得超过额定电压的5%。

（五）按设计要求合理调节各压力阀和流量阀,调定后须紧固调节螺钉。

（六）不能在无压力表或(其他检测元件)显示压力的情况下调压。

（七）保持电气控制系统的清洁与干燥。

（八）防止灰尘、异物等污染润滑油。在拆装元件时,尤其要注意这一点。

（九）定期检查润滑油的污染程度和理化指标,若油质不合格,应及时更换。

（十）定期检查系统各元件的性能,及时更换毁损元件。

（十一）及时处理系统的外泄漏。

7.7.2 操作规程

操作规程适用于操作人员。

7.7.2.1　开车前的准备

（一）检查油箱内的油量油温是否正常。

（二）检查各截止阀和球阀,保证其处于正确的开闭位置。

（三）检查确认与稀油润滑系统相关的仪器仪表和开关按钮无毁损且处于正确的位置。

（四）检查确认电源是否正常。

（五）检查确认行程开关和限位保护装置是否正常。

（六）检查确认电磁阀是否处于初始状态。

7.2.2.2　液压设备的安装

（一）将液压站、蓄能器组和阀台等设备吊装到地坑或轧机等预定位置时,须注意不要损坏设备。必要时,对液压站和阀台可作分解。

（二）液压站、蓄能器组和阀台必须可靠固定。

（三）液压站内的泵组与油箱,都必须可靠接地。

（四）不得擅自移动现场各操作件位置。

（五）不得擅自调节或拆换各液压元件。

（六）不得擅自调整电气系统的互锁装置。

7.7.2.3　停车

（一）整套稀油润滑设备或其中一个部件通常在下列情况下停止运行:

（1）系统或元件发生故障;

（2）执行机构停车。

（二）要使整套稀油润滑设备停止运行,必须满足以下两点:

（1）切断加热器或冷却器;

（2）切断电动机。

7.7.2.4　日常维护

日常维护主要由操作人员实施,由维修人员监管。

（一）检查油量。

（二）检查油温和泵壳温度。

（三）检查工作压力,压力表指标有无异常跳动。

（四）检查各种油流检测元件的显示情况。

（五）检查泵和压力阀(主要是溢流阀)的振动和噪声。

（六）检查各连接处、接合面的漏油情况。

（七）检查电磁阀、电磁铁的温度。

（八）清除油箱、元件上的油污和尘埃。

7.7.3　维护规程

7.7.3.1　润滑油监控

（一）过滤

使用油过滤器是为了保证润滑系统中元件和接受润滑之摩擦副的使用寿命。运行中,过滤器污染指示器发讯,应及时清理滤芯。在设备定检时,也要清理滤芯。

（二）换油

润滑油的老化在很大程度上取决于稀油润滑系统中的压力、油的循环次数、流速和油箱的结构形式,因此对于润滑油更换没有进一步给出通常的有效准则说明。

换油时间在实际运转中由使用者多次观察来确定。根据污染程度和热负荷推荐在通常情况下为

8 000~16 000 h。

如果有杂质(例如水、坚硬的金属颗粒)卡住泵或元件时,并且在系统中存在较多类似杂质时,必须对油进行更换。这种换油与所给定的换油周期无关,并需排空回路中的所有润滑油。

在润滑油更换时,必须把整套系统中的油排空,并且要进行彻底的清洗。油箱通过清洗孔进行清洗。

注意事项:不允许使用带有纤维的抹布!

(三) 油位

油位必须控制在全套设备的工作状态范围内,在正常情况下总是处于"最低油位"和"最高油位"之间。

尽管油位能够通过电气液位开关来控制,但绝不允许放弃对油位的正常观察检查。

在发生缺油信号时必须对系统进行加油,在油位继续下降时,就须立刻切断电动机电源。在加油前必须排除使油损失的因素,在加油时只允许使用原牌号的润滑油。

(四) 油温

润滑油的使用时间往往决定于系统工作而产生的油温决定,为此在油箱内的油温应该在规定范围内进行监控。通过温度控制器可以保证油温在低于或高于规定值时发出信号并调节油温。如果给出报警信号,通常是在冷却器和过滤装置间有功能故障发生,但特殊情况除外,如系统在长时间停车以后开始运转阶段。

(五) 油压

为了使润滑设备正常工作,必须保持应有的系统压力,需要进行压力监控。可在危险处设置压力开关,以测定超压和低压值,并进行报警。除此以外润滑站内和各润滑点上应设置压力表,通常情况下必须对压力表进行观察。

借助于系统中的微型测压排气接点,在发生故障时,有利于进行故障的寻找。

(六) 油的泄漏

因为泄出的油将污染环境,管道系统和所有的密封处在运转时都必须检查它们的密封性能。随着泄漏的加剧,润滑油压力就有可能降低到不允许再低的范围内。

拧紧管螺纹接口和法兰连接件以及其他密封设施的工作只有在管道系统无压力情况下进行才是可靠的。

7.7.3.2 故障诊断

对稀油润滑系统的故障分析及排除需要系统进行,最恰当的是采用系统图。首先必须清楚故障是如何表现的,以及哪些在系统运行中是属于不正常的,并且是有误差的,必须检查同时发生的许多故障之间是否有联系,以便能推断原因和故障地点。

为了避免故障在保证期内影响润滑设备,只允许使用专业的维护人员。

表7-3列出了润滑设备中常见的一些故障及其检查和排除方法。

表7-3 润滑设备常见故障及其检查和排除方法

序号	现象	可能的原因	检查和排除	附注
一	油温太高	1. 加热装置在满负荷运行状态	1. 检查电气连锁,并立即断开加热装置	
		2. 未接通冷却水循环	2. 冷却器,检查电磁水阀的开闭机能和电压	
		3. 冷却功能不好	3. 将温度控制器中冷却器关闭的接点温度调高	
		4. 油泵吸空	4. 检查泵的吸油回路	
		5. 泵吸油不畅	5. 检查空气滤清器	
		6. 误用高黏度润滑油	6. 检测油的黏度,更换液压油	
		7. 安全阀动作不良	7. 检查安全阀及管路,必要时更换安全阀	
		8. 泄漏严重	8. 找出泄漏点,加以处理	
二	泵不运行	1. 油位太低	1. 检查油箱中的油位,检查液位计的最低液位接点位置	
		2. 蝶阀	2. 检查蝶阀的位置,检查限位开关的电压	

续表 7-3

序号	现象	可能的原因	检查和排除	附注
三	稀油润滑系统中的压力太低	1. 作安全阀用的溢流阀工作不良	1. 重新整定或更换溢流阀	
		2. 油位太低	2. 加油至规定高度	
		3. 泵转速太低	3. 检查电机方面原因	
		4. 泵工作不正常	4. 检查、修理和更换润滑泵	
		5. 系统有泄漏	5. 检查各元件、各连接处、各接合面,换密封件	
		6. 旁通排油阀异常	6. 重新调整或更换排油阀	
四	主油路正常,而分支油路润滑油供给不足	1. 球阀堵塞	1. 清堵或更换球阀	
		2. 分配器故障	2. 检修或更换分配器	
		3. 系统内有空气	3. 采用排气装置,排尽空气	
		4. 串联在油路中的油流信号器被堵塞	4. 清堵或更换油流信号器	
		5. 润滑点的喷嘴堵塞	5. 清堵或更换喷嘴	

上述说明仅仅是一个简单的描述,用户在设备运行过程中将会有自己的认识并形成相应的工作方法,以便使故障不会过早地产生,并有预见性和针对性地进行维护。

7.7.4 运输和存放

用于稀油润滑设备的元件具有不同的灵敏度,因此在运输时必须采取相应的措施。在运输中包装在薄膜中的元件(泵、阀等)都将能防潮和防损坏,已开箱元件的运送必须使用专用吊具(环行吊环、吊钩等)。

密封件的存放仓库必须干净干燥、没有腐蚀气体。

外露油口、螺纹在运输中应得到保护。

如果对于元件在存放和运输中有专门规范的话,必须在设备制造厂的操作说明中给出。

7.7.5 维修

对稀油润滑系统的维护,一定要将日常维护保养工作和设备定期检修工作有机地结合起来。这样就可以预防和减少故障,延长设备的使用寿命。

7.7.5.1 设备检修注意事项

(一) 当整套设备出现故障,应立即切断油泵电机电源。

(二) 拆卸油管时,应事先将油管连接部位的周围清洗干净;分解后应用干净塑料薄膜或石蜡纸将管口包好,以防止污物进入。不能用棉纱或破布堵塞油管。

(三) 在分解复杂管路时,应在每根油管两端和连接处均编上号,以免装回时装错。

(四) 在分解元件检修时,应将元件认真测试、鉴别后,分成已损、待修、完好三类,并防止污物进入。

(五) 橡胶材质的密封件,不得在汽油、香蕉水等溶剂中浸洗,应在清亮的液压油中摇洗后晾干。

(六) 元件组件在安装时必须清洗干净,并在配合表面涂抹少许润滑油,以利于安装。

7.7.5.2 设备定期检修的内容

(一) 定期紧固各种紧固件,一般三个月一次。

(二) 定期清洗油箱,一般一年一次。

(三) 定期清理滤芯,参见过滤器说明。

(四) 定期更换国产密封件,一般一年半更换一次,进口密封件参见其产品说明。

（五）定期检验油液的污染程度：

（1）对已确定要换的油，提前一周检验；

（2）对新换油，经过 1 000 h 使用后，应检验；

（3）检验取样须取正在使用的"循环油"，不取静止油，取液量为 300～500 mL。

（六）定期检测压力表。

（七）定期在线检测稀油润滑系统元件的性能。

（八）定期清洗稀油润滑系统元件，并更换已毁损的元件。

（九）定期检测电气控制系统和电子控制元件的使用状况。

7.7.5.3 稀油润滑系统元件及辅件的维修

（一）油泵

稀油润滑系统常用的螺杆泵一般属免维修。

油泵的拆卸：

（1）切断油泵电动机；

（2）关闭吸油管道中的蝶阀拆卸泵侧的软管（P 管道、泄油管道、吸油管道、挠性接头），断开的软管端不允许带有污染物或放到油槽内与底板接触；

（3）拆下带有半分式的联轴节；

（4）然后拆除整套马达-泵的连接，将泵与电动机分开。

（二）安全阀

在安全阀的结构中，先导锥阀是一个易损件。根据我们的经验，阀的多数故障能在这一位置得以排除，损坏一般是由不清洁的液压油造成的，并在先导阀锥处形成环形槽磨损。

为了节约时间，在发生此类故障时，可更换先导阀芯，更可靠的是换整个阀。

（三）冷却器

冷却器通常无须维护。

板式冷却器如出现功率下降需要维修时，应按如下进行：

（1）关闭循环泵的电动机以及泵前后的截止阀，然后拆卸散热片；

（2）清洗换热片中的污泥和冷却水循环中的过滤器，冷却器还必须进行排气；

（3）检查镀锌保护杆，在锈蚀严重时要进行整体更换。

冷却器若需清洗，根据下列步骤（或遵循冷却器使用维护说明书）：

（1）用束状水喷射管子来冲洗；

（2）坚固的剩留物用尼龙刷来清除；

（3）管子周围用化学清洗；

（4）用 15% 的盐酸，经约 30 min 能去除 1 mm 锅炉水垢。

此时系统必须是打开的，因空气将自由进入，然后用 5% 的苏打溶液（Na_2CO_3）来冲洗，油泥用清洗汽油来去除。

（四）过滤器

在稀油润滑回路中设置的过滤器常带有电气和光电污染指示器。如果在正常工作中，指示器灯亮或指示器发讯，就必须清理或更换滤芯。

7.8 液压系统生产维护安全要领

适用于工厂液压系统的检查、维修和修理工作，可作为工厂颁布的普通安全规章的补充。所有与液压系统生产维护有关的人员，必须阅读并遵守所在组织的安全规章和安全要领，并有义务提醒相关机械、电气维护人员知晓本安全要领。

7.8.1　紧急措施

当生产维护人员发现液压系统发生故障或其他异常,应立即通知生产调度人员,调度人员下达维护指令时,应采取以下措施:

（一）关闭液压系统(关闭主泵、阀站并泄压)。

（二）保护主泵开关,防止被意外打开。

（三）在危险区域采取安全措施,避免任何人员在不知情或不受控制的情况下进入危险区域。

（四）立即通知相关专业人员。

（五）出现火情时,应遵守所在组织的安全规范条款和明确适用于工作岗位的安全措施。

特别提请注意:液压系统是动力控制单元,控制着执行机构液压缸、液压马达,当拆卸液压元件与管道时可能会移动或转动执行机构而使液压油喷出,在最坏的情况下这种移动或转动会很危险并失去控制。

严禁操作维护人员依附在可移动的设备上或液压执行机构上拆卸液压元件与管道。当拆卸液压元件、管路及液压执行元件(液压缸、马达)时必须采取安全措施。

7.8.2　环境要素

（一）噪声

液压系统工作区域为噪声区域,工厂应参照国家与当地行业规范为工作人员提供适当的听力防护装置,工作人员应避免长时间在正在运行的液压设备附近工作,以免对听力造成伤害。

（二）消防

液压系统工作介质属于可燃物品,液压系统工作区域应为重点防火区,工厂应保证液压系统工作区域消防灭火装置处于可以正常使用的状态,并按照国家与行业规定对其进行定期维护,保证进入液压系统工作区域的人员在火灾发生时能够安全逃生,并能采取适当措施减免火灾对液压设备造成的损害。

（三）通风

液压系统工作区域通常为密闭的防火分区,工厂应保证液压系统工作区域通风装置处于正常运转的状态,工作人员应避免在通风不良的区域长时间工作,以免对身体造成伤害。通风不良可能造成环境温度过高,工作人员应避免在温度过高的区域长时间工作,以免出现呕吐、晕厥等中暑症状危害身体健康。

（四）照明

能见度低有可能造成工作人员不能及时判断紧急情况的发生,工厂应保证液压系统工作区域照明装置处于正常运转的状态,工作人员应拒绝在照明装置不能良好运转的区域工作,以免对身体造成伤害。

（五）障碍

液压系统工作区域中通常都有地坑、管道、管廊、桥架等设施,工厂应保证进入液压系统工作区域的人员熟悉并了解区域内各种设施情况,能够采取措施防止坠落、摔伤、碰撞等对人员和设备造成伤害。

（六）防滑

液压油泄漏后未清理干净会造成液压系统工作区域地面油腻湿滑,工厂应提供带有防滑功能的劳保鞋及其他劳保用品,保证进入液压系统工作区域的人员穿戴好劳保用品,熟悉并了解区域内情况,避免因滑倒对人员造成的伤害。

（七）环境保护

未采取措施随意倾倒液压油可能会污染环境,工厂在处理液压油时应遵守国家与当地环境保护的有关规定,避免污染环境。

7.8.3　人员要求

维护人员要避免在过度疲劳的情况下工作,在身体不适的情况下,尤其要注意这一点,应杜绝带病(伤)进入正在维护的区域。为了自身的健康和安全,维护人员应正确佩戴劳动防护用品,如安全帽、安全带、防护眼镜等,正确穿戴防护服、劳保鞋,避免临口、临边、物体打击、高处坠落、辐射、高压触电等危险源对人身造成的伤害。

工厂维护人员在维护工作中应能够识别并遵守工厂的各类安全标识。

7.8.3.1 人员资质要求

液压专业人员指经过专业培训、了解液压相关知识并具备一定经验的人员,能够正确评估其工作范围并能够安全地执行为其分配的任务,能够识别潜在的危险,有能力采取必要的措施消除潜在的事故隐患。

7.8.3.2 对液压及相关电气维护人员的要求

(一)对液压维护人员的要求

维护包括检查、维修和修理三项独立的工作。维护中涉及的全部人员都必须熟悉并遵守各类操作说明及安全要领。

纯粹的检查工作并不需要专业的液压知识,但检查人员必须能够明确工作指示,了解与液压系统相关的特定危险。

进行维修工作(例如更换过滤器和油)并不需要专业的液压知识,但维修人员必须能够明确具体工作指示。

修理人员必须是液压专业人员,明确工作指示,必须在总体上(整个液压系统)熟悉液压系统的功能,能够读懂液压系统原理图,能根据液压系统原理图解释各回路功能,能够了解液压元件的功能及构造。

(二)对液压相关电气维护人员的要求

所有液压系统电气设备方面的工作只能由经授权的电气工程师或在合格电气工程师的指导和监督下由受过培训的人员依照适用于电气技术产品的要求来执行。

在使用电气系统时,应注意以下几个方面:

(1)开始任何维护工作前,应将液压系统断电,并用警告标志隔离工作区域,锁定主开关并将钥匙保存在安全的位置直至完成工作,并在主开关上附上警告标志。

(2)使用双极电压检测器检查并确认所维修设备不带电,并始终使用电绝缘工具;将工作位置处做接地保护,清理工作场所并穿绝缘鞋以防止由于绊跌或滑倒而接触带电部件。

(3)在生产过程中检修维护时,系统断电后,宜断开传感器与阀门处的连接插头(即使仅带低电压)。

7.8.3.3 人员培训

应定期对液压系统工厂操作维护人员进行培训,培训内容包括:遵守和使用操作说明和技术要求,遵守安全规章和安全要领,妥善操作液压元件,遵守安全人员的指示和工厂操作员的操作手册及紧急情况下应采取的措施。

7.8.4 工作介质

工作液污染会导致液压系统故障,导致工作液污染的原因有:液压系统设备运行期间的磨损(金属和非金属磨损),液压产品的泄漏,维修或修理期间引入的污染物,更换工作液时使用了脏(未过滤的)工作液。污染物可导致液压系统故障,增加磨损并缩短液压产品的使用寿命,可能对液压系统的安全性和有效性产生负面影响。因此,应定期执行操作说明中指定的维护工作,保证液压油达到要求的清洁度。在更换工作液时,应始终使用新出厂的工作液并在填充前进行过滤以滤掉那些通常来自包装容器(桶)的污染物。在液压设备安装前应清洗管路和软管。

不加保护就处理工作液是有害健康的。应遵守所使用工作液的安全手册和制造商的安全说明。

液压油属于易燃物质,液压装置区域内不准吸烟,以免引起火灾。

应充分认识到,液压油与其他物质产生反应可能带来危害,如果暴露受热甚至燃烧可能带来更大的危害。液压油泄漏到地面后也容易引起通过人员滑倒。因此,为避免对人身和设备造成伤害,必须立即清理泄漏现场,并遵守如下措施:

(一)皮肤与眼睛不宜接触液压油

尽管纯净的液压油通常对皮肤与眼睛无刺激,但在操作中,混有其他物质的液压油可能会对皮肤与眼睛产生刺激。因此必须注意:避免眼睛与液压油接触,避免皮肤与液压油经常性地、大面积地、长时间地接触。相应部位应考虑使用防护膏(脂),穿戴防护用品。

(二)皮肤与眼睛接触液压油的紧急处理

(1)立即脱下被油玷污了的衣服;

(2)立即用无腐蚀的肥皂和水清洗皮肤;

(3)立即用清水冲洗眼睛至少 20 min;

(4)若仍有刺激不适,发生头晕、头疼或其他症状,必须立即送医救治。

(三)吞吸液压油的紧急处理

若发生吞吸液压油的事故,不得诱导吞吸者呕吐,应立即送医救治。

(四)吸入油气的紧急处理

应尽力避免吸入油烟、油雾、油气。在有可能产生油烟、油雾、油气的地方,应具有良好的通风和抽排条件。

发生大量吸入油烟、油雾、油气的情况,应立即转移至空气新鲜处;若有其他症状,应立即送医救治。

7.8.5　液压系统

7.8.5.1　液压系统泄漏对设备的影响

当液压油从液压系统中泄漏出并与设备的高温表面接触时,将会导致产生威胁生命的烟雾、火或其他的危险工作条件。液压系统维护人员应按操作维护规程等规定定期更换液压元件密封圈,对液压系统各漏点巡视,发现泄漏情况及时处理,尽量减免泄漏对人员和设备产生的危害。

7.8.5.2　高压危险

液压系统所有管路内含相当压力,压力管道内通常压力很高,根据系统压力不同可达几十兆帕。在试图进行任何机械、液压、电气检修拆洗工作前,液压系统应停止工作,并使压力管道上的蓄能器完全泄压。必须始终确保管路在开始拆卸之前没有压力并能安全排放液压油。即便各种泵已停止工作并且已切断了电源,也必须始终确保在开始拆卸前任何机器处于安全条件下。

7.8.5.3　液压执行元件及其驱动的机械设备潜在危险

液压系统动力源在调试完成投入生产后通常都处在与电气元件(控制器、传感器等)联锁状态,这种联锁状态保证液压系统正确、安全地运行,液压系统维护人员在对液压系统进行检查、维修、更换等工作后应保证没有破坏所有联锁状态和联锁关系。若在工作中有可能破坏正常的联锁状态,则这项工作必须由专业人员完成,并在维护工作结束后恢复至原有的正常联锁状态,否则可能产生意想不到的安全问题。

液压系统执行元件(液压缸、液压马达)通常与机械设备之间存在电气联锁或者机械联锁状态,这种联锁状态保证机械设备正确、安全地运行,工厂维护人员在对设备进行检查、维修等工作后应保证没有破坏所有联锁状态和联锁关系。若在工作中有可能破坏正常的联锁状态,则这项工作必须由专业人员完成,并在维护工作结束后恢复至原有的正常联锁状态,保证机械设备上的挡铁、安全销、滑轨、导轮等联锁设备处于正确的位置,否则可能产生意想不到的安全问题。

7.8.6　元件

在液压系统工作时,工厂维护人员不得擅自改变液压/电气元件状态。在对各液压/电气元件进行维护或更换工作时,工厂维护人员应严格遵守各项操作规程,应在液压系统断电及完全卸荷、人员及其余设备安全的状态下进行,维护工作结束后不得破坏原有液压/电气元件的联锁状态,确保人员及设备的安全。

工厂维护人员不得在未经允许的情况下擅自拆解液压及相关电气元件。在对液压及相关电气元件维护过程中,应保证在液压系统断电及完全卸荷、人员及其余设备安全的状态下进行,并遵守元件制造商提供的元件样本及说明书中有关安全的内容。

（一）软管和管道

软管一般带有较强挠性，在高压条件下软管一旦发生破裂，情况将是很危险的。管道特别是弯管和一些复杂管网也有一定挠性，其在高压条件下一旦发生破裂，可能会有危险。因此必须定期检查软管和管道的紧固情况，及时处理小的泄漏，以避免其发生破裂。另外，液压系统工作时，人员应尽量避免在软管及其他可能出现危险的管道处停留。

（二）电磁阀

为便于调整、维护、检验故障及事故处理，液压系统上的所有电磁阀均安装有手动应急操作装置。工厂维护人员不得在未经允许的情况下擅自操作或干扰手动应急操作装置，否则可能导致联锁失效并产生意想不到的动作，有可能对人员和设备造成伤害。另外，在维护工作中，应特别注意带定位功能电磁阀的处理。

（三）伺服阀/比例阀

电液伺服阀/比例阀一般不拆卸、分解，因再次安装往往保证不了精度。工厂维护人员应保证在系统泄压及断电的情况下检查电液伺服阀/比例阀故障。若确认电液伺服阀/比例阀有故障，请与伺服阀/比例阀供货厂家联系，由厂家提供技术服务。

（四）溢流阀-减压阀

若系统的油液不清洁，溢流阀-减压阀的先导锥阀处最容易磨损损坏，发生此类故障时，工厂维护人员在保证人员及其余设备安全的前提下可更换先导阀芯或整个阀体（可参见样本）。

（五）流量控制阀

在液压系统工作时，工厂维护人员不得擅自改变流量控制阀设定好的调节装置。

（六）插装阀

插装阀通常安装在液压阀块的孔道中，若对插装阀进行更换工作，工厂维护人员在拆卸插装阀芯时应采用元件厂商提供的专用工具，以免对插装阀芯造成破坏。

（七）轴向柱塞泵

轴向柱塞泵出现故障，通常表现为工作压力和液压缸运动的不稳定。轴向柱塞泵一般不拆卸、分解，因再次安装往往保证不了精度。工厂维护人员若确认轴向柱塞泵有故障，请与轴向柱塞泵供货厂家联系，由厂家提供技术服务。

（八）螺杆泵

螺杆泵一般不拆卸、分解，因再次安装往往保证不了精度。工厂维护人员若确认螺杆泵有故障，请与泵供货厂家联系，由厂家提供技术服务。

（九）工作泵的更换

若对工作泵进行更换工作，工厂维护人员应严格遵守各项操作规程，在保证系统断电的情况下切断工作泵与电动机的联接，并且吸油管道中的蝶阀已关闭，泵侧的软管（P管道、泄油管道、吸油管道、挠性接头）及联轴节已被拆除，在保证人员及设备安全的前提下对工作泵进行更换工作。

（十）蓄能器

所有与蓄能器的操作有关的或要接触蓄能器的人员应该注意以下几点：

蓄能器属于压力容器，进行维护工作前应确认蓄能器已获得当地锅炉压力容器安全质量许可证书。

当蓄能器安装进流程中，即使泵停止工作，液压油或气体仍可以连续加压。在拆卸液压系统或回路有关的任何部件，或在有关机器上进行维护或拆卸工作之前，所有液压压力必须得到有效的隔绝或排出；在拆卸蓄能器气体系统或回路相关的任何部件之前，蓄能器内气体必须排出到大气中，确保通风排气条件充分，以及有新鲜空气存在，避免由于氮气超量而发生危险。

在液压系统图纸上已给出了供蓄能器用的充气压力值。在任何情况下均不得超出所推荐的充气压力值。

只有类似氮气的惰性气体可以用于蓄能器充压。若要使用其他气体给蓄能器冲压，需与蓄能器厂家联系。切勿使用氧气或其他压缩气体,有爆炸危险。

不允许对蓄能器壳体进行任何焊接或机械工作。若要对配有蓄能器的系统进行工作(维修,连接压力表等),必须先释放油液压力。

(十一) 冷却器

若对冷却器维修时,工厂维护人员应在保证循环泵电动机以及泵前后截止阀关闭的情况下更换拆卸散热片或整个冷却器。在维护过程中要保证人员及其余设备的安全。

(十二) 过滤器

液压回路中设置的过滤器带有电气和光电污染指示器。如果在正常工作中,指示器灯亮或指示器发讯,过滤器的滤芯就必须更换,否则系统油液不清洁很容易引起液压系统设备损坏。工厂维护人员应在保证人员及设备安全的情况下及时正确更换过滤器的滤芯。若液压设备中设置的过滤器滤芯材质为纤维,滤芯不得重复使用。

(十三) 压力、温度、液位开关

液压回路中设置的压力、温度、液位开关等电气元件通常与电气系统处于联锁状态,在进行生产维护时,工厂维护人员不得擅自调整这些电气元件的设置参数。对压力、温度、液位开关等电气元件进行更换后应严格按照操作规程恢复电气元件的联锁状态,保证液压系统正常安全运行。

(十四) 球阀/蝶阀

在液压系统工作时,工厂维护人员不得擅自改变球阀/蝶阀的状态。在对球阀/蝶阀进行维护或更换工作后,工厂维护人员不得破坏球阀/蝶阀上的接近/行程开关的联锁状态。

7.9　液压润滑系统现场培训要领

作为冶金生产线的重要组成部分,液压润滑系统的安装、调试、运行、维护各环节质量均直接影响工程项目的顺利实施和生产线的正常运行。因此,有必要开展液压润滑系统现场培训。

表7-4　液压润滑系统现场培训

项目	内容	
培训对象	生产运营管理团队、工程建设项目施工团队、其他相关技术团队等 主要对象是与本生产线液压润滑系统相关的业主运营维护及管理人员,包括设备管理人员、设备点检人员、维护技术工人等	
培训目的	基本掌握液压润滑系统基本知识和规范,并顺利完成相关系统的安装、调试、运行、维护等工作	
	了解并遵照相关安全规范要求	
培训内容	生产线液压润滑系统组成、功能、性能	(1)本生产线液压润滑系统概述及车间布置 (2)液压润滑系统原理 (3)液压润滑系统功能说明和性能要求
	系统关键元器件知识	液压润滑系统主泵、控制阀、调节阀、电子开关和传感器、过滤器等关键元器件的基本结构、功能、运行要求等
	安装、调试、操作、维护等要求	(1)设备安装要领 (2)现场调试要领 (3)操作维护要领
	相关安全规范要求	现场施工调试安全规范和生产维护安全规范
培训深度	基于液压专业技术知识,以满足生产线液压润滑系统生产运营维护及管理要求为目的,从实用的角度,结合现场常见问题和多发故障,深入浅出,尽量做到通俗易懂	

7.10 液压/稀油润滑系统安装调试维护检查(验)表示例

7.10.1 液压系统点检参考周期表

表7-5 液压系统点检参考周期表

序号	设备装置名称	点检内容	检查操作条件	点检周期	判断标准	检验方法
1	工作介质	化学成分分析	运行时	三个月	与介质标准成分比对无明显变化	油品分析仪
		污染度等级	运行时	一周	达到系统要求	污染度检测仪
2	油箱(液位开关、液位、加热器、循环冷却系统、空滤等)	泄漏	运行时	一班	无泄漏	目视
		腐蚀	运行或停机时	一个月	无腐蚀	目视
		液位	运行时	一天	不低于正常油位	目视
		温度	运行时	一班	25~50 ℃	目视或测温枪
		电缆、插头	运行时	一周	无损坏、松动、烧灼、异味	目视
		液位开关发讯	停机检修时		正常发讯	打点
		温度控制联锁	停机检修时		加热及冷却系统根据温度正常启动、关闭	打点
		加热器工作状态	停机检修时		正常启动	测温枪
		空滤	运行时	一周	无堵塞	拆出检查
3	主泵装置(主泵、电机、联轴器等)	电缆	运行时	一周	无损坏、松动、烧灼、异味	目视
		运行噪声	运行时	一天	无异常	噪声测试仪
		泵壳体温度	运行时	一天	不大于80 ℃	测温枪
		工作压力	运行时	一班	无异常	目视比对
		泄油管路	检修后		泄油管有泄油	触摸泄油管
		泄漏	运行时	一班	无泄漏	目视
4	循环泵装置	电缆	运行时	一周	无损坏、松动、烧灼、异味	目视
		运行噪声	运行时	一天	无异常	噪声测试仪
		泵壳体温度	运行时	一天	不大于80 ℃	测温枪
		工作压力	运行时	一天	无异常	目视比对
		泄漏	运行时	一班	无泄漏	目视
5	过滤器(压力过滤器、循环过滤器、回油过滤器)	堵塞指示器(如果有)	运行时	一班	无报警信号	目视
		操作箱报警灯	运行时	一班	无报警信号	目视
		电缆、插头	运行时	一周	无损坏、松动、烧灼、异味	目视
		切换滤芯	运行时	一班	报警信号消失	目视

续表 7-5

序号	设备装置名称	点检内容	检查操作条件	点检周期	判断标准	检验方法
6	冷却系统（冷却器、电磁水阀、水过滤器等）	泄漏	运行时	一班	无泄漏	目视
		冷却器结垢	停机检修时			拆出检查
		电磁水阀	运行时	一班	温度高时水阀打开正常	触摸检查
		水过滤器	运行时	一个月	进出口水压差正常	接压力表检查
7	蓄能器（活塞式蓄能器、皮囊式蓄能器等）	蓄能器	运行时	两周	工作正常	手动开关
		蓄能器气侧压力	停机检修时		与充氮压力偏差±5%以内	接压力表检查
		腐蚀	运行时或停机检修时	三个月	无腐蚀	目视
8	方向阀	换向	运行时	三个月	换向正常	根据功能判断
		电缆、插头	运行时	三个月	无损坏、松动、烧灼、异味	目视
		供电电压	运行时	三个月	电压正常	万用表
9	比例方向阀	换向	运行时	三个月	换向正常	根据功能判断
		控制功能	运行时	三个月	无异常	根据功能判断
		电缆、插头	运行时	三个月	无损坏、松动、烧灼、异味	目视
		供电电压	运行时	三个月	电压正常	万用表
		控制信号	运行时	三个月	电压或电流正常	万用表
10	伺服阀	换向	运行时	一个月	换向正常	根据功能判断
		控制功能	运行时	一个月	无异常	根据功能判断
		电缆、插头	运行时	一个月	无损坏、松动、烧灼、异味	目视
		供电电压	运行时	一个月	电压正常	万用表
		控制信号	运行时	一个月	电压或电流正常	万用表
11	压力控制阀	压力设定值	运行时	一个月	与设定一致	接压力表检查
12	节流阀，流量控制阀	流量设定值	运行时	三月	设备动作速度无异常	根据速度判断
13	压力表	压力显示	运行时	一周	无异常	目视
14	温度计	温度显示	运行时	一周	无异常	目视比对
15	阀台	阀安装面	运行时	一班	无泄漏	目视
		接头、堵头、法兰	运行时	一班	无泄漏	目视
16	压力开关，压力传感器；温度开关，温度传感器	开关或模拟量信号	运行时	一个月	发讯正常	目视
		开关设定值	停机检修时		与设定一致	检查编程
		电缆、插头	运行时	一周	无损坏、松动、烧灼、异味	目视
17	管道系统	泄漏	运行时	一班	无泄漏	目视
		腐蚀	运行时	三个月	无腐蚀	目视
		接头及法兰松动	运行时	三个月	无松动	目视，触摸

续表 7-5

序号	设备装置名称	点检内容	检查操作条件	点检周期	判断标准	检验方法
18	软管、避震喉、系统电缆等软连接	外观	运行时	一个月	正常	目视
		损坏	运行时	一个月	无损坏	目视
		连接件,紧固件	运行时	一个月	无松动	目视,触摸
19	液压缸	泄漏	运行时	一班	无泄漏	目视
		防尘圈	运行时	一个月	无破损	目视
		活塞杆	运行时	一个月	无损伤	目视
		轴封	运行时	一个月	无损伤	目视

点检周期说明:一班代表每 8 个小时。一天 3 班。

7.10.2 液压稀油润滑管道一次冲洗检验表

7.10.2.1 一次冲洗检查总表

表 7-6　液压稀油润滑管道一次冲洗检查总表

编号			
工程项目	名称		代号
	××××××		××××××
系统	系统名称	冲洗配管图编号	中间配管图号
	××××××	××××××	××××××
执行标准	名称		代号
	《冶金机械液压、润滑和气动设备工程安装验收规范》		GB 50387—2017
	《冶金机械液压、润滑和气动设备工程施工规范》		GB 50730—2011
	《现场设备、工业管道焊接工程施工规范》		GB 50236—2011

序号	管道分区(根据流量计算分区)	分区附图	检查结果(勾选)		备注
			合格	不合格	
1	管道一次冲洗分区 I	中间配管冲洗分区 I 示意图			
2					
3					
⋮					
参加检验各方签字	施工方	××××××			
	总包方	××××××			
	业主方	××××××			

7.10.2.2　一次冲洗分区检查表

表7-7　液压稀油润滑管道一次冲洗分区检查表

分区	×××		本批次管道的球阀打开,其他批次的球阀关闭							
系统清洁度设计等级	NASX		清洁度检测方式	CCS4 油液污染度检测仪		取样点		冲洗泵站回油管道等		
冲洗泵额定流量	××××L/min		冲洗泵出口压力	××MPa		冲洗泵出口油温		××℃		
冲洗	冲洗参数			冲洗前确认			冲洗监控		冲洗结果	备注
回路序号	管道规格外径×壁厚/mm	长度/m	紊流所需最小流量/(L/min)	管道连接	临时管道连接	球阀状态	支管冲洗温度≥40℃	振动与敲击管道	是否达到紊流	管口检查	清洁度等级	(5～11列勾选:合格"√"。不合格"×",无"/")
1	φ38×6	25	130									
2	φ38×6	28	130									
3	φ25×3	15	94.7									
⋮												
参加检验各方签字	施工方	××××××										
	总包方	××××××										
	业主方	××××××										

7.10.2.3　一次冲洗条件确认表

表7-8　一次冲洗条件确认表

序号	事项	责任方	结果	签字	备注
1	冲洗方案是否已经送审并获得批准	施工方	是		
2	参与人员是否经过培训	施工方			
3	是否已进行现场安全确认	施工方			
4	消防设施是否齐全	施工方			
5	冲洗区域是否还存在其他施工	施工方			
6	冲洗作业区域是否已标示	施工方			
7	中间配管是否已经全部完成	施工方			
8	冲洗配管是否已按冲洗方案连接	施工方			
9	冲洗泵站是否运转正常	施工方			
10	冲洗中用到的各种工具、材料是否准备齐全	施工方			

7.10.2.4 油液清洁度检查结果表

表7-9 油液清洁度检查结果表

分区	检测时间	检测结果	检测结果粘贴	取样点描述
Ⅰ				
Ⅱ				
Ⅲ				
⋮				

7.10.3 液压稀油润滑管道二次冲洗检验表

7.10.3.1 二次冲洗检查总表

表7-10 二次冲洗检查总表

<table>
<tr><td colspan="4">液压稀油润滑管道二次冲洗检查总表</td><td>编号</td><td></td></tr>
<tr><td rowspan="2">工程项目</td><td colspan="4">名称</td><td colspan="2">代号</td></tr>
<tr><td colspan="4">×××××</td><td colspan="2">×××××</td></tr>
<tr><td rowspan="2">系统</td><td colspan="4">名称</td><td colspan="2">原理图图号</td></tr>
<tr><td colspan="4">×××××</td><td colspan="2">×××××</td></tr>
<tr><td rowspan="4">执行标准</td><td colspan="4">名称</td><td colspan="2">代号</td></tr>
<tr><td colspan="4">《冶金机械液压、润滑和气动设备工程安装验收规范》</td><td colspan="2">GB 50387—2017</td></tr>
<tr><td colspan="4">《冶金机械液压、润滑和气动设备工程施工规范》</td><td colspan="2">GB 50730—2011</td></tr>
<tr><td colspan="4">《现场设备、工业管道焊接工程施工规范》</td><td colspan="2">GB 50236—2011</td></tr>
<tr><td rowspan="2">序号</td><td rowspan="2">冲洗分区(根据流量计算分区)</td><td rowspan="2" colspan="2">附图名称(在液压原理图的基础上出图)</td><td colspan="2">检查结果(勾选)</td><td rowspan="2">备注</td></tr>
<tr><td>合格</td><td>不合格</td></tr>
<tr><td>1</td><td>二次冲洗分区</td><td colspan="2">中间配管二次冲洗示意图</td><td></td><td></td><td></td></tr>
<tr><td>2</td><td></td><td colspan="2"></td><td></td><td></td><td></td></tr>
<tr><td>3</td><td></td><td colspan="2"></td><td></td><td></td><td></td></tr>
<tr><td>⋮</td><td></td><td colspan="2"></td><td></td><td></td><td></td></tr>
<tr><td rowspan="3">参加检验各方签字</td><td colspan="2">施工方</td><td colspan="2">×××××</td><td colspan="2"></td></tr>
<tr><td colspan="2">总包方</td><td colspan="2">×××××</td><td colspan="2"></td></tr>
<tr><td colspan="2">业主方</td><td colspan="2">×××××</td><td colspan="2"></td></tr>
</table>

7.10.3.2　二次冲洗检查分表

表 7-11　二次冲洗检查分表

液压稀油润滑管道二次冲洗检查分表				编号		

工程项目	××××××
系统	××××××
冲洗分区	××××××
附图名称	×××× 二次冲洗示意图

系统清洁度设计等级	NASx 级	清洁度检测方式	在线测试仪	取样点	管路测压点
主泵额定流量	×× L/min	泵出口压力	×× MPa	泵出口油温	40~60 ℃

执行标准	名称	《冶金机械液压、润滑和气动设备工程安装验收规范》		《冶金机械液压、润滑和气动设备工程施工规范》		《现场设备、工业管道焊接工程施工规范》
	代号	GB 50387—2017		GB 50730—2011		GB 50236—2011

管号	冲洗参数				冲洗前确认		冲洗监控			冲洗结果		备注(6~11 列勾选:合格"√"。不合格"×",无"/")
	管径/mm	等效长度/m	紊流所需最小流量/(L/min)	流量分配计算值/(L/min)	管道连接	冲洗板安装	球阀与换向阀状态	支管冲洗温度≥40 ℃	振动与敲击管道	切换冲洗方向	检查管口	清洁度等级	
1	17	43	84.6	105		/							
2	21	55	104.7	105		/							
3													
4													
5													
6													
⋮													
参加检验各方签字	施工方	××××××											
	总包方	××××××											
	业主方	××××××											

7.10.3.3 二次冲洗条件确认表

表7-12 二次冲洗条件确认表

序号	事项	责任方	结果	备注	签字	备注
1	一次冲洗清洁度是否合格	施工方				
2	液压系统所有设备是否焊接定位	施工方				
3	液压系统所有管道是否恢复连接	施工方				
4	液压系统油箱是否清洗并填充工作用油	总包方/施工方				
5	主泵及循环泵是否能正常启停	总包方				
6	液压系统冷却水供水是否正常	总包方				
7	备用滤芯是否准备齐全	总包方				

7.10.3.4 油液清洁度检查结果表

表7-13 油液清洁度检查结果表

分区	检测时间	检测结果	检测结果粘贴	取样点描述
××××××				
......				
阀站2				
阀站3				

7.10.4 液压稀油润滑管道压力试验检验表

7.10.4.1 管道压力试验检查总表

表7-14 液压稀油润滑管道压力试验检查总表

编号			
工程项目	名称		代号
	××××××		××××××
系统	系统名称		系统原理图号
	××××××		××××××
执行标准	名称		代号
	《冶金机械液压、润滑和气动设备工程安装验收规范》		GB 50387—2017
	《冶金机械液压、润滑和气动设备工程施工规范》		GB 50730—2011
	《现场设备、工业管道焊接工程施工规范》		GB 50236—2011
序号	管道压力试验分区	管道压力试验参考图	检查结果(勾选) 合格 / 不合格	备注
1	管道压力试验分区Ⅰ	中间配管压力试验分区Ⅰ示意图		
2				
⋮				
参加检验各方签字	施工方	××××××		
	总包方	××××××		
	业主方	××××××		

7.10.4.2　管道压力试验检查分表

表 7-15　液压稀油润滑管道压力试验检查分表

压力试验分区说明	若各个回路压力试验等级不一样,则必须分区进行压力试验				
系统工作压力	×× MPa	系统试验压力	×× MPa	试验压力下的保压时间	10 min

压力试验要领	一般要求	1. 压力试验应在冲洗合格后进行
		2. 应用工作介质进行压力试验
		3. 试验压力时,油温应在正常工作范围内
		4. 压力试验前系统应先作低压循环,以排净系统内空气
		5. 按管道压力试验前确认表检查确认试验条件
		6. 压力试验应逐级缓慢升压,每一级须经保压后再进行下一级升压
		7. 试验过程中若发现有管道不合格甚至漏油之处,应及时停车,避免更大的损失
		8. 必须停车、卸压后,方可进行整改。整改完毕后应重新开始进行压力试验
		9. 不合格管道再次进行压力试验时,已通过了压力试验最终保压阶段的合格管道应尽可能不参与
		10. 蓄能器、比例、伺服阀、执行元件不参与压力试验,软管尽可能不参与压力试验
	特别提醒	试验过程中,停车后再开泵之前,必须先将泵的调压杆完全松开。否则较高的试验压力加上液压冲击有可能对系统造成破坏性损害
	试验过程	1. 初级压力调为 10 MPa,保压 5 min
		2. 以 3~5 MPa 的压差逐级升压,每级保压 3 min
		3. 升压至系统试验压力值,保压 10 min
		4. 最后再降至工作压力,对系统进行全面检查
	试验结果判定	以管道焊缝和接口无渗漏,管道无裂纹、破损、目视可见的永久变形等缺陷为合格

压力试验分区	压力试验回路序号	压力试验前确认	合格(未经整改)	须整改的不合格项				合格(整改后)	备注
				焊缝质量	管道材质	密封与紧固	其他		可对整改原因、措施及后果等进行说明
I	P1,P2,PX1,PX2								
	1A1/1B1								
	1A2/1B2								
	⋮								
参加检验各方签字	施工方		×××××						
	总包方		×××××						
	业主方		×××××						

7.10.4.3 管道压力试验前确认表

表7-16 液压稀油润滑管道压力试验前确认表

序号	事项	责任方	结果	签字	备注
1	压力试验方案是否已经送审并获得批准	施工方			
2	是否已进行现场安全确认	施工方			
3	消防设施是否齐全	施工方			
4	压力试验区域是否还存在其他施工	施工方			
5	压力试验区域是否已设置警戒线	施工方			
6	冲洗完成后设备及配管是否已经全部回装完成	施工方			
7	蓄能器是否关闭	施工方			
8	球阀、换向阀是否已按压力试验示意图的要求切换	施工方			
9	液压泵站是否运转正常	总包方			
10	压力试验中用到的各种工具、材料是否准备齐全	施工方			

7.10.5 单机调试(液压稀油润滑部分)入场条件检查表

表7-17 单机调试(液压稀油润滑部分)入场条件检查表

检查项目	分项	检查内容	必查项	检查单位	检查人判定	检查人签名/日期	备注
×××系统设备及管道	安装	液压稀油润滑系统设备安装完成	*	施工单位(机装)	是□ 否□		
		泵站内配管完成	*	施工单位(机装)	是□ 否□		
		泵站至阀台(含站外蓄能器组)间配管完成	*	施工单位(机装)	是□ 否□		
		阀台(含站外蓄能器组)至设备间配管完成	*	施工单位(机装)	是□ 否□		
		管道固定支架及管夹完成	*	施工单位(机装)	是□ 否□		
		管道吹扫是否合格	*	施工单位(机装)	是□ 否□		
	管道冲洗	冲洗方案是否通过审核	*	施工单位(机装)	是□ 否□		冲洗方案必须合格
		一次冲洗清洁度是否达到图纸要求	*	施工单位(机装)	是□ 否□		必须有清洁度检测报告
		二次冲洗清洁度是否达到图纸要求	*	施工单位(机装)	是□ 否□		必须有清洁度检测报告
		管道回装是否完成	*	施工单位(机装)	是□ 否□		关注法兰、螺纹接头连接处
		管道回装是否复检	*	施工单位(机装)	是□ 否□		所有连接处特别是软管连接必须可靠紧固

续表 7-17

检查项目	分项	检查内容	必查项	检查单位	检查人判定	检查人签名/日期	备注
×××系统设备及管道	管道试压	试压方案是否通过审核		施工单位（机装）	是□ 否□		试压方案必须合格
		主管道（P）是否试压合格		施工单位（机装）	是□ 否□		
		A、B 管是否试压合格		施工单位（机装）	是□ 否□		
		试压完成后是否对油路所有连接处二次紧固		施工单位（机装）	是□ 否□		必须全部二次紧固
相应的机械设备		机械设备清理清洁工作已完成	*	施工单位（机装）	是□ 否□		
		机上配管安装完成	*	施工单位（机装）	是□ 否□		
		机械设备调试已不受交叉施工影响	*	施工单位（机装）	是□ 否□		
		机械设备可以正常动作	*	机械设备制造单位	是□ 否□		
相应的电气条件		泵站内电机接线已完成	*	施工单位（电装）	是□ 否□		
		泵站内电气接线已完成	*	施工单位（电装）	是□ 否□		
		阀台（含站外蓄能器组）电气接线已完成	*	施工单位（电装）	是□ 否□		
		信号传输及电气驱动已正常		施工单位（电装）	是□ 否□		
		电气仪表设备打点完成		施工单位（电装）	是□ 否□		比例阀及伺服阀打点通电前必须拔除阀插头；仪表打点通电前必须拔除仪表插头
工作介质	填充	蓄能器已充氮		施工单位（机装）	是□ 否□		
		油箱已填充介质	*	施工单位（机装）	是□ 否□		初次填充容积 80%
	冷却水	冷却水已进行循环		施工管理方	是□ 否□		
		冷却水压力温度已进行确认		施工管理方	是□ 否□		
	气源	压缩空气或氮气已能正常供气		施工管理方	是□ 否□		本项目或系统需要时

续表 7-17

检查项目	分项	检查内容	必查项	检查单位	检查人判定	检查人签名/日期	备注
安全卫生环境		站内照明已正常	*	项目部安全员	是□ 否□		
		站内通风设施正常	*	项目部安全员	是□ 否□		无站房忽略此项
		站内消防设施已配备	*	项目部安全员	是□ 否□		配置手动灭火装置
		站内排污实施已具备	*	项目部安全员	是□ 否□		
		站房到机械设备整体调试环境卫生安全	*	项目部安全员	是□ 否□		

说明：

（1）管道施工完成后必须核对管线走向,可用在管道一端通压缩空气、氮气的办法进行核对；

（2）管道冲洗方案必须分区合理,满足管道冲洗的压力、流量、温度要求；

（3）表中必查项带＊号的对应检查内容是液压稀油润滑系统调试前必须完成的。

施工部确认意见：			
			确认人
			日期

7.10.6 液压系统单体设备调试检查确认表

用于工程项目现场液压系统设备调试准备阶段、调试阶段的指导和完成项目确认。

表 7-18 液压系统单体设备调试检查确认表

系统名称			×××××	
调试设备名称			×××××	
	序号	检查项目	检查要求	判定
调试前检查	1	安全警戒线	禁止与调试无关人员进入调试区域	正常□ 否□
	2	调试人员安排	指挥人员、操作人员、监控人员及其他配合人员等	正常□ 否□
	3	通信	保证调试所需的通信畅通	正常□ 否□
	4	文件资料	备齐调试所需文件资料	正常□ 否□
	5	调试工具与备品	备齐调试所需工具与备品	正常□ 否□

续表 7-18

	序号	检查项目	检查要求	判定
调试前检查	6	机械安装	确认机械安装(含配管)完毕	正常□ 否□
	7	电气安装	确认电气安装(含配线)完毕	正常□ 否□
	8	公辅条件	确认调试所需的公辅条件	正常□ 否□
	9	液压油	确认调试所需液压油条件及清洁度等级	正常□ 否□
	10	润滑	确认调试所需的设备润滑条件	正常□ 否□
单体调试 液压站 ××××	1	主泵入口蝶阀开关状况	阀门行程开关信号传输	正常□ 否□
			未打开,对应泵不能启动	正常□ 否□
	2	循环泵入口蝶阀开关状况	阀门行程开关信号传输	正常□ 否□
			未打开,循环泵不能启动	正常□ 否□
	3	循环泵电机转向确认、启停、压力调整	循环泵电机转向	正常□ 否□
			泵启动、停止和出口压力	正常□ 否□
			主泵启动前必须启动循环泵	正常□ 否□
	4	主泵电机转向确认、泵启停、压力调整与卸荷	主泵电机转向	正常□ 否□
			泵启动、停止和出口压力	正常□ 否□
			主泵启动前必须启动循环泵	正常□ 否□
			电磁溢流阀卸荷	正常□ 否□

续表 7-18

	序号	检查项目	检查要求	判定
单体调试 液压站 ××××	5	冷却器水温、油温	采用温度表测量	正常□ 否□
	6	电磁水阀由温度开关 ST1c 控制,开/关	<38 ℃,控制冷却水的电磁阀断电	正常□ 否□
			>48 ℃,控制冷却水的电磁阀得电	正常□ 否□
	7	电加热器由温度开关 ST1b 控制,开/关	<20 ℃,电加热器得电	正常□ 否□
			>40 ℃,电加热器断电	正常□ 否□
			电加热器运行前,必须启动循环泵	正常□ 否□
	8	温度开关/传感器	ST1a<15 ℃,低温报警	正常□ 否□
			ST1b<20 ℃,电加热器得电	正常□ 否□
			ST1b>40 ℃,电加热器断电	正常□ 否□
			ST1c<38 ℃,控制冷却水的电磁阀断电	正常□ 否□
			ST1c>48 ℃,控制冷却水的电磁阀得电	正常□ 否□
			ST1d>60 ℃,高温报警;延时 0~30 s,如果油温仍高,停机	正常□ 否□
			SET1:4~20 mA(0~100 ℃),模拟量输出	正常□ 否□
	9	高压过滤器压差报警	压差报警	正常□ 否□
	10	双筒循环过滤器切换、压差报警	过滤器切换动作状况	正常□ 否□
			滤筒 1 压差报警	正常□ 否□
			滤筒 2 压差报警	正常□ 否□

续表 7-18

	序号	检查项目	检查要求	判定
单体调试　液压站××××	11	双筒回油过滤器切换、压差报警	过滤器切换动作状况	正常□ 否□
			滤筒 1 压差报警	正常□ 否□
			滤筒 2 压差报警	正常□ 否□
	12	液位开关/传感器	SL1a：液位太高，不得加油，报警	正常□ 否□
			SL1b：液位低，油箱需要加油，报警	正常□ 否□
			SL1c：液位太低，报警，停机	正常□ 否□
			SEL1：4~20 mA（油液容积 0~100%），模拟量输出	正常□ 否□
	13	主油路压力开关/传感器	SP1a：系统压力高，报警，延迟 2~5 s，停机	正常□ 否□
			SP1b：系统压力低，报警，延迟 5 s 启动备用主泵。备用主泵启动完成后，延时 30 s（可调），若系统压力恢复正常，备用主泵停止	正常□ 否□
			SEP1：在集控室显示当前系统工作压力	正常□ 否□
	14	主油路系统卸荷阀	主泵停止后，电磁阀断电，卸荷系统主 P 管压力	正常□ 否□
	⋮	……	……	正常□ 否□
单体调试　阀台××××	1	（××××××液压缸）液压回路	液压缸伸出	正常□ 否□
			液压缸缩回	正常□ 否□
			调速	正常□ 否□
			调压	正常□ 否□

续表 7-18

	序号	检查项目	检查要求	判定
单体调试 阀台 × × ×	2	（××××××液压马达） 液压回路	液压马达正转	正常□ 否□
			液压马达反转	正常□ 否□
			调速	正常□ 否□
			调压	正常□ 否□
			保压	正常□ 否□
			……	正常□ 否□
	⋮	……	……	正常□ 否□
单体调试 设备 × × ×	1	……	……	正常□ 否□
			……	正常□ 否□
	2	……	……	正常□ 否□
			……	正常□ 否□
	⋮	……	……	正常□ 否□

第8章 仿真分析及集成测试

8.1 冶金装备(装备系统)的运动控制原理和技术

冶金装备系统向着大型、重载、高速、大功率、高精度、高度自动化、智能化方向发展。冶金装备系统通常由机械子系统、传动及控制子系统组成,并构成有机的、高度耦合的、能完成特定的生产工艺运转要求的系统。

机械子系统主要特征要素包括机构(结构)及运动、材料、可加工特性、安装等。

传动与控制子系统主要功能是实现冶金装备系统的特定运动控制参数,如:

(一) 能量(Energy,Power)。

(二) 位置/角度(Position)。

(三) 速度/角速度(Velocity)。

(四) 加/减速度(Acceleration/Deceleration)。

(五) 加/减速度的变化(Jerk)。

(六) 输出力(Force)、力矩(Torque)。

精度决定控制方式的选择。控制方式分为:开环控制系统和闭环控制系统。按精确度及响应的要求来决定是否采用闭环系统。

若精度要求不高,可考虑使用电液比例控制系统,一般电液比例控制系统可达以下精度:

(一) 位置精度:±3 mm。

(二) 速度精度(带压力补偿器):±3%。

(三) 加/减速(斜波坡时间):0.5 s。

(四) 压力:比例压力阀最高设定的±0.3%。

对以下控制要求高的系统,可考虑使用闭环控制系统:

(一) 保持设定值不受外来干扰所影响

(1) 在不同的工作压力下保持稳定的速度;

(2) 在不同的输出力下保证相同位置;

(3) 在带偏载的情况下作同步移动。

(二) 高精度要求的系统

(1) 位置误差低于 1 mm;

(2) 压力误差低于 1 bar;

(3) 需要控制加/减速度。

(三) 高动态要求的系统

闭环控制系统常用要素:

(一) 机器的工作极限被固有频率所限制

每个机器都有一个"工作的极限",如果超过这一个极限而接近机器的固有频率,则会触发机器产生共振。这种极限工况一定要被避免,否则会导致机器严重损坏事故的发生。

(二) 摩擦力与阻尼

摩擦力在起动时较高,在移动时较低(动摩擦力比静摩擦力低)。高的静摩擦使系统的性能变得差劣,所以要将静摩擦力减到最低。在大部分的闭环应用上都使用线性轴承或滚珠导套就是为了减少摩擦力所引起的影响。若想增大被动阻尼,应从液压系统内着手。

（三）机械结构设计

如果被动的机械结构是可变形的（典型情况），结果是一个二次方的复合式"弹簧‑质量"系统（在大多数情况下是四次方及更高次方）。由于人工计算这些系统是非常困难的，所以机器设计者总是尽可能地增加被动结构的刚性。

设计的目标是要让被动结构的固有频率比液压驱动的固有频率高3倍以上，它的动态性能将不会对整体的驱动表现带来很大的影响。当比率是10∶1的时候，机器可视作一个刚性结构，在设计驱动系统时，可以不考虑它的影响。

（四）液压刚度设计

改变液压缸的尺寸及减小在液压缸和阀门之间的管长度来改良固有频率。

（五）常用性能指标

（1）稳定性；

（2）快速性（瞬态响应或频率响应、灵敏度）；

（3）动态精度和稳态精度，及其综合最优特性。

8.2 机液系统建模及仿真设计

在早期工程设计中，常采用经典控制理论频率法来分析液压伺服系统的性能，一般根据技术要求设计出系统后，要经反复调整设计参数，重复计算，设计过程烦琐。

随着数字仿真技术的发展，出现了多种用于液压元件和液压系统性能分析的仿真软件。液压数字仿真技术和软件的使用缩短了液压产品研究周期，降低了科学研究成本及风险，促进了各个不同领域的融合，加速了科研成果的转化。

8.2.1 机械系统动力学分析要领

冶金装备及系统深度融合在钢铁生产的场景，现代冶金机械设备应用场景当然是钢铁生产。随着提质增效和新材料开发的深入开展，满足越来越复杂和越来越高要求生产工艺规程及操作需要，即满足功能及性能指标、可靠性、维护性及经济性等技术要求为核心目标。

现代冶金机械设备发展的一个显著特点是，自动控制与自动调节成为机械设备不可缺少的组成部分，加上机械子系统本体和越来越复杂的传动子系统，构成一个完整的冶金装备系统。机械动力学研究对象已扩展到包括不同特性的动力机和控制调节装置在内的整个机械系统，控制理论已经渗入机械动力学的研究领域。

机械动力学是机械原理的主要组成部分。研究机械在运转过程中的受力、机械中各构件的质量与机械运动之间的相互关系，是现代机械设计的理论基础。通常意义下的研究是作为机械原理的主要部分的力学基础内容，系统性的力学基础是产品设计者必须要掌握的内容，因此需要在方法和内容上进行创新，以适应工作的要求。目标设定在自然界和工程界物质客体建立动力学的力学模型及其数学模型上，设定在数学模型的开放性和广泛性上。针对实际的结构建立其正确的数学模型并对其进行分析，从而提高设计者的设计水平。

机械系统动力学分析要领：

（一）为简化问题，常把机械系统当作具有理想、为稳定约束的刚体系统处理。对单自由度的机械系统，用等效力和等效质量的概念，可以把刚体系统的动力学问题转化为单个刚体的动力学问题。

（二）对多自由度机械系统动力学问题一般用拉格朗日方程求解。

（三）关键构件考虑为弹性体。

（四）机械运动过程中，各构件之间相互作用力的大小和变化规律是设计运动副的结构、分析支承和构件的承载能力，以及选择合理润滑方法的依据。在求出机械真实运动规律后可算出各构件的惯性力，再依据达朗贝尔原理，用静力学方法求出构件间的相互作用力。

（五）机械系统动力学方程常常是多参量非线性微分方程,只在特殊条件下可直接求解,一般情况下需要用数值方法迭代求解。许多机械动力学问题可借助电子计算机分析。

设计的美主要在于力学结构的美妙。掌握力学是通向成功设计的大门。通过建模与分析,使设计结构具有更为合理,更符合力学特性,表现出优异的性能。只有符合机械动力学的设计才是现代设计,更好地掌握经典设计和现代设计的结合。

8.2.2　液压伺服系统物理建模描述

在传统的以经典控制理论频率法为基础,采用传递函数描述液压伺服系统的动态响应仿真方法中,通常采用二阶振荡环节传递函数来描述流量伺服阀的动态特性。随着数字仿真技术的发展,出现了多种用于液压元件和液压系统性能分析的仿真软件,这些软件对流量伺服阀模型的描述方法不再是简单的传递函数,而是采用功率键合图的方法,用图形方式来描述流量伺服阀实际各物理量的变化规律。它能反映流量伺服阀的动态特性和功率流动情况,对伺服阀的描述将更精确、更直观,并且描述的参数具有确定的物理意义。

8.3　机电液系统耦合仿真

冶金大型高端成套装备,正在向着高精度、高速、重载、大功率、高度自动化智能化方向发展,其中"机电液控集成装备"成为其中的重点。"机电液控集成装备"的运动学/动力学方面的高关联性、高耦合性、高复杂性决定了其大系统综合属性。从机电液控集成装备研发的目标要素分析,可定义为:功能、性能指标、可靠性、寿命、维护性、建设费用、维护费用等。其中性能指标为核心要素,是根据装备的运转要求和所生产的产品要求提出,通常以装备的保证值形式提出描述。性能指标也正是与国外先进公司装备的主要差距所在。系统建模与仿真是进行性能指标分析的前提和基础,研究机、电、液、控一体化的系统级、工程级、高可靠性、实时耦合的设计、仿真、分析技术具有迫切的需要。

当前新装备研发一般是通过分析各专业设计研发之间的接口关系,将课题分解为各专业的研究内容,各专业采用各自的设计、仿真分析软件进行设计研发。这样的传统仿真设计方法可以实现标准信号驱动下对机械设备进行运动学动力学分析,包括速度、加速度、模态、振型、强度、应力、应变等,但无法实现系统的复杂力能等物理量实时作用分析,从而难以考虑机械、电气、液压和控制的相互影响、耦合作用问题。

机电液控协同仿真技术在国外已广泛应用于飞机、军事、汽车、工程机械等诸多领域。国内从"九五"期间开始跟踪和研究协同仿真的相关技术,主要研究集中在协同仿真技术的概念、系统结构以及相关的支撑技术,应用多集中在一些高精尖领域。

从协同仿真技术的构成机理上分类,可分为两大类,一类为采用开放语言进行平台开发,从软件建模机理进行研究,试图在同一软件平台中实现多系统多领域的协同仿真,此种方法将具有自主知识产权,缺点是开发周期长,难度大;另一类为利用机电液各领域内成熟的商业建模仿真软件,通过通信接口来实现不同软件之间的数据交换,实现联合仿真,此种方法可以利用成熟商业软件的模型库和建模方法,快速实现工程应用,缺点是需要购买相应商业软件的使用版权。以下分别选取这两类具有代表性的实现方法进行具体阐述。

市场竞争将趋于高端化,对装备满足生产的要求持续提高,对装备技术提出了更高的要求,知识—技术—产品的更新周期越来越短,尤其是对复杂装备的研制面临新的挑战。复杂性主要体现在客户需求复杂、装备组成复杂、产品技术复杂、制造过程复杂、试验维护复杂、项目管理复杂和工作环境复杂等。装备通常涉及结构、动力、控制、机电、电气、通信、电子等多个学科领域,而这些领域又密切相关,通过信息、结构等构成复杂的耦合关系。其研制过程都是一个复杂的系统工程,它应该包括产品的全生命周期,从需求分析开始,涉及产品的概念设计、详细设计、加工、试验、应用直至报废回收。针对复杂产品研制面临的一系列挑战及其技术特点,应研究、开发复杂产品全生命周期虚拟设计、试验、管理及其集成与应用中涉及的各类关键技术与共性支撑平台,以提高复杂产品设计制造企业的数字化创新设计能力和核心竞争力。而机电液协同仿真技术的开发将是进行装备虚拟样机技术开发的基础,将会把冶金装备设计技术提升到一个新的层次。

图 8-1　机电液系统耦合仿真原理图

通过机电液控协同仿真技术,可以定性或者定量地解决集成装备开发过程中的如下问题:

(一)系统装备运动学动力学分析:任意构件的任意位置速度、加速度、刚度、强度、应力、应变、模态分析。

(二)系统装备设计优化:通过优化分析,确定最佳设计结构和参数值,可以使机械、液压系统获得最佳的综合性能。

(三)系统装备极限性能分析:可以分析集成装备在满足稳定性的前提下达到快速性、准确性的极限。

(四)系统装备动作全过程模拟:实时观察整个系统装备的外貌和动作。

(五)外部负载扰动对系统装备整体性能的影响。

(六)结构柔性多体动力学分析:机械负载采用机械动力学模型,包含机械运动系统和三维实体造型,可以充分考虑用柔性体来替代刚体结构进行分析。

(七)系统稳定性、安全性、可靠性分析。

(八)系统故障诊断:根据故障现象,诊断分析系统故障点。

(九)采用面向产品全生命周期、具有丰富设计知识库和模拟仿真技术支持的数字化网络化智能化设计系统,在图形图像学、数据库、系统建模和优化计算等技术支持下,可在虚拟的数字环境里并行地、协同地实现产品的全数字化设计,结构、性能、功能的计算优化与仿真,极大提高产品设计质量和一次研发成功率。

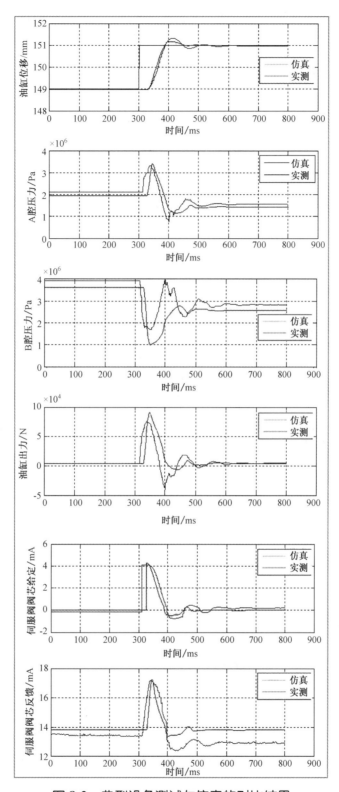

图 8-2　典型设备测试与仿真的对比结果

8.4　高精度伺服阀模型

8.4.1　流量伺服阀模型的描述方法

伺服阀的种类很多,常用的流量伺服阀包括喷嘴挡板式、射流管式、动圈式、直接驱动力马达式等,这些流量伺服阀的结构和电器元件各不相同,但是其最终表现的性能就是在给定不同电信号和不同压差工况下形成不同的流量输出。如果不考虑流量伺服阀不同的结构,只关注流量伺服阀的使用性能,模拟实际流量伺服阀样本给出的数据,可以分成两部分来描述:第一部分为流量伺服阀主阀阀芯位移响应描述,即动态特性描述;第二部分为流量伺服阀的负载流量特性描述,即功率流动描述。以下详细介绍对这两部分的具体描述方法。

8.4.1.1　主阀阀芯位移响应描述机理

流量伺服阀先导级形式多样,但是最终都是驱动主阀芯快速运动到达指令位置。以 MOOG 公司 D661-G-A 系列流量伺服阀为例,样本给出额定流量 80 L/min 伺服阀阀芯响应时间曲线如图 8-3 所示。

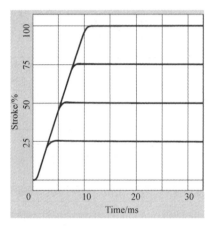

图 8-3　伺服阀阀芯响应时间曲线

对于给定阀芯不同大小的输入信号,阀芯的响应时间不同;给定阀芯输入信号越小,响应时间越短。

目前有三种阀芯响应时间描述方法,分别为传统二阶传函描述方法、Simhydraulics 软件内置描述方法、动态反馈阀芯描述方法。

（一）传统二阶传函描述方法

伺服阀的阀芯动态响应采用二阶传递函数来描述,其传递函数为:

$$\frac{X_v(S)}{I(S)} = \frac{K_v}{\dfrac{1}{\omega_v^2}S^2 + \dfrac{2\zeta_v}{\omega_v}S + 1}$$

式中:

K_v——伺服阀静态阀芯位移放大系数,m/mA;

ω_v——伺服阀的固有频率,rad/s;

ζ_v——伺服阀的阻尼比,一般取 0.6~0.7。

对于 MOOG 公司 D661-G-A 系列流量伺服阀,额定流量 80 L/min 为例,样本给出 $\omega_v = 225$ rad/s,取 $\zeta_v = 0.7$,分别给定阀芯给定信号 100%、75%、50%、25%,得到的仿真结果如图 8-4 所示。

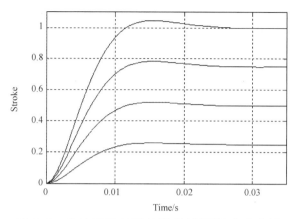

图 8-4 传统二阶传递函数描述阀芯响应曲线

对于给定阀芯不同大小的输入信号,阀芯的响应时间相同,与样本给出阀芯响应描述有一定误差,难以精确表达实际阀芯响应时间。

(二) Simhydraulics 软件内置描述方法

采用 Simhydraulics 软件内置阀芯响应描述模块功能,其封装的控制框图如图 8-5 所示。

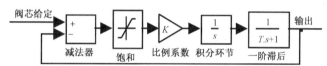

图 8-5 软件内置阀芯响应描述控制框图

图中有三个参数变量,分别为饱和参数、比例系数、时间常数,根据三个参数的组合,得到不同的阀芯响应曲线,三个参数的具体取值,可以通过参数拟合方法得到。为了验证此描述方法的变化规律,取饱和参数 0.3,比例系数 377,时间常数 0.002 s,按照控制框图建立仿真模型,分别给定阀芯给定信号 100%、75%、50%、25%,得到的仿真结果如图 8-6 所示。

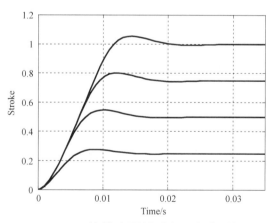

图 8-6 Simhydraulics 软件内置描述伺服阀阀芯响应时间曲线

对于给定阀芯不同大小的输入信号,阀芯的响应时间不同,与样本给出的阀芯响应描述数据基本类同。但是此描述方法的具体描述参数没有具体的物理含义,参数取值难以精确获得。

(三) 动态反馈阀芯描述方法

按照实际伺服阀的阀芯响应的物理意义建立闭环动态反馈框图,如图 8-7 所示。

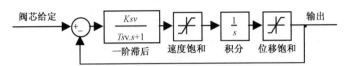

图 8-7　动态反馈阀芯响应描述控制框图

图中,给定阀芯电信号,通过一阶滞后环节转化为阀芯运动速度;阀芯运动速度限幅后进行积分,得到阀芯实际位移;阀芯实际位移限幅后反馈回指令值比较,形成动态反馈闭环。

静态变换增益描述公式如下:

$$K_v = \frac{X}{D_{mA}}$$

式中:

X——额定伺服阀阀芯大小;

D_{mA}——额定伺服阀阀芯驱动电流。

一阶传递函数描述公式如下:

$$\frac{\theta_o(\text{ms}^{-1})}{\theta_i(\text{mm})} = \frac{K}{1 + \tau s_1}$$

表示伺服阀阀芯的速度响应。

式中:

θ_o——伺服阀阀芯速度;

θ_i——伺服阀阀芯位移量;

K——增益系数;

τ——时间常数;

s_1——拉普拉斯算子,$s_1 = d/d_t$。

阀芯最大速度限幅描述公式如下:

$$R_{\lim} = \frac{X}{\tau_s}$$

式中:

X——额定伺服阀阀芯位移;

τ_s——阶跃时间,伺服阀阀芯 0~100% 电流驱动阀芯响应时间。

积分环节,公式如下:

$$integrator = \frac{1}{s}$$

积分之后,表示伺服阀阀芯的位移响应;

阀芯位移限幅描述公式如下:

$$P_{\lim} = X$$

式中:

X——额定伺服阀阀芯位移。

在不考虑 $R_{\lim}$ 和 $P_{\lim}$ 的限幅作用,以及静态增益的作用前提下,整个系统的开环传函为:

$$C(s) = \frac{K}{1+\tau s} \cdot \frac{1}{s}$$

则闭环传函为:

$$G(s) = \frac{C(s)}{1+C(s)} = \frac{K}{\tau s^2 + s + K} = \frac{1}{\frac{\tau}{K}s^2 + \frac{1}{K}s + 1}$$

其中拉普拉斯算子 $s = w\mathrm{j}$，代入上式可得：

$$G(s) = \frac{1}{\frac{1}{K}w\mathrm{j} - \frac{\tau}{K}w^2 + 1} = \frac{\frac{1}{K}w\mathrm{j} - \left(1 - \frac{\tau}{K}w^2\right)}{-\frac{1}{K}w^2 - \left(1 - \frac{\tau}{K}w^2\right)^2}$$

可得幅频特性为：

$$A(w) = |\,G(w\mathrm{j})\,| = \sqrt{\frac{\left(\frac{1}{K}w\right)^2 + \left(1 - \frac{\tau}{K}w^2\right)^2}{\left[-\left(\frac{1}{K}w\right)^2 - \left(1 - \frac{\tau}{K}w^2\right)^2\right]^2}} = \sqrt{\frac{1}{\left(\frac{1}{K}w\right)^2 + \left(1 - \frac{\tau}{K}w^2\right)^2}}$$

相频特性为：

$$\varphi(w) = \arctan \frac{-\frac{1}{K}w}{1 - \frac{\tau}{K}w^2}$$

由此系统的频率特性为：

$$G(w\mathrm{j}) = \sqrt{\frac{1}{\left(\frac{1}{K}w\right)^2 + \left(1 - \frac{\tau}{K}w^2\right)^2}} \cdot \mathrm{e}^{\mathrm{j}\arctan\frac{-\frac{1}{K}w}{1 - \frac{\tau}{K}w^2}}$$

当伺服阀阀芯频率响应在相位-90°时，则：

$$\arctan \frac{-\frac{1}{K}w}{1 - \frac{\tau}{K}w^2} = -\frac{\pi}{2}$$

可得：

$$1 - \frac{\tau}{K}w^2 = 0$$

所以相位-90°时，对应角频率为 W_{HZ}'，可得：

$$dB = 20\lg|\,G(w\mathrm{j})\,|\,|_{w = W_{HZ}'} = -20\lg\sqrt{\left(\frac{1}{K}W_{HZ}'^2\right) + \left(1 - \frac{\tau}{K}W_{HZ}'^2\right)^2}$$

将 $K = \tau w^2$ 代入上式，可得：

$$dB = -20\lg\sqrt{\frac{1}{\tau^2 W_{HZ}'^2}}$$

$$dB = 20\lg(\tau W_{HZ}')$$

$$\tau = \frac{10^{0.05dB}}{W_{HZ}'}$$

由于 W_{HZ}' 是"角频率"单位，则对应"频率" W_{HZ} 为：

$$W_{HZ}' = 2\pi W_{HZ}$$

由此可得：

$$\tau = \frac{10^{0.05dB}}{2\pi W_{HZ}} = \frac{\mathrm{e}^{0.115\,1dB}}{2\pi W_{HZ}}$$

代入 $K = \tau w^2$，可得：

$$K = 2\pi W_{HZ}10^{0.05\,dB} = 2\pi W_{HZ}e^{0.115\,1\,dB}$$

以上各式中：

K——增益系数，$K = 2\pi W_{HZ}e^{0.115\,1\,dB}$；

τ——时间常数，$\tau = e^{0.115\,1\,dB}/2\pi W_{HZ}$；

S——拉普拉斯算子；

W_{HZ}——伺服阀阀芯频率响应曲线在相位-90°的频率；

dB——伺服阀阀芯频率响应曲线在相位-90°的幅值。

由上式不难看出，该系统是一个标准的二阶振荡环节，振荡环节对数幅频特性的数值不仅与转折频率 w 有关，而且也与阻尼比 ζ 有关（在本系统中则反映为：与增益系数 K、时间常数 τ 有关），因此渐近线的误差随 ζ 值的不同而不同。当 $0.4 \leqslant \zeta \leqslant 0.7$ 时，渐近线产生的误差尚不大；当 $\zeta < 0.4$ 时，误差增大，且 ζ 越小，误差越大。当 $\zeta = 0$ 时，系统的对数幅频达到 ∞，振荡环节出现无阻尼等幅振荡。在 w 接近 W_{HZ} 的范围内误差大；在 w 远离 W_{HZ} 的范围内误差小。为了减小渐近线产生的误差，w 最好取值靠近 W_{HZ}，这样模型描述才有更高的精度。所以，此时选取 W_{HZ} 即为振荡环节的相位-90°的频率（在标准二阶振荡环节中，转折频率即为系统相位-90°的频率），对系统进行描述。

同样对于 MOOG 公司 D661-G-A 系列流量伺服阀，额定流量 80 L/min 为例，采用控制框图建立仿真模型，根据样本给出数据，取 $K_{sv} = 448$，$T_{sv} = 11$ ms，分别给定阀芯给定信号 100%、75%、50%、25%，得到的仿真结果如图 8-8 所示。

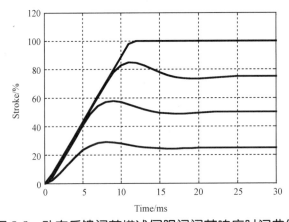

图 8-8　动态反馈阀芯描述伺服阀阀芯响应时间曲线

对于给定阀芯不同大小的输入信号，阀芯的响应时间不同；与样本给出的阀芯响应描述数据也基本类同。此种方法的参数取值有明确的物理含义，通过样本可以方便地获得，故采用动态阀芯描述伺服阀阀芯响应时间更能方便、准确描述伺服阀的动态性能。

8.4.1.2　负载流量特性描述机理

流量伺服阀的功率级通常采用滑阀结构。对于对称的四边滑阀，可以看作每一边都是一个可调节流孔，四边滑阀对应的四个节流孔的开口度之间有确定的对应变化关系。对于每一个可调节流孔的负载流量特性描述，可以有三种方法，分别为流量系数及开口度公式描述方法、流量系数及开口度表格插值描述方法、流量压降特性插值描述方法。

（一）流量系数及开口度公式描述方法

当已知流量伺服阀的流量系数、面积梯度和阀芯的最大开口度后，就可以采用流量计算公式描述出流量伺服阀的流量压降特性。适用于通过阀芯节流边的通流面积与阀芯开口度成线性变化的情况。

（二）流量系数及开口度表格插值描述方法

当已知流量伺服阀的流量系数，且已知通流面积与阀芯开口度之间的对应变化关系时，同样可以采用流量计算公式描述出流量伺服阀的流量压降特性。此时阀芯开口度和通流面积可以采用矩阵的方法对应描述,一个开口度对应一个通流面积。显然,矩阵内的元素越多,描述越精确,两点之间采用插值的方法进行描述。适用于通过阀芯节流边的通流面积与阀芯开口度为非线性变化的情况,采用多段插值的方法描述。

（三）流量压降特性插值描述方法

通常流量伺服阀的样本都给出了在标准压差下的额定流量,还会给出在开口度最大的情况下的流量压降曲线。通过截取流量压降曲线上的对应关键点,形成流量、压降、开口度的对应矩阵,每一个开口和压降的组合将得到一组流量。同理,矩阵内的元素越多,描述越精确,两点之间采用插值的方法进行描述。适用于直接采用伺服阀样本给出数据进行流量伺服阀的负载流量特性描述。

8.4.2 伺服阀性能仿真测试验证

为了测试整个伺服阀的描述性能,采用仿真软件搭建测试模型如图 8-9 所示。测试模型中,伺服阀 A、B 出口直接对接,形成双边压降,同时在模型中增加必要的流量传感器、压力传感器,用于检测模型中间数据。采用动态反馈阀芯描述方法和流量压降特性插值描述方法对伺服阀进行描述,以 MOOG 公司 D661-G-A 系列流量伺服阀,额定流量 80 L/min 为例,得到伺服阀性能仿真曲线如图 8-10 所示。

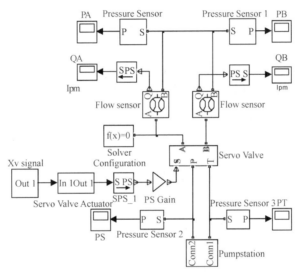

图 8-9　伺服阀性能描述测试模型

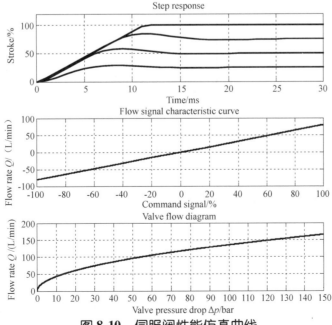

图 8-10　伺服阀性能仿真曲线

图中分别描述了阀芯响应变化规律、指令信号与流量之间的变化规律、压降与流量之间的变化规律。与样本给出的数据进行对比后,变化规律基本一致,表明测试模型和描述方法可以应用到伺服系统的性能仿真中。

8.5 伺服液压缸摩擦力模型

8.5.1 液压缸及其摩擦力描述模型

仿真软件中液压缸的仿真描述模型如图 8-11 所示。

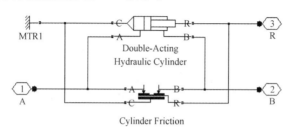

图 8-11　液压缸描述模型

摩擦是一种复杂的、非线性的、具有不确定性的自然现象。摩擦学的研究结果表明,人类目前还无法在数学上对摩擦过程给出准确描述。目前对摩擦环节的模型描述有 30 余种,具有代表性的有:库仑+黏性摩擦模型、指数模型、参数集成模型、Karnopp 模型、复位积分器模型、Dahl 模型、LuGre 模型等。其中前 3 种模型属于静态模型,是对 Stribeck 曲线的近似。

仿真软件中,液压缸摩擦力采用的是库仑+黏性摩擦模型,由三部分组成,分别是 Stribeck 摩擦力、库仑摩擦力、黏性摩擦力。库仑摩擦力是由液压缸装配时密封圈的压紧力产生的,其力的大小与液压缸两腔的压力有关。黏性摩擦力与相对速度成正比。Stribeck 摩擦力描述的是低速状态下液压缸摩擦力的特性。最大静摩擦力指的就是库仑摩擦力与 Stribeck 摩擦力的总和。

针对单腔供油的液压缸,另一腔放开,其理想摩擦力的描述曲线如图 8-12 所示。

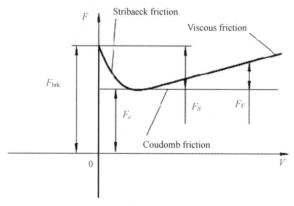

图 8-12　摩擦力-速度曲线

图中 F_C 指的是库仑摩擦力;F_S 指的是 Stribeck 摩擦力;F_V 指的是黏性摩擦力;F_{brk} 指的是最大静摩擦力。图中摩擦力曲线的含义指的是在低速运动的某个状态下,有一个 Stribeck 摩擦力和黏性摩擦力的临界点速度,此临界速度称为 Stribeck 速度,低于此速度的摩擦力的变化规律最早是由 Stribeck 试验后提出的,因此低于此速度的摩擦力规律称之为 Stribeck 摩擦力,高于此速度后的摩擦力正比于速度,即为黏性摩擦力。在匀速运动下,单腔供油的液压缸库仑摩擦力为恒值。

针对双腔控制的液压缸,SimHydraulics 中的摩擦力公式如下:

$$F = F_C \cdot (1 + (K_{brk} - 1) \cdot \mathrm{e}^{-C_v |v|}) \,\mathrm{sign}(v) + f_{vfr} \cdot v$$
$$F_C = F_{pr} + f_{cfr} \cdot (p_A + p_B)$$

式中:

F——液压缸摩擦力,N;

F_C——库仑摩擦力,N;

F_{pr}——预加载力,N;

f_{cfr}——库仑摩擦力系数,N/Pa;

p_A——液压缸 A 腔压力,Pa;

p_B——液压缸 B 腔压力,Pa;

K_{brk}——最大静摩擦力系数;

c_v——过渡系数;

v——活塞与缸体之间的相对速度,m/s;

f_{vfr}——黏性摩擦力系数,N/(m/s)。

从公式中可以得到,库仑摩擦力由预压紧力和与另一部分力组成。而此另一部分力与液压缸两腔的压力成正比。从摩擦力公式中可以看出,当相对速度为零时,液压缸的摩擦力即为最大静摩擦力。

为了量化各参数,液压缸匀速运动且越过临界点速度时,液压缸的摩擦力由两部分组成,分别为黏性摩擦力和库仑摩擦力,则摩擦力公式可以简化为:

$$F = F_{pr} + f_{cfr}(p_A + p_B) + f_{vfr} \cdot v$$

从此公式中,可以看出,液压缸运动摩擦力的大小与液压缸的相对运动速度、液压缸两腔油压相关。液压缸相对运动速度越大,液压缸运动摩擦力越大;液压缸两腔油压越大,液压缸运动摩擦力越大。

研究资料表明,液压缸的摩擦力对伺服系统的不良影响主要体现在:

(1)稳态时存在静差或极限环振荡。

(2)液压缸低速爬行现象。

(3)速度过零时发生跟踪畸变,产生位置波形"平顶"现象。

8.5.2 液压缸摩擦力参数分析

对于 8.5.1 节中摩擦力公式,可以简化为如下数学关系:

$$f(x,y) = (a + by)\big[1 + (c - 1)\exp(-dx)\big] + ex$$

式中:

x——自变量速度;

y——自变量两腔压力之和;

a、b、c、d、e——确定的常量;

$f(x,y)$——因变量液压缸摩擦力。

只要将这 5 个确定的常量通过液压缸摩擦力的测试数据分析出来,液压缸的摩擦力变化规律就可以确定。

针对某厂单出杆液压缸进行测试,液压缸参数 50/36—300,分别测试并采集记录不同液压缸两腔压力下和不同匀速运动下的速度、摩擦力及两腔压力值,将测试获得的数据进行三维绘图,如图 8-13 所示。

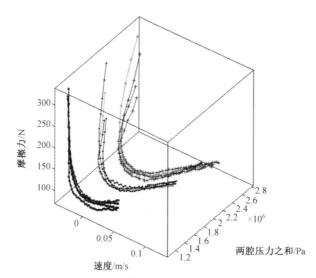

图 8-13　摩擦力-速度-压力曲线

对图 8-13 绘制的曲线,采用公式进行空间曲面拟合,得到如图 8-14 所示的空间曲面。图 8-15 是对图 8-13 空间曲面的正视图。

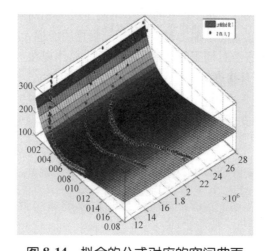

图 8-14　拟合的公式对应的空间曲面

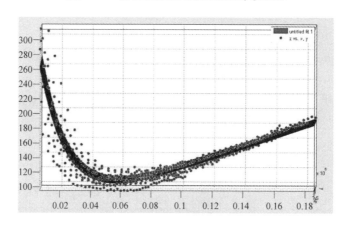

图 8-15　空间曲面正视图

对拟合后的空间曲面进行参数分析,得到如下结果:

$a =$ 预加载力 $F_{pr} = 51.63$ N;

$b=$库仑摩擦力系数$f_{cfr}=1.076\mathrm{E}{-}006$ N/Pa；

$c=$最大静摩擦力系数$K_{brk}=6.437$；

$d=$过渡系数$c_v=55.25$；

$e=$黏性摩擦力系数$f_{vfr}=708.7$ N/（m/s）。

至此，公式中的 5 个常量确定，可以用来描述摩擦力的变化规律。

8.6 管道动态模型

8.6.1 管道数学建模

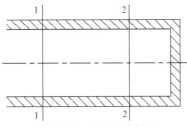

图 8-16 管道示意图

液压系统中存在各种影响静态、动态特性的因素，液阻、液感、液容是其中的重要因素，这些因素决定了管路系统的压力流量关系。短管可当作一集中质量，长管可分成无数短管，每个短管由液阻、液感、液容组成。如图所示，端面 1-1 上的压力、流量分别为 p_1、q_1，端面 2-2 上的压力、流量分别为 p_2、q_2。液阻、液感、液容三者之间的物理关系表达式为：

$$\frac{1}{C}\int Q(t)\mathrm{d}t + L\frac{\mathrm{d}Q}{\mathrm{d}t} + RQ = \Delta P = P_1 - P_2$$

式中：

R——液阻；

C——液容；

L——液感。

液阻：

流体在管道中流动时，受到各种摩擦和局部压力损失造成能量损失，把这种阻性阻尼定义为液阻，即流体两端的压差与它的流量之比。采用均匀圆管进行系统建模，则有：

层流液阻：

$$R_L = \frac{\Delta p}{Q} = \frac{128\,\mu L_g}{\pi D_0^4}$$

湍流液阻：

$$R_R = \frac{\Delta p}{Q} = \frac{0.63\,\mu L_g R_e^{3/4}}{\pi D_0^4}$$

式中雷诺数：

$$R_e = \frac{vD}{r} = \frac{4Q}{\pi D_0 r}$$

液感：

为改变管道内流体的运动状态而施加的外力，称为管道液感。由牛顿定律可知：

$$F = m\frac{\mathrm{d}v}{\mathrm{d}t} = \rho A L_g\frac{\mathrm{d}v}{\mathrm{d}t} = \rho L_g\frac{\mathrm{d}Q}{\mathrm{d}t}$$

式中：

$$\Delta P = P_1 - P_2 = \frac{F}{A} = \frac{\rho L_g}{A}\frac{\mathrm{d}Q}{\mathrm{d}t}$$

则管道的液感为：

$$L = \frac{\rho L_g}{A} = \frac{4\rho L_g}{\pi D_0^2}$$

液容：

当液压系统管道内液体及管道受压变形时，会产生抵抗变形的容性阻尼，这个阻尼称为液容，即液体体积变化和压力变化之比。

当压力变大，管道内液体体积变小，液体发生形变时，液容为：

$$C_y = -\frac{\partial v}{\partial p} = \frac{V}{E} = \frac{\pi L_g D_0^2}{4E}$$

当压力变大，管道内液体体积变大，液体发生形变时，液容为：

$$C_g = \frac{\mathrm{d}v}{\mathrm{d}p} = \frac{L_g \mathrm{d}A}{\mathrm{d}p} = \frac{L_g A^2 D_0}{A_0 E_g h_0} \approx \frac{L_g A D_0}{E_g h_0}$$

式中：

L_g——薄壁圆管长度；

D_0——薄壁圆管直径；

v——油液的动力黏度；

E——液体体积弹性模量；

h_0——薄壁圆管壁厚；

E_g——管壁弹性模量；

A——薄壁圆管的横截面积。

则管道的总液容为：

$$C = C_y + C_g$$

由此可得管道单位长度的液阻、液感、液容分别为：

$$R_{h1} = \frac{128\mu}{\pi D_0^4}$$

$$L_{h1} = \frac{4\rho}{\pi D_0^2}$$

$$C_{h1} = \frac{V}{E}$$

则：

$$-\frac{\partial p(x,t)}{\partial x} = R_{h1} q(x,t) + L_{h1} \frac{\partial q(x,t)}{\partial t}$$

$$-\frac{\partial q}{\partial x} = C_{h1} \frac{\partial p(x,t)}{\partial t}$$

8.6.2 管道系统传递函数

管路液源 p_1、q_1 发生变化时，会使负载 p_2、q_2 发生变化，可能引起系统的振动、冲击等现象。

通过推导计算可得到管道系统的传递函数如下：

$$G_1(s) = \frac{\left(1 + \dfrac{s}{\omega_0}\right) \prod\limits_{n=1}^{\infty}\left(1 + 2\xi_{1n}\dfrac{s}{\omega_{1n}} + \dfrac{s^2}{\omega^2_{1n}}\right)}{\prod\limits_{n=1}^{\infty}\left(1 + 2\xi_{2n}\dfrac{s}{\omega_{2n}} + \dfrac{s^2}{\omega^2_{2n}}\right)}$$

$$G_2(s) = \cfrac{1}{\left(1+\cfrac{s}{\omega_0}\right)\prod\limits_{n=1}^{\infty}\left(1+2\xi_{1n}\cfrac{s}{\omega_{1n}}+\cfrac{s^2}{\omega^2_{1n}}\right)}$$

$$G_3(s) = \cfrac{1}{\prod\limits_{n=1}^{\infty}\left(1+2\xi_{2n}\cfrac{s}{\omega_{2n}}+\cfrac{s^2}{\omega^2_{2n}}\right)}$$

已知管道系统传递函数进行数学建模仿真,通过分析可知,在管路长度一定的情况下液源的压力、流量波动频率会影响到负载的压力、流量;负载阻抗与液源阻抗的比值和系统产生谐振直接相关;液压系统的振动来源于压强和流量的波动,与管路系统本身和负载有关,与油液的物理性质有关。

8.6.3　管道物理建模

物理建模过程如同建立一个真实的物理系统,每个模块对应真实的液压元器件,诸如油泵、液压马达和控制阀;元件模块之间以代表动力传输管路的线条连接。这样,就可以通过直接描述物理构成搭建模型,而不是从基本的数学方程做起,如图 8-17 所示,为管道物理建模示意图。

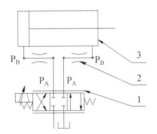

1—伺服阀;2—管道;3—液压缸

图 8-17　物理建模示意图

8.6.3.1　摩擦损失

为了考虑局部阻力,例如弯头、管件、进出口损失摩擦造成的压力损失,所有阻力损失全部转换为其等效长度,添加到管道几何长度中。摩擦造成的压力损失通过 Darcy 方程来计算:

$$p = f\frac{(L+L_{eq})\cdot\rho\cdot q|q|}{D_H\cdot 2A^2}$$

$$p = \begin{cases} K_s/Re, & Re \leqslant Re_L \\[2mm] f_L + \dfrac{f_T-f_L}{Re_T-Re_L}(Re-Re_L), & Re_L < Re < Re_T \\[2mm] \dfrac{1}{\left(-1.8\log_{10}\left(\dfrac{6.9}{Re}+\left(\dfrac{r/D_H}{3.7}\right)^{1.11}\right)\right)^2}, & Re \geqslant Re_T \end{cases}$$

$$Re = \frac{q\cdot D_H}{A\cdot v}$$

式中:

p——沿程摩擦阻力损失;

q——管道流量;

Re——雷诺数;

Re_L——层流时的最大雷诺数;

Re_T——湍流时的最小雷诺数;

K_s——表征管道横截面的形状因子;

f_L——层流边界处的摩擦系数；

f_T——湍流边界处的摩擦系数；

A——管道横截面积；

D_H——管道水力直径；

L——管道几何长度；

L_{eq}——局部电阻的等效长度；

r——管道内表面粗糙度；

v——流体运动黏度。

8.6.3.2　油液的压缩性

考虑油液的压缩性,则液压阀出口到液压缸之间液压管内液体体积为：

$$V = \frac{\pi \cdot d^2 \cdot L}{4N}$$

式中：

V——液体体积；

d——管子直径；

L——管子长度；

N——管子分段数量(采用包含有动态摩擦项的分段式集中参模型来进行管路模型的搭建,该模块包含的定容液压腔数量与管路分段数量相同),假设油液全部通过管道,N 的取值范围应满足：

$$N > \frac{4L \cdot \omega}{\pi \cdot c}$$

式中：

c——流体中的声速；

ω——管道响应观测到的最大频率。

8.6.3.3　管道物理建模

液压管道物理模块在仿真过程中能够模拟沿程摩擦阻力损失和油液的压缩性,不考虑液压惯性和油液加速引起的压力变化,仿真中假设油液全部通过管道。可以设置模型模拟具有刚性或柔性壁的管道,包括模拟液压软管。

液压管路模块建模时需要设置的参数有通流截面形状、管道管子直径 d、管道长度 L、管子分段数量 N,局部阻力总计等效长度 L_{eq}、层流状态时最大雷诺数 Re_L、湍流状态时最小雷诺数 Re_T、管道横截面的形状因子 K_s、管道内表面粗糙度 r。当管道壁型为圆管时,提供了刚性和柔性两个选项,刚性软管不考虑管壁顺应性；柔性适用于管壁顺应性影响系统行为的情况,推荐使用软管或金属管。当管道壁型选择柔性管道(软管)时,静压直径系数和黏弹性过程时间常数需按照实验或者厂商提供进行设置。

8.7　液压缸液压弹簧和机械负载弹簧耦合特性

8.7.1　液压弹簧刚度和液压固有频率

对封闭容器的液压弹簧刚度 K_h 为：

$$K_h = \frac{\beta_e A^2}{V}$$

式中：

K_h——液压弹簧刚度,N/m；

β_e——液压油体积弹性模量,Pa；

A——封闭容器的工作面积,m^2；

V——封闭容器的液压油容积,m^3。

8.7.1.1　空载阀控双作用液压缸

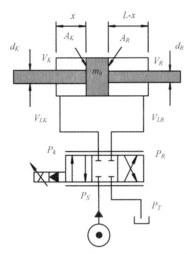

图 8-18　阀控双作用液压缸工作简图

图中

A_K——左腔工作面积,m^2;

A_R——右腔工作面积,m^2;

V_K——左腔液压缸容积,m^3;

V_R——右腔液压缸容积,m^3;

d_K——左腔出杆直径,m;

d_R——右腔出杆直径,m;

V_{LK}——液压缸左腔死容积(含管道容积),m^3;

V_{LR}——液压缸右腔死容积(含管道容积),m^3;

m_h——液压缸运动部分质量,kg;

L——液压缸行程,m。

设液压缸活塞距左端位移为 x,考虑管道液压油容积的影响,其左腔的液压弹簧刚度 K_{h1} 和右腔的液压弹簧刚度 K_{h2} 分别为:

$$K_{h1} = \frac{\beta_e A_K^2}{V_K + V_{LK}} = \frac{\beta_e A_K^2}{x A_K + V_{LK}}$$

$$K_{h2} = \frac{\beta_e A_R^2}{V_R + V_{LR}} = \frac{\beta_e A_R^2}{(L - x) A_R + V_{LR}}$$

针对阀控双作用液压缸模型,其液压弹簧模型如图 8-19 所示。

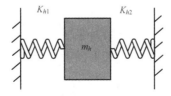

图 8-19　液压弹簧原理图

液压缸的两腔油液弹簧为并联,两腔液压弹簧刚度相加,其总的液压弹簧刚度 K_h 为:

$$K_h = K_{h1} + K_{h2} = \beta_e \left(\frac{A_K^2}{x A_K + V_{LK}} + \frac{A_R^2}{(L-x)A_R + V_{LR}} \right)$$

显然 K_h 与受控油容积有关,即管道结构尺寸固定后,与液压缸的工作行程点直接相关。对式中 K_h 求导,当 $\mathrm{d}K_h / \mathrm{d}x = 0$ 时,可求出液压弹簧刚度最小值 $K_{h\min}$ 和其对应的液压缸位置 $x_{h\min}$。

$$K_{h\min} = \frac{\beta_e A_R A_K (\sqrt{A_K} + \sqrt{A_R})^2}{(L A_R + V_{LR})A_K + V_{LK}A_R}$$

$$x_{h\min} = \frac{\dfrac{L A_R + V_{LR}}{\sqrt{A_R^3}} - \dfrac{V_{LK}}{\sqrt{A_K^3}}}{\dfrac{1}{\sqrt{A_R}} + \dfrac{1}{\sqrt{A_K}}}$$

空载时,液压弹簧与运动质量相互作用构成液压弹簧-质量系统,该系统的空载液压固有频率 ω_h 可表示为:

$$\omega_h = \sqrt{\frac{K_h}{m_h}}$$

式中液压缸运动部分质量包括活塞、活塞杆运动部分质量(活塞杆固定时为缸体运动部分质量)、液压缸两腔油液质量、左右腔管道油液折算到活塞上的等效质量。

以下分两种情况分别讨论:

(1)当 $A_K = A_R$,即 $d_K = d_R \neq 0$ 时,液压缸为双作用等双出杆液压缸。在阀控等双出杆液压缸伺服系统设计中,通常将液压缸两端管道油容积设计为近似相等,此时其液压弹簧刚度变化曲线如图8-20所示,其液压弹簧刚度最小值 $K_{h\min}$ 为:

$$K_{h\min} = \frac{4\beta_e A_R^2}{L A_R + 2 V_{LR}}$$

对应的液压缸活塞位置 $x_{h\min}$ 为:

$$x_{h\min} = \frac{L}{2}$$

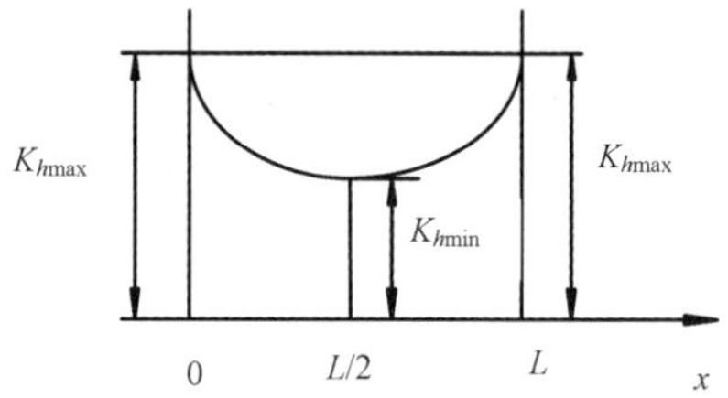

图8-20 液压弹簧刚度变化曲线

结论:当液压缸为双作用等双出杆且液压缸两端管道油容积近似相等时,活塞处于液压缸中间位置,液压弹簧刚度有最小值,对应的空载液压固有频率有最小值,此位置为此类液压伺服系统的动态危险临界点。

(2)当 A_K 为活塞面积,即 $d_K = 0$,$A_K > A_R$ 时,液压缸为双作用单出杆液压缸。

其液压弹簧刚度最小值 $K_{h\min}$ 和其对应的液压缸位置 $x_{h\min}$ 仍为以上公式。当将液压缸两端管道油容积设计为近似相等时,即 $V_{LK} \approx V_{LR}$,显然:

$$\frac{V_{LR}}{\sqrt{A_R^3}} > \frac{V_{LK}}{\sqrt{A_K^3}}$$

$$\frac{L A_R + V_{LR}}{\sqrt{A_R^3}} - \frac{V_{LK}}{\sqrt{A_K^3}} > \frac{L A_R}{\sqrt{A_R^3}}$$

$$\frac{1}{\sqrt{A_R}} + \frac{1}{\sqrt{A_K}} < \frac{2}{\sqrt{A_R}}$$

由此,可以得到:

$$x_{h\min} = \frac{\dfrac{LA_R + V_{LR}}{\sqrt{A_R^3}} - \dfrac{V_{LK}}{\sqrt{A_K^3}}}{\dfrac{1}{\sqrt{A_R}} + \dfrac{1}{\sqrt{A_K}}} > \frac{L}{2}$$

其液压弹簧刚度变化曲线如图 8-21 所示。

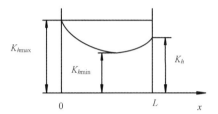

图 8-21 液压弹簧刚度变化曲线

结论:当液压缸为双作用单出杆且液压缸两端管道油容积近似相等时,液压弹簧刚度最小值和对应的空载液压固有频率最小值,即此类液压伺服系统的动态危险临界点出现在活塞偏向出杆端侧。

8.7.1.2 空载阀控单作用液压缸

空载阀控单作用液压缸工作原理简图如图 8-22 所示。

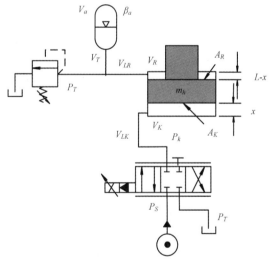

图 8-22 阀控单作用液压缸工作简图

图中:

P_T——溢流阀调定压力,Pa;

V_T——压力为 P_T 时蓄能器内液压油容积,L。

单作用液压缸动态工作时通过负载回程,蓄能器补充油液,通过溢流阀建立一定背压。在工作瞬间,溢流阀动作响应慢,通过蓄能器储存油液,吸收压力脉动。

空载阀控单作用液压缸系统液压弹簧刚度由三部分组成,分别为无杆腔液压弹簧刚度 K_{h1}、有杆腔液压弹簧刚度 K_{h2} 和蓄能器当量液压弹簧刚度 K_T。针对阀控单作用液压缸模型,其液压弹簧模型如图 8-23 所示。

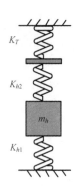

图 8-23　液压弹簧原理图

显然，蓄能器当量液压弹簧与有杆腔液压弹簧为串联关系，再与无杆腔液压弹簧并联，其总的液压弹簧刚度 K_h 为：

$$K_h = K_{h1} + \frac{K_{h2} + K_T}{K_{h2}K_T}$$

无杆腔液压弹簧刚度 K_{h1} 可用前述公式表示，有杆腔液压弹簧刚度 K_{h2} 可以表示为：

$$K_{h2} = \frac{\beta_e A_R^2}{(L-x)A_R + V_{LR} + V_T}$$

对于蓄能器当量液压弹簧刚度 K_T，指的是蓄能器气囊压缩时的压力差产生的当量液压缸作用力相对于当量液压缸位移的弹簧刚度，即

$$K_T = \frac{P_T A_R}{V_T / A_R} = \frac{P_T A_R^2}{V_T}$$

由此，可得到：

$$K_h = \frac{\beta_e A_K^2}{xA_K + V_{LK}} + \frac{\beta_e A_R^2}{(L-x)A_R + V_{LR} + V_T + \dfrac{\beta_e V_T}{P_T}}$$

同样，对 K_h 求导，当 $\mathrm{d}K_h / \mathrm{d}x = 0$ 时，可求出液压弹簧刚度最小值 $K_{h\min}$ 和其对应的液压缸位置 $x_{h\min}$。

$$K_{h\min} = \frac{\beta_e A_K A_R (\sqrt{A_R} + \sqrt{A_K})^2}{\left(LA_R + V_{LR} + V_T + \beta_e \dfrac{V_T}{P_T} \right) A_K + A_R V_{LK}}$$

$$x_{h\min} = \frac{\dfrac{LA_R + V_{LR} + V_T + \beta_e \dfrac{V_T}{P_T}}{\sqrt{A_R^3}} - \dfrac{V_{LK}}{\sqrt{A_K^3}}}{\dfrac{1}{\sqrt{A_R}} + \dfrac{1}{\sqrt{A_K}}}$$

比较阀控单作用液压缸与阀控双作用液压缸最小弹簧刚度公式和对应的液压缸位置公式，可知阀控单作用液压缸仅多出子项 $V_T + \beta_e \dfrac{V_T}{P_T}$，其意义就是由于蓄能器作为液压空气弹簧吸收了冲击压力，其总的最小弹簧刚度较阀控双作用液压缸最小弹簧刚度要小。

对于子项 $V_T + \beta_e \dfrac{V_T}{P_T}$，显然：

$$x_{h\min} > \frac{L}{2}$$

对于空载阀控单作用液压缸,当液压缸为柱塞缸或者液压缸有杆腔与空气连通时(此时有杆腔没有蓄能器),有杆腔液压弹簧刚度 $K_{h2}=0$,只存在无杆腔液压弹簧,其总的液压弹簧刚度 K_h 为:

$$K_h = K_{h1} = \frac{\beta_e A_K^2}{x A_K + V_{LK}}$$

此时液压弹簧刚度最小值出现在 $x_{h\min}=L$ 时,其液压弹簧刚度最小值 $K_{h\min}$ 为:

$$K_{h\min} = \frac{\beta_e A_K^2}{L A_K + V_{LK}}$$

结论:当液压缸为单作用且液压缸两端管道油容积近似相等时,其液压弹簧刚度特性相似于阀控双作用单出杆液压缸,但其最小液压弹簧刚度要小于阀控双作用单出杆液压缸系统,并且最小液压弹簧刚度位置也出现在活塞偏向出杆端侧。

需要特别说明的是,对于不同控制模型的液压弹簧刚度都应理解为动态弹簧刚度,而不是稳态弹簧刚度。虽然液压弹簧刚度是在液压缸两腔封闭状态下推导出来的,由于液压缸两腔之间和阀芯与阀套之间存在泄漏,在稳态下不存在上述液压弹簧刚度;实际上在工作频率范围内,液压缸两腔之间和阀芯与阀套之间来不及泄漏,可等效于封闭状态。

8.7.2 机械负载特性

所谓负载是指液压伺服系统中的液压缸活塞(活塞固定时,为缸体)在运动时所遇到的各种阻力。在研究系统的动态特性时,通常考虑的负载有惯性力、黏性阻尼力、弹性力和任意外负载力。实际的机械系统往往是一个复杂的多自由度分布质量系统,分析计算十分复杂,为了便于理论研究,需要对机械系统进行简化,一般等效为单自由度物理系统。有时也将负载系统简化为两自由度的物理系统,如图 8-24 所示。

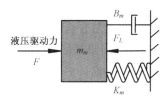

图 8-24 负载模型

对于负载模型,可建立力平衡方程为:

$$F = m_m \ddot{x} + B_m \dot{x} + K_m x + F_L$$

式中:

B_m——黏性阻尼系数,s·N/m;

K_m——负载刚度,N/m;

m_m——等效质量,kg;

F_L——任意外负载力,N。

对两自由度负载模型,以质量块 m_{m1} 为分析对象,可建立力平衡方程为:

$$F = m_{m1} \ddot{x}_1 + B_{m1}(\dot{x}_1 - \dot{x}_2) + K_{m1}(x_1 - x_2)$$

对质量块 m_{m2},同样可建立力平衡方程为:

$$K_{m1}(x_1 - x_2) = m_{m2} \ddot{x}_2 + B_{m2} \dot{x}_2 + K_{m2} x_2 + F_L$$

工程中常见的机械负载,大多可以简化为单自由度或双自由度物理模型,更高自由度分布参数物理模型可以按照以上方法同样建立力平衡方程来分析。根据动力学理论,物理模型有几个自由度就有几个固有频率,其中一阶固有频率为所有固有频率的最小值,对于系统综合特性影响最大;为便于分析建模,可以将两自由度或多自由度物理系统简化为单自由度物理系统来分析。

对于两自由度物理模型,根据动力学理论,可以得到其无阻尼固有频率为:

$$\omega_m = \sqrt{\frac{1}{2}\omega_L^2 \mp \frac{1}{2}\sqrt{[\omega_L^2]^2 - 4\omega_1^2\omega_2^2}}$$

式中：

$$\omega_1^2 = \frac{K_{m1}}{m_{m1}}；$$

$$\omega_2^2 = \frac{K_{m2}}{m_{m2}}；$$

$$\omega_L^2 = \omega_2^2 + \omega_1^2\left(1 + \frac{m_{m1}}{m_{m2}}\right)。$$

两自由度物理模型的一阶固有频率为：

$$\omega_m = \sqrt{\frac{1}{2}\omega_L^2 - \frac{1}{2}\sqrt{[\omega_L^2]^2 - 4\omega_1^2\omega_2^2}}$$

两自由度物理模型的综合刚度 K_m 为：

$$\frac{1}{K_m} = \frac{1}{K_{m1}} + \frac{1}{K_{m2}}$$

对于单自由度负载模型，其固有频率与等效质量、负载刚度有如下关系：

$$\omega_m = \sqrt{\frac{K_m}{m_m}}$$

则可得到两自由度物理模型转化为单自由度的等效质量 m_m 为：

$$m_m = \frac{K_m}{\omega_m^2} = \frac{2K_m}{\omega_L^2 - \sqrt{[\omega_L^2]^2 - 4\omega_1^2\omega_2^2}}$$

等效阻尼系数为系统软量，由机械结构决定，多数为非线性的。当阻尼系数考虑成线性时，不同的机械结构可以简化出一个近似值。

更高自由度的物理模型同样可以简化为单自由度物理模型来近似分析，这里不再赘述。

8.7.3　液压机械综合刚度及固有频率

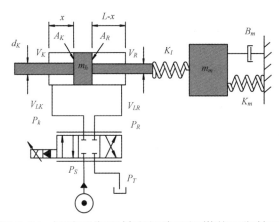

图 8-25　阀控双作用单出杆液压缸带载工作简图

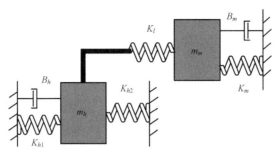

图 8-26 液压弹簧原理图

图中：

K_l——活塞杆与负载联接刚度，N/m；

K_m——负载刚度，N/m；

K_{h1}——液压缸无杆腔液压弹簧刚度，N/m；

K_{h2}——液压缸有杆腔液压弹簧刚度，N/m。

如前所述，液压缸无杆腔、有杆腔液压弹簧刚度为并联关系，其总的液压弹簧刚度 K_h 如前述公式所示。液压弹簧刚度 K_h 的意义为液压缸内流体的抗压缩能力，K_h 越大，液压缸内流体越难压缩，传递到活塞上的压力越快，活塞杆响应速度就越快。液压弹簧原理图可以转化为图 8-27 所示结构形式。

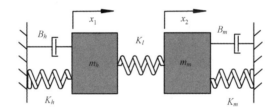

图 8-27 液压弹簧原理图

液压弹簧刚度 K_h 和活塞杆与负载联接刚度 K_L、负载刚度 K_m 为串联关系，则液压机械综合刚度 K_n 为：

$$\frac{1}{K_n} = \frac{1}{K_h} + \frac{1}{K_l} + \frac{1}{K_m}$$

液压弹簧刚度与活塞杆刚度、负载刚度相互耦合，形成一个液压机械综合刚度；液压机械综合刚度要小于液压弹簧刚度、结构刚度、负载刚度中的任何一个。一般活塞杆刚度比较大，当负载刚度很大时，液压机械负载综合刚度接近于液压弹簧刚度，空载液压固有频率 ω_h 就决定了系统的响应速度；当负载刚度与液压弹簧刚度相当时，系统响应速度由二者共同决定，负载刚度就不能忽略了，由于负载质量往往很难改变，要提高系统响应速度，就必须同时提高液压弹簧刚度和负载刚度。

针对两自由度系统，依据动力学理论建立运动微分方程，根据牛顿第二定律，可得如下两个方程为：

$$m_m \ddot{x}_2 + B_m \dot{x}_2 + K_m x_2 = K_l(x_1 - x_2)$$
$$m_h \ddot{x}_1 + K_h x_1 + B_h \dot{x}_1 = K_l(x_1 - x_2)$$

上述方程可以写成如下矩阵形式：

$$[m]\{\ddot{x}\} + [B]\{\dot{x}\} + [K]\{x\} = 0$$

式中：

$$[m] = \begin{bmatrix} m_{11} & m_{12} \\ m_{21} & m_{22} \end{bmatrix} = \begin{bmatrix} m_h & 0 \\ 0 & m_m \end{bmatrix};$$

$$[B] = \begin{bmatrix} B_{11} & B_{12} \\ B_{21} & B_{22} \end{bmatrix} = \begin{bmatrix} B_h & 0 \\ 0 & B_m \end{bmatrix};$$

$$[K] = \begin{bmatrix} K_{11} & K_{12} \\ K_{21} & K_{22} \end{bmatrix} = \begin{bmatrix} K_h + K_l & -K_l \\ -K_l & K_m + K_l \end{bmatrix}。$$

依据上面的分析,可以得到液压机械无阻尼固有频率。不考虑阻尼影响,可以变化为:

$$[m]\{\ddot{x}\} + [K]\{x\} = \{0\}$$

假设方程的解为:

$$\begin{Bmatrix} x_1 \\ x_2 \end{Bmatrix} = \begin{Bmatrix} X_1 \\ X_2 \end{Bmatrix} \sin(\omega t - f)$$

式中:

X_1、X_2——振动幅值,m;

ω——固有频率,rad/s;

f——初相位,rad。

代入,得:

$$([K] - \omega^2 [m])\{x\} = \{0\}$$

上式是广义特征值问题,要使公式有解,其系数行列式必为零,即:

$$|[K] - \omega^2 [m]| = 0$$

代入$[K]$、$[m]$,有:

$$\begin{vmatrix} K_h + K_l - \omega^2 m_h & -K_l \\ -K_l & K_m + K_l - \omega^2 m_m \end{vmatrix} = 0$$

由此可求得:

$$\omega^2 = \frac{1}{2}(\omega_1^2 + \omega_2^2) \mp \frac{1}{2}\sqrt{(\omega_1^2 + \omega_2^2)^2 - 4\omega_3^2}$$

式中:

$$\omega_1^2 = \frac{K_l + K_h}{m_h};$$

$$\omega_2^2 = \frac{K_l + K_m}{m_m};$$

$$\omega_3^2 = \frac{K_h K_m + K_l(K_h + K_m)}{m_m m_h}。$$

故当机械负载简化为单自由度集中质量物理系统时,其液压机械无阻尼固有频率 ω_n 为:

$$\omega_n = \sqrt{\frac{1}{2}(\omega_1^2 + \omega_2^2) \mp \frac{1}{2}\sqrt{(\omega_1^2 + \omega_2^2)^2 - 4\omega_3^2}}$$

需要说明的是,由于实际液压伺服系统存在阻尼,消耗系统能量,公式的假设就不成立,振动幅值会衰减,但是实际阻尼力相对于液压驱动力来说比较小,可等效于小阻尼系统,故液压伺服系统的液压机械有阻尼固有频率可用液压机械无阻尼固有频率来代替。

8.8 工程设计仿真分析实例

8.8.1 热轧粗轧立辊轧机自动宽度控制

以某工程热轧粗轧立辊轧机自动宽度液压伺服控制系统(简称 AWC)系统为例。

由于轧机机架为下基础固定,下 AWC 液压缸作用点相对于机架基础点的变形刚度要大于上 AWC 液压缸的作用点相对于机架基础点的变形刚度,故上 AWC 液压缸控制性能较恶劣,以左边上 AWC 液压缸为分析对象,得到 AWC 控制模型。

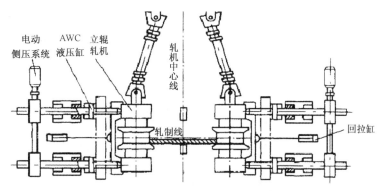

图 8-28　立辊轧机机构简图

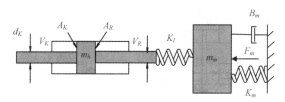

图 8-29　AWC 控制模型

表 8-1　AWC 系统参数

名称	单位	数值	含义
m_h	kg	1 822	AWC 液压缸活塞及活塞杆质量
m_m	kg	17 313	单个调宽轧辊装配质量、平衡液压缸活塞及活塞杆质量、单个轧辊接轴质量的总和的一半
A_K	m²	0.183 8	左腔活塞作用面积
A_R	m²	0.183 8	右腔活塞作用面积
V_K	L	79	左腔液压油容积
V_R	L	79	右腔液压油容积
K_l	t/mm	1 623.8	AWC 液压缸活塞杆刚度
K_m	t/mm	632	上 AWC 液压缸作用点相对单边机架基础点的变形刚度
F_m	kN	120	单边平衡液压缸的平衡力

由于 AWC 缸为双出杆对称缸,其液压弹簧刚度最小值出现在液压缸的中间位置,其最小液压弹簧刚度为:

$$K_{hmin} = 63.7 \ \text{t/mm}$$

可以得到如下参数:

表 8-2　计算结果

无阻尼固有频率	单位	数值
ω_1	1/s	3 043.3
ω_2	1/s	1 141.5
ω_3	1/s	$1.925\ 8e^6$
ω_n	1/s	602.9

由此可得到此 AWC 系统的液压机械无阻尼固有频率的最小值为 602.9(1/s),即 96 Hz。

8.8.2 板坯连铸结晶器振动装置运动学动力学分析计算

8.8.2.1 结晶器振动装置机械结构形式

板坯连铸机结晶器液压振动装置结构:采用双液压缸伺服驱动+板簧导向结构。振动液压缸:两只,双出杆,对称布置。

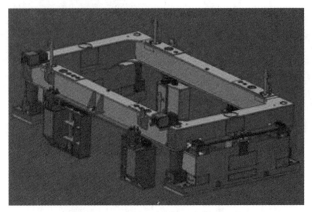

图 8-30 结晶器液压振动概念图

8.8.2.2 结晶器振动运行窗口

结晶器振动同时满足如下条件:

$$f \cdot 2A \leqslant 2\,000$$

$$a(t) \leqslant \frac{g}{2}$$

式中:

A——振动幅值,mm,取值范围 $1\ \text{mm} \leqslant |A| \leqslant 6\ \text{mm}$;

f——振动频率,cpm(次/分钟),取值范围 $50\ \text{cpm} \leqslant f \leqslant 400\ \text{cpm}$;

$a(t)$——振动液压缸实时加速度,mm/s^2;

g——重力加速度,取值 $9\,810\ \text{mm/s}^2$。

8.8.2.3 非正弦振动波形偏斜系数

$$h = \frac{\dfrac{\pi \alpha}{2}}{\cos \dfrac{\pi \alpha}{2}}$$

式中:

h——波形偏斜系数;

α——波形偏斜率,其物理意义为一个振动周期内非正弦波形和正弦波形到达最高位置处对应的时间差在 1/4 个振动周期内所占的比例,取值范围 0~0.4。

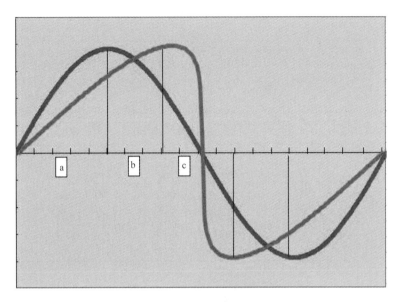

图 8-31 波形偏斜率的定义图

8.8.2.4 振动波形曲线公式

（一）正弦振动波形曲线公式

位移曲线公式：

$$S(t) = A\sin\frac{2\pi ft}{60}$$

速度曲线公式：

$$V(t) = \frac{2\pi fA}{1\ 000}\cos\frac{2\pi ft}{60}$$

加速度曲线公式：

$$a(t) = \frac{4\pi^2 f^2 A}{1\ 000}\sin\frac{2\pi ft}{60}$$

式中：

$S(t)$——振动液压缸实时行程，mm；

$V(t)$——振动液压缸实时速度，mm/s；

t——振动时间，s。

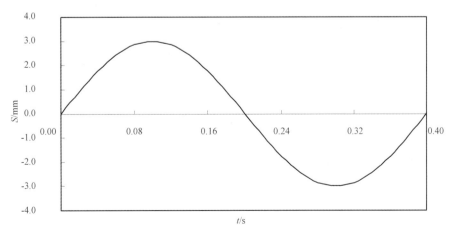

图 8-32 正弦波形振动位移曲线

（二）复合非正弦振动波形曲线公式

位移曲线公式：

$$S(t) = A\sin\left(\frac{2\pi tf}{60} - h\sin\frac{2\pi tf}{60}\right)$$

速度曲线公式：

$$V(t) = A\left(2\pi f - 2\pi hf\cos\frac{2\pi tf}{60}\right)\cos\left(\frac{2\pi tf}{60} - h\sin\frac{2\pi tf}{60}\right)$$

加速度曲线公式：

$$a(t) = A\left(4\pi^2 f^2 h\sin\frac{2\pi tf}{60}\right)\cos\left(\frac{2\pi tf}{60} - h\sin\frac{2\pi tf}{60}\right) -$$

$$\frac{h}{1000}\left(2\pi f - 2\pi hf\cos\frac{2\pi tf}{60}\right)^2\sin\left(2\pi f - 2\pi hf\cos\frac{2\pi tf}{60}\right)$$

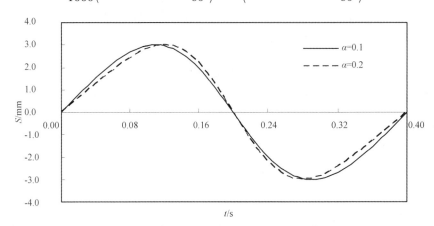

图 8-33　复合非正弦波形振动位移曲线

8.8.2.5 机构动力学分析

(一) 机架应力分析

MSC. Patran 2005 r2 24-Dec-05 10:35:55

Fringe: Default, A1: Static Subcase, Stress Tensor, von Mises,(NON-LAYERED)

图 8-34 机构应力分析

(二) 模态分析

MSC. Patran 2005 r2 07-Dec-05 10:21:57

Fringe: Default, A1: Mode 1: Freq.=16.656, Eigenvector, Translatuonal, Magnitude.(NON-LAYEOL)

Deform: Default, A1: Mode 1: Freq.=16.656,Eigenvectors, Translational.

default_Fringe:
Max 2.91-001 @ Nd4618
Min 0.@Nd 12383

图 8-35 模态分析

（三）动态响应分析

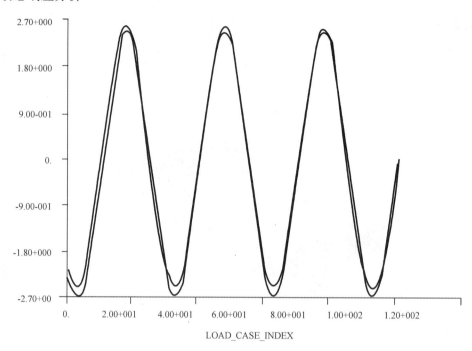

图 8-36　动态响应分析

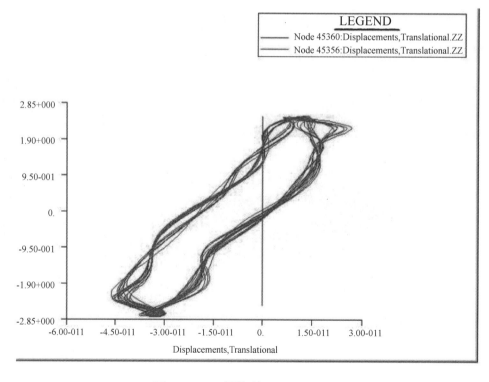

图 8-37　zx 相位差 1 ms 400×5

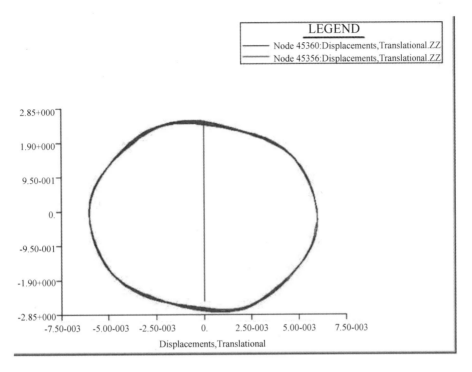

图 8-38　zy 相位差 1 ms 400×5

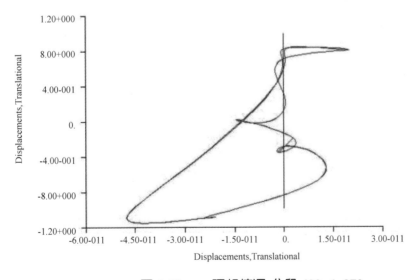

图 8-39　zx 理想情况 分段 400×1.972

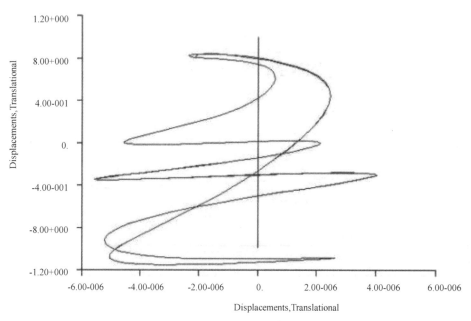

图 8-40　zy 理想情况 分段 400×1.972

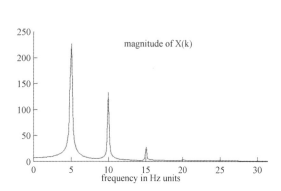

图 8-41　整体构造 300 次/min　$a=0.4$
fft 分析图

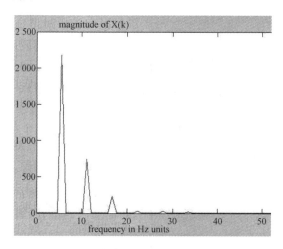

图 8-42　整体构造 300 次/min　$a=0.4$
fft 分析图

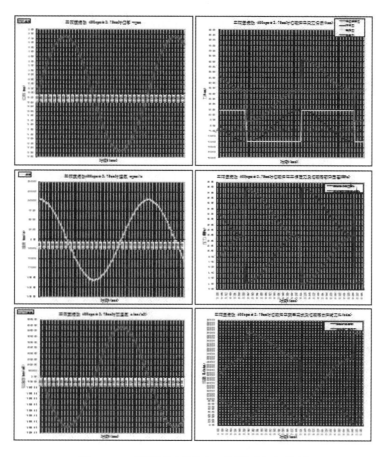

图 8-43 伺服液压缸力、位移、速度曲线

8.8.2.6 振动液压缸受力计算

（一）受力分析

在结晶器液压振动装置中,振动液压缸主要受到重力、摩擦力、惯性力、弹性力等力的综合作用。其中:

摩擦力方向与速度方向相关。

惯性力方向与加速度方向相关。

板簧弹性力方向与振动装置位置相关。

（二）受力公式

振动液压缸受到的合力公式为:

$$F_Z(t) = W_m + W_t + W_r + W_i(t) + F_{bk}(t) + F_k(t)$$

式中:

$F_Z(t)$——振动液压缸受力,ton;

W_m——结晶器重力,ton;

W_t——振动框架重力,ton;

W_r——钢水与结晶器内壁摩擦力,ton;

$W_i(t)$——结晶器和振动框架振动时的惯性力,ton;

$F_{bk}(t)$——板簧弹性力,ton;

$F_k(t)$——平衡弹簧弹性力,ton。

其中:钢水与结晶器内壁摩擦力 W_r 计算公式为:

$$W_r = \mu\rho\frac{H}{2}(B + D)2H + F_{wa}$$

式中：

μ——钢水与结晶器内壁摩擦系数，一般取 0.5；

ρ——钢水密度，约 7 000 kg/m³；

H——结晶器内钢水高度，mm；

B——结晶器内腔最大厚度，mm；

D——结晶器内腔最大宽度，mm；

F_{wa}——在线调宽附加力，ton。

其中：结晶器和振动框架的振动惯性力 $W_i(t)$ 计算公式为：

$$W_i(t) = \frac{a(t)}{g}(W_m + W_t)$$

其中：板簧弹性力 $F_{bk}(t)$ 计算公式为：

$$F_{bk}(t) = K_{bk}S(t)$$

式中：

K_{bk}——板簧刚度，ton/mm。

其中：平衡弹簧弹性力 $F_k(t)$ 计算公式为：

$$F_k(t) = K_k(L - S(t))$$

式中：

K_k——平衡弹簧总刚度，ton/mm；

L——平衡弹簧预压缩长度，mm。

8.8.2.7　流量和压力计算

（一）流量计算

振动液压缸工作流量 $Q(t)$ 计算公式为：

$$Q(t) = |V(t)|\frac{\pi}{4}(D_0^2 - d_0^2)\frac{60}{10^6}$$

式中：

$Q(t)$——振动液压缸某一运动时刻所需流量，L/min；

D_0——振动液压缸活塞直径，mm；

d_0——振动液压缸活塞杆直径，mm。

（二）振动液压缸压力计算

振动液压缸有效工作压力 $P_W(t)$ 计算公式为：

$$P_W(t) = \frac{\dfrac{F_z(t)gK \cdot 10^2}{2}}{\dfrac{\pi}{4}(D_0^2 - d_0^2)}$$

式中：

$P_W(t)$——振动液压缸某一运动时刻有效工作压力，MPa；

K——偏载系数，取 1.2~1.5。

振动液压缸下腔工作压力 $P_B(t)$ 计算公式为：

$$P_B(t) = \frac{P_W(t) + P_S - P_t}{2}$$

式中：

$P_B(t)$——振动液压缸某一运动时刻下腔压力，MPa；

P_S——液压系统压力，MPa；

P_t——液压系统管路压损，MPa。

振动液压缸上腔工作压力 $P_T(t)$ 计算公式为：

$$P_T(t) = P_S + P_t - P_B(t)$$

式中：

$P_T(t)$——振动液压缸某一运动时刻上腔压力，MPa。

伺服阀总压降计算公式为：

$$\Delta P_Z(t) = P_S - P_t - P_B(t)$$

式中：

$\Delta P_Z(t)$——某一运动时刻伺服阀上的总压降，MPa。

8.8.3 液压传动型布料器运动学动力学分析计算

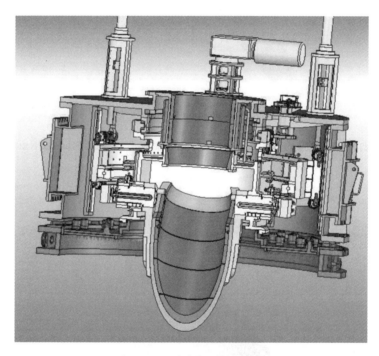

图 8-44 布料器结构简图

在布料器样机测试中发现的造成布料器 α 角波动较大的原因在布料器制造过程中无法彻底消除，且随着布料器使用和磨损其影响程度还将逐渐加大，因此需要考虑通过其他方式来提高 α 角的控制精度，从而提出了复合液压控制系统的方案。

主要技术路线如下：首先利用有限元手段，对 BCQ 布料器进行了静力、动力、模态、疲劳仿真分析，通过计算分析得到三液压缸较为准确的负载数学模型。

8.8.3.1　三液压缸驱动布料器静力仿真

(一) 三维建模

根据布料器的装配图采用三维建模软件(INVENTOR)进行建模,建模过程中为减少网格单元数量,从而减少计算所花的时间和减少网格畸形带来的单元畸变和应力集中等问题,对零件进行了简化处理,去除了对计算结果影响不大的某些零件特征。同时考虑极端情况,将布料溜槽角度(α 角)设为50°,即布料溜槽的最大倾动角度。

图 8-45　布料器模型

(二) 网格划分

在 Abaqus 中导入所建模型,对模型进行网格划分,大部分单元类型为四面体单元,其中液压缸部分为六面体单元。

图 8-46　布料器网格划分

(三) 约束及载荷处理

箱体部件与顶盖部件连接处(A 处)采用全约束。

下料过程中,布料溜槽内部填充了一部分炉料,此时布料溜槽受到设备重力、炉料对溜槽冲击、溜槽内炉料重量的综合载荷,应考虑到布料器受力最不利的情况。施加载荷具体包括:

(1) 料流的冲击载荷(此时看成静载荷):$F_d = 0.5$ t(作用在中心喉管中心与布料溜槽的交点处);

(2) 溜槽内炉料重量:$F_s = 2$ t(作用在布料溜槽重心处,即 B 处);

(3) 布料溜槽重量:$G = 9.117$ t(作用在布料溜槽重心处)。

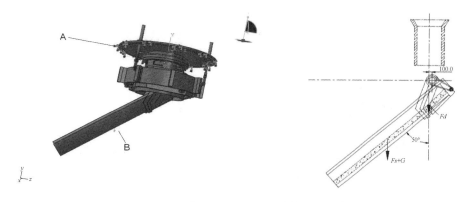

图 8-47　边界条件及载荷施加示意图

（四）计算结果

（1）布料器整体应力及位移情况

经计算,得到在不同 α 角度下布料器应力分布及位移变化情况,从分析结果看,布料器总体应力水平较低,满足强度要求。

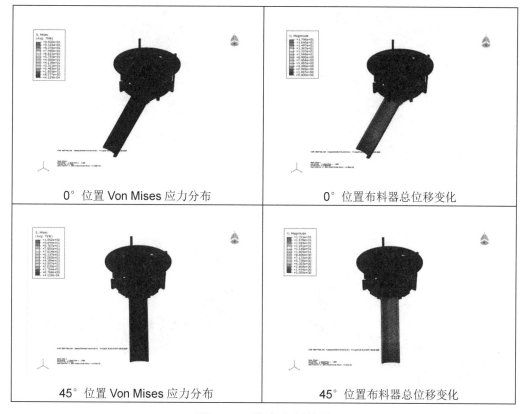

0°位置 Von Mises 应力分布	0°位置布料器总位移变化
45°位置 Von Mises 应力分布	45°位置布料器总位移变化

图 8-48　仿真分析结果

（2）布料器主要部件静力分析结果

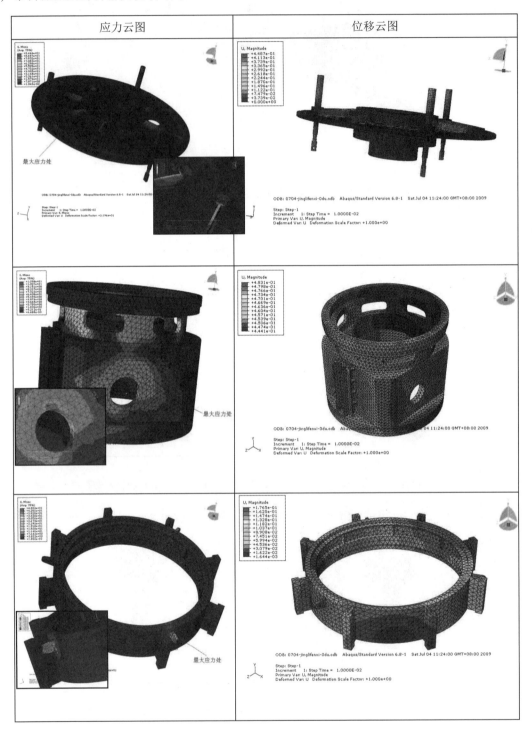

图 8-49　布料器主要部件静力分析结果

8.8.3.2　三液压控制布料器布料时动态冲击特性仿真

初始布料时,炉料对布料器产生一个动态冲击载荷,该载荷可能对布料器产生危害。为了解布料器在该冲击载荷作用的动态特性,利用瞬态响应分析计算布料器各主要部件的应力及位移冲击曲线。考虑到布料器的周期对称性,取布料溜槽 α 角(倾角)最大为50°,β 角为0°、30°、60°进行计算。

刚开始下料时,布料溜槽内部还没有炉料,此时布料溜槽受到以下两个力作用:

（一）料流的冲击载荷（此时看成动载荷）：$F_d = 0.5$ t（作用在中心喉管中心与布料溜槽的交点处）。

（二）布料溜槽重量：$G = 9.117$ t（作用在布料溜槽重心处）。

表 8-3　布料器主要部件应力及位移值

序号	部件名称	最大应力 σ_{max}/MPa	最大位移 v_{max}/mm	测试点材质	屈服强度 σ_{max}/MPa
1	顶盖	97.8	0.443	Q355B	345
2	旋转筒	11.06	0.652	Q355B	345
3	托圈	50.6	0.169	Q355B	345
4	万向框架	122.8	10.39	ZG35CrMo	835

从计算结果看，初始布料时在炉料冲击载荷作用下，布料器主要受力部件的应力水平较低，满足强度要求。

8.8.3.3　布料器模态分析

为了解布料器固有频率，避免工作过程中出现共振等异常情况，对布料器整体进行了模态分析，获得了布料器前十阶固有频率值。

表 8-4　布料器固有频率

阶数	一阶	二阶	三阶	四阶	五阶	六阶	七阶	八阶	九阶	十阶
频率/Hz	5.26	6.67	8.29	14.35	23.44	35.48	44.20	46.94	50.86	60.41

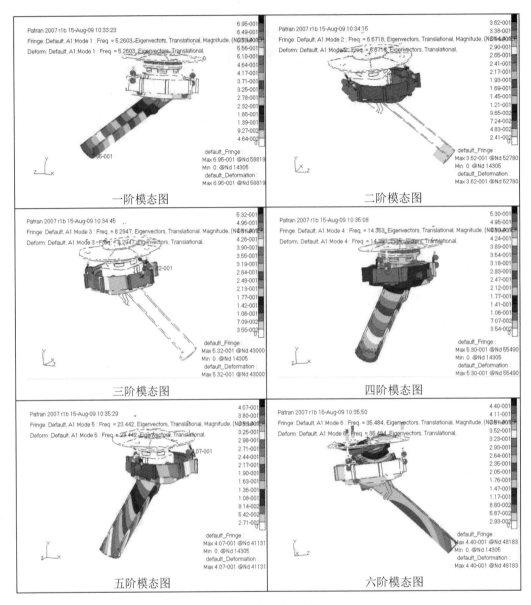

图 8-50　布料器各阶模态图

8.8.3.4　三液压缸控制布料器液压缸负载仿真

为了解布料器倾动液压缸载荷大小及波动规律,对布料溜槽旋转 β 角从 0°到 360°变化时布料器液压缸波动载荷进行模拟,获得布料器液压缸载荷波动规律及载荷方程,为布料器控制系统开发提供理论指导。

图 8-51　液压缸波动载荷分析模型

液压缸约束点 6 个自由度全部约束:(U1,U2,U3,UR1,UR2,UR3)。

上轴承约束点 6 个自由度全部约束:(U1,U2,U3,UR1,UR2,UR3)。

托圈部件 6 个自由度约束 X 和 Z 向位移以及三个旋转自由度:(U1,U3,UR1,UR2,UR3)。

图 8-52　约束示意图

经理论分析可知,布料器每个液压缸载荷变化可用以下公式进行描述:

$$F = A_0 + A\sin(\omega t + \varphi_0)$$

图 8-53 为模拟计算得到的布料器旋转时三根液压缸的载荷波动曲线,并对三根曲线进行拟合后的结果。从图中可以看到,每个液压缸的承受的载荷在 -1.0×10^4 N~ -9.0×10^4 N(负号表示受力向下)之间以 $120°$ 为周期进行波动。三个液压缸承受的载荷按类似的曲线进行变化,相位相差 $120°$。

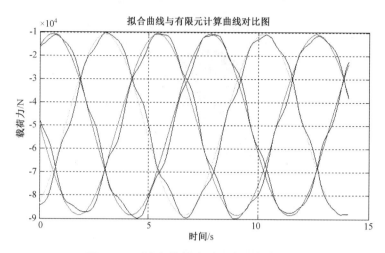

图 8-53　拟合曲线与有限元计算曲线对比

进而可得到三个液压缸分别的载荷方程如下:

第一个液压缸:

$$F_1 = -4.96 \times 10^4 + 3.89 \times 10^4 \sin\left(0.869t + \frac{60}{180} \times \pi\right)$$

第二个液压缸:

$$F_2 = -4.96 \times 10^4 + 3.89 \times 10^4 \sin(0.869t + \pi)$$

第三个液压缸:

$$F_3 = -4.96 \times 10^4 + 3.89 \times 10^4 \sin\left(0.869t + \frac{300}{180} \times \pi\right)$$

此部分仿真研究主要解决:分析布料器布料过程中各构件的运动与受力情况,找到保证布料控制精度与提高其可靠性与寿命的关键因素。

8.8.3.5　三液压缸液压系统位置闭环控制方案建模仿真

从前面的分析计算以及测试实验结果可以看出:无料钟炉顶布料器的三个运动支撑液压缸,在布料器运转过程中由于其重心位置的周期变化使得液压缸受力也周期波动,这样导致液压缸产生垂直方向的位移波动,这种波动的方向又可能是不一致的,从而产生三个液压缸的同步误差。另一方面,机械机构的导向装置使得三个液压缸的相对同步误差不会超出其约束的误差范围。

所以,三个液压缸的不同步性不仅与负载波动大小、液压控制回路结构有关以外,还要考虑机械机构约束的误差大小。而布料器旋转引起的角度掀翻应该取液压缸波动误差与机械结构允许误差中的较小值。通过利用先进的液压系统建模与仿真软件对现有的液压系统建立相应的模型进行仿真计算,得出在没有机械约束下的变负载对液压缸位移波动的影响,分析其存在的缺陷;提出利用闭环控制方法对三个液压缸进行单独的控制,通过闭环控制可以最大程度地消除三个液压缸的停位误差;但是由于负载的不同、控制参数各异,从仿真出来的结果可以看出在三缸运动的过程中存在较大的不同步,这样的同步误差在实际生产中也是不允许的。所以在布料器布料角度变化过程中,采用同步算法的闭环控制可以提高布料器在变角度过程中的同步精度,能有效避免布料角变化过程中的不同步造成的机械损坏。

总之,通过利用系统建模与分析方法,找出系统中存在的问题,通过利用闭环同步控制算法来提高布料系统的布料精度。

8.8.4　轧机 HGC 机电液系统耦合仿真计算实例

轧机 HGC 机电液系统耦合仿真计算参数见表 8-5。

表 8-5   轧机 HGC 机电液系统耦合仿真计算参数表

工程名称	××××××冷轧工程	计算日期	
生产线名称	冷连轧机组		
设备名称	六辊四机架冷连轧机	计算类型	轧机 HGC 动态性能
仿真计算参数			

轧机

机型:六辊轧机

HGC 布置型式:推上

每只支承辊质量:13.9 t

每只中间辊质量:2.4 t

每只工作辊质量:2.9 t

每只支承辊轴承座质量:3.8 t

每只中间辊轴承座质量:1.7 t

每只工作辊轴承座质量:3.6 t

轧机每侧上半部结构质量:28 t

轧机总刚度:400 t/mm

每侧轧机衬板静摩擦力:120 kN

每侧轧机衬板库仑摩擦力:100 kN

HGC 伺服液压缸

型式:柱塞缸

缸径×总行程:ϕ750 mm×268 mm

缸面积:0.431 4 m^2

工作点行程:134 mm

伺服阀

型号:MOOG D769H...S063

额定流量:63 L/min@ 3.5 MPa(单边阀口压降)

液压系统

供油方式:恒压源供油

工作压力:21 MPa

压力管线压力降:0.5 MPa

回油管线压力降:0.5 MPa

液压油体积弹性模量:1.3 e^9 Pa

控制策略

用 PI 控制器作控制优化,接近实际应用条件

建模方法说明:

(1) 将轧机-轧辊系统简化为二阶系统的弹簧-质量-黏性阻尼模型。轴承座与牌坊间计静摩擦力,HGC 伺服液压缸计库仑摩擦力。

(2) 伺服阀为二阶系统,考虑固有频率和阻尼系数。见 MOOG 技术数据样本。

(3) 考虑油液空气含量,见"液压油特性"章节。

(4) 高精度伺服阀模型、液压伺服缸摩擦力模型、管道动态模型见有关章节。

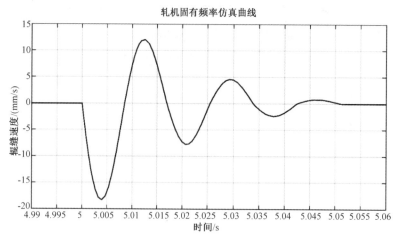

图 8-54 轧机固有频率仿真

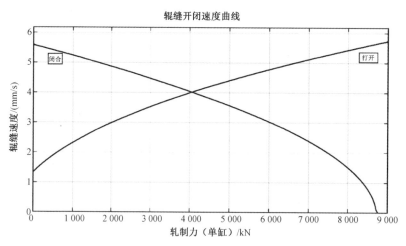

图 8-55 轧制力—辊缝开闭速度仿真

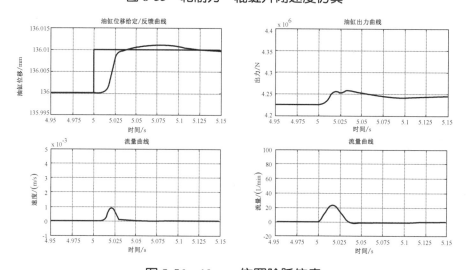

图 8-56 10 μm 位置阶跃仿真

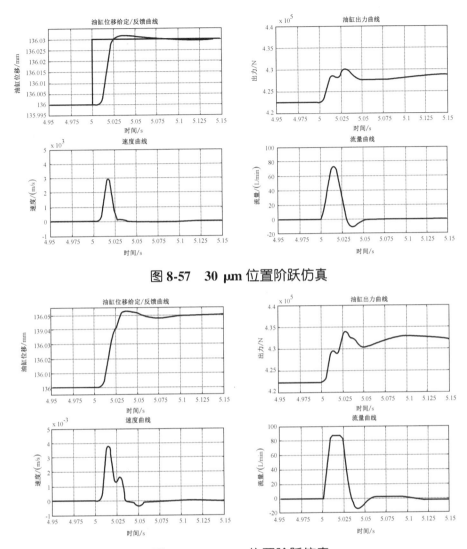

图 8-57　30 μm 位置阶跃仿真

图 8-58　50 μm 位置阶跃仿真

8.9　机电液控装备系统集成测试

8.9.1　概述

钢铁工业作为流程制造业,大规模、高强度、高温物料运行的连续生产场景,其高温高湿、粉尘和有害气体等恶劣环境,冶金装备尤其是关键核心装备均面临解决方案及功能性能特性,以及高可靠性和安全性的苛刻要求。

面临全球巨大的钢铁工业生产规模为前提的、围绕产品竞争力的提质增效和绿色制造等的不断升级改造的需求,以冶金装备改造为核心改造内容的技术改造,必须面对改造工程的苛刻要求,尤其是在线停机改造的"零缺陷零故障"的要求。

随着需求和竞争、技术进步,重型机械类属性的冶金装备尤其是关键核心装备,向着重载、高速、高精度、高可靠性、高度自动化和智能化为目标的方向发展,对其功能性能等提出越来越高的要求,这必然导致装备系统集成度越来越高且越来越复杂。

8.9.2　集成测试目的

冶金工程是系统工程,因流程制造的特性是极为复杂的巨系统,实现产品生产的冶金流程生产线是其主要子系统,冶金生产线的关键装备又是其核心子系统,搭载了很多的功能性能等设备保证值要求,这些要求又通常是实现及其生产线产品保证值的前提,非常重要。

冶金生产线由冶金装备、电气传动及自动化控制系统,加上公辅系统等构成完整生产线,项目集成特性十分突出。其关键核心装备又是基于机械设备的机电液子系统,本身也是一个系统,其集成特性十分突出。在冶金工程(新建和改造工程)建设过程中,多采用成熟可靠的设备,按专业设计及制造划分,分为机械、电控、液等部分,设备在制造厂出厂时,进行出厂试验及验收,然后在工程项目建设现场进行装备集成功能和性能调试达成及优化。对经历了完整的装备研发设计制造全过程的装备,这样的工程技术路线没有问题。但对于特殊要求、工期紧张、机电液接口界面复杂等关键装备,工程中经常碰到的问题多,尤其是界面问题极为严重。因此,在制造厂设备出厂验收的基础上,实现装备系统(机电液控)集成功能导通及运转,对工程实现尤为必要。

装备设计研发团队根据用户要求及装备特性,提出集成测试试验要求和初步的技术方案,经多方研讨形成技术方案和实施计划,明确试验时间、试验项目及方法、需要准备的条件(相应的硬件及软件),以及人力资源需求(技术团队、操作团队及管理团队)。

依据出厂试验及验收标准《重型机械通用技术条件 第 1 部分:产品检验》(GB/T 37400. 1)和《重型机械通用技术条件 第 10 部分:装配》(GB/T 37400. 10),在出厂试验规定项目(有限条件要求)的基础上,为了验证的功能和性能指标等,尤其是关键装备中极为重要的机电运动功能性能,用装备集成测试试验,实现设备保证值的达成、确认和验收,对生产线的长期稳定生产和产品优化意义极为重要。

8.9.3 技术难点

装备集成测试试验涉及模拟加载技术方案及装置(对被测机械设备),机电运动功能的模拟负载,其原理是在条件允许的前提下,尽可能模拟使用工况下的负载条件。必需的机电液的测试系统试验条件,以及集成功能,本身也是一个系统。尤其是机电运动控制,即机械设备(含润滑条件)、流体传动及控制系统设备、集成装备的自动化控制系统(基础自动化及部分 L1 功能及模型)、场地及公辅条件等。

最为重要的是专业的团队,其知识、技能、经验甚至智慧才是工程实现的保证。由此可见,其实施条件要求很高。

8.9.4 集成测试系统组成

通常由以下部分组成:

(一)机械设备(工程设备)。

(二)机械设备润滑(必要时)。

(三)液压传动及控制系统设备(工程设备,或简化)。

(四)自动控制系统设备(工程设备,或简化)。

(五)测试软件系统(工程简化版,基础自动化及部分 L1 功能及模型)。

(六)模拟加载装置(测试设备)。

(七)机电液设备连接管线。

(八)场地及公辅设施(测试条件)。

8.9.5 集成测试关键技术

(一)测试系统安装,模拟使用状态(机械位置等相对关系、液压的受控油容积)。

(二)高速高精度的数据采集系统 PDA(ms 级采样时间)。

(三)被测装置的功能性能要求及定义。

(四)标准信号条件下的测试(阶跃、三角波、脉冲、正弦等标准驱动信号,或实际生产信号)。

(五)传感器系统(数据化、位置、速度、加速度、力/力矩、温度、压力、频率)。

(六)模拟加载装置(模拟机构运动、驱动质量、负载刚度、摩擦等)。

(七)标准测试条件的定义和搭建。

8.9.6　机电液控装备系统集成测试实例——轧机液压弯辊装置

　　液压弯辊液压缸在制造厂出厂试验及验收时,能做到动作及试压等空载条件下的部分试验,难以进行工况模拟下机电液系统集成的性能测试,一方面在无轧辊、轧机牌坊等零部件的情况下,无法模拟真实工况;另一方面没有适合在制造厂进行的加载测试装置和控制系统。因此,液压弯辊液压缸只能在用户现场安装调试好后进行在线测试,而一旦发现液压弯辊液压缸、液压伺服控制阀台满足不了性能要求,就需要拆卸后返制造厂整改,从而耗费大量建设周期,并增加投资成本。

　　××工程项目实施中采用的一种板带轧机液压弯辊装置模拟加载及集成测试系统及方法,该装置及系统可在离线状态下模拟轧机弯辊及其控制系统的实际工况,实现弯辊机械系统的动态响应、弯辊力控制精度等性能指标的离线测试。

　　液压弯辊装置、模拟加载装置、动力装置、液压控制装置等连接形成完整的液压控制回路,搭载有测试控制系统的计算机与液压控制装置、数据采集装置连接形成测试控制回路,数据采集系统通过传感器采集不同的测试数据并进行数据处理和传输,从而形成完整的液压弯辊装置动态测试机械-液压-控制的测试系统。

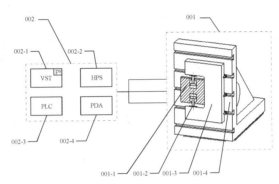

图 8-59　装备集成测试试验系统组成框图(轧机弯辊装置模拟加载及集成测试系统)

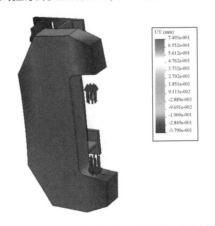

图 8-60　轧机弯辊装置模拟加载装置

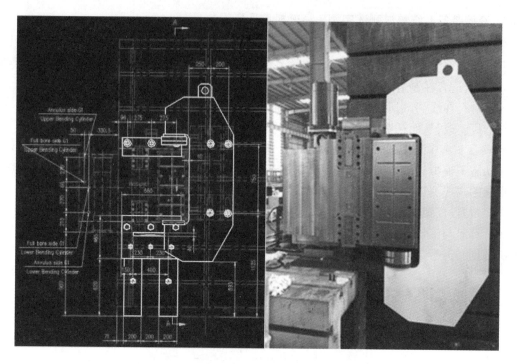

图 8-61　轧机弯辊装置模拟加载装置装配

　　按产品出厂验收要求,已在设备出厂时完成包括液压缸的出厂试验(动作、试压等)、机械设备总装后的出厂检验等。

　　集成测试功能控制软件主要实现以下功能测试:液压缸行程检测、压力闭环控制精度测试、压力阶跃测试,测试过程中实现数据的采集及记录。

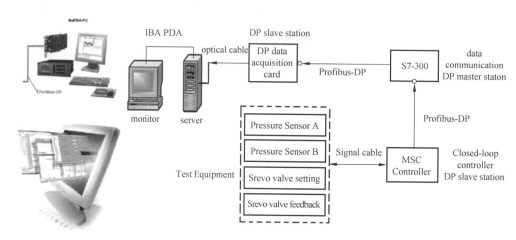

图 8-62　集成测试控制系统框图

图 8-63 轧机弯辊装置模拟加载及集成测试现场

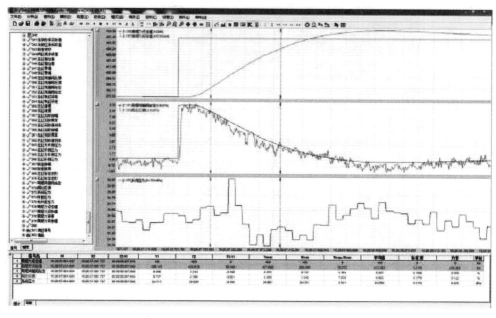

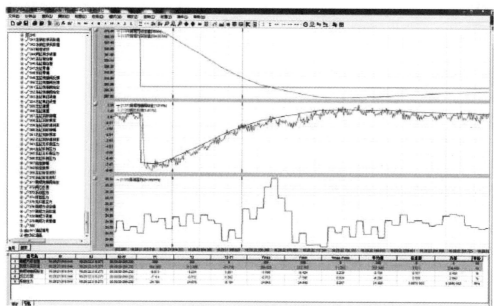

图 8-64　PDA 测试数据

Work roll bending Test
RESUME OF TESTS RESULTS

工作辊弯曲
测试报告

弯辊力控制精度测试
BENDING FORCE ACCURACY

测试条件
Test conditions

控制阀台 Valve-stand	CISDI
伺服阀 Servo-valve	4WRPEII6C3B40L-2X/G24K0/F1M Rexroth
系统压力 System pressure	22 Mpa
油缸位置 Cylinder positon	1/4、1/2、3/4油缸行程，44 mm、88 mm、132 mm 1/4、1/2、3/4 stroke，44 mm、88 mm、132 mm
弯辊力 Bending force	最大弯辊力的20%、50%、80%，150 kN、375 kN、600 kN 20%、50%、80% Fmax，150 kN、375 kN、600 kN

测试结果
Test results

控制精度 Force accuracy	弯辊力 Force	行程 stroke 44 mm	行程 stroke 88 mm	行程 stroke 132 mm
20% Fmax	150 kN	0.84%	0.63%	0.86%
50% Fmax	375 kN	0.58%	-0.34%	0.53%
80% Fmax	600 kN	-0.60%	-0.78%	-0.82%

弯辊力阶跃测试
STEP RESPONSE TIME OF FORCE CONTROL

测试条件
Test conditions

控制阀台 Valve-stand	CISDI
伺服阀 Servo-valve	4WRPEII6C3B40L-2X/G24K0/F1M Rexroth
系统压力 System pressure	22 Mpa
油缸位置 Cylinder positon	1/4、1/2、3/4油缸行程，44 mm、88 mm、132 mm 1/4、1/2、3/4 stroke，44 mm、88 mm、132 mm
弯辊力 Bending force	最大弯辊力的50%，375 kN 50% Fmax，375 kN
阶跃量 Step	+/75 kN

测试结果
Test results

响应时间 Resopse time	阶跃量 Step	行程 stroke 44 mm	行程 stroke 88 mm	行程 stroke 132 mm
	+75 kN	90 ms	92 ms	96 ms
	-75 kN	115 ms	122 ms	124 ms

弯辊力 Bending force : 375 kN

图 8-65 测试报告

参 考 文 献

[1] 成大先.机械设计手册[M].北京:化学工业出版社,2007.

[2] 雷天觉.液压工程手册[M].北京:机械工业出版社,1990.

[3] 徐灏.机械设计手册[M].北京:机械工业出版社,2000.

[4] 乌尔里希·菲舍尔.简明机械手册[M].云忠,杨放琼,译.长沙:湖南科技出版社,2010.

[5] H E 梅里特.液压控制系统[M].北京:科学出版社,1976.

[6] A B 古德文.流体动力系统[M].北京:煤炭工业出版社,1980.

[7] Rexroth 公司.液压传动教程(第一册)[Z].Rexroth 公司提供(内部资料).

[8] Rexroth 公司.液压传动教程(第二册):比例阀与伺服阀技术[Z].Rexroth 公司提供(内部资料).

[9] Bosch 公司.电液比例技术与电液闭环比例技术的理论与应用[Z].Bosch 公司提供(内部资料).

[10] Rexroth. Specialist Seminar Oil Hydraulic and Electronics in Steel Works and Rolling Mills[Z]. Rexroth 公司提供(内部资料).

[11] 伊顿液压公司.工业用液压技术手册[Z].伊顿液压公司提供(内部资料).

[12] 伊顿液压公司.比例阀伺服阀产品及应用技术[Z].伊顿液压公司提供(内部资料).

[13] Moog INC.. Specification Standards for Electrohydraulic Flow Control Servo Valves[Z]. Moog 公司提供(内部资料).

[14] FLOWMASTER(UK)LTD.. Servo Valve Modelling in 1D Fluid Flow Simulation[Z].

[15] Moog INC.. Mold Oscillation Control[Z]. Moog 公司提供(内部资料).

[16] Moog INC.. Electrohydraulic Valve...A Technical Look[Z]. Moog 公司提供(内部资料).

[17] Moog INC.. Moog Valve Products for Heavy Industry Application[Z]. Moog 公司提供(内部资料).

[18] 胡邦喜,赵静一.冶金行业液压润滑原理图标准图册[M].秦皇岛:燕山大学出版社,2019.

[19] Hydac. Filter Filtration Technology[Z]. Hydac 公司提供(内部资料).

[20] Hydac. Calculation and Sizing of Gas Load Hydraulic Accumulator[Z]. Hydac 公司提供(内部资料).

附　　录

附录 A：液压缸及控制符号表

附表 A-1　液压缸及控制符号表

符号表

液压控制回路图

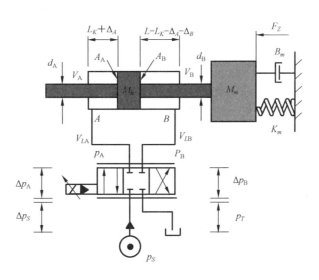

液压控制回路机构简图

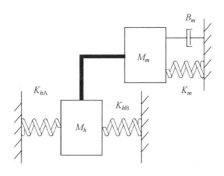

续附表 A-1

条目	定义	单位	条目	定义	单位
	液压油源		β_e	液压油弹性模量	MPa
ρ	油密度		ΔP	压降	MPa
P_S	油源压力	MPa	p_r	回油管背压	MPa
Δp_s	至阀前管道压力降	MPa	L	液压缸总行程	mm
	液压缸		ΔS	液压缸阶跃响应位移量	mm
D_K	液压缸 A 腔缸径	mm	t_r	液压缸阶跃响应上升时间	ms
L_K	液压缸工作行程	mm	Δ_B	液压缸工作行程终点与缸盖距离	mm
ΔV_K	液压缸阶跃响应容积	L	d_B	液压缸 B 腔杆径	mm
Δ_A	液压缸工作行程起点与缸底距离	mm	A_B	液压缸 B 腔面积	mm^2
d_A	液压缸 A 腔杆径(双出杆)	mm	V_B	液压缸 B 腔容积	L
A_A	液压缸 A 腔面积	mm^2	d_{LB}	液压缸 B 端管道管径	mm
V_A	液压缸 A 腔容积	L	L_{LB}	液压缸 B 端管道长度	mm
d_{LA}	液压缸 A 端管道管径	mm	V_{LB}	液压缸 B 端管道容积	L
L_{LA}	液压缸 A 端管道长度	mm	ν_R	液压缸缩杆速度	mm/s
L_{LA}	液压缸 A 端管道容积	L	p_B	液压缸 B 端压力	MPa
ν_K	液压缸伸杆速度	mm/s	Q_B	液压缸 B 端流量	L/min
p_K	液压缸 A 端压力	MPa	$L_{K\,min}$	最小液压刚度点的行程	mm
Q_A	液压缸 A 端流量	L/min	ΔP_N	阀额定流量时的额定压降	MPa
K_H	液压刚度	N/m	V_{VK}	阀输出油容积	L
	伺服阀/比例阀		$Q_{VK\,max}$	单边阀口最大工作流量 @ Δp_K	L/min
Q_N	阀额定流量@ ΔP_N	L/min	Δp_{VB}	阀 B 端压降	MPa
Δp_V	单边阀口压降,分为 Δp_{VA}、Δp_{VB}	MPa	Q_{VB}	阀流量@ Δp_{VB}	L/min
Q_V	单边阀口在 ΔP_v 下工作流量	L/min	t_K	阀启动工作时间	ms
Δp_{VA}	阀 A 端压降	MPa	$K_{V\,max}$	阀最大开口度	
Q_{VA}	阀流量@ Δp_{VA}	L/min	K_L	阀泄漏系数	
T_{VR}	阀全开响应时间	ms	K_C	遮盖系数,对死区取值	
K_V	阀工作开口度		ν_V	阀油口流速	m/s
K_{VK}	阀工作开口度系数		$Q_{V\,max}$	阀油口理论饱和流量	L/min
K_X	阀开度限制系数			液压缸外负载	
K_{VS}	阀口面积比		F_Z	总力 $F_Z = \pm F_W \pm F_{Bal} \pm F_r \pm F_M \pm F_a$	
d_V	阀油口直径	mm	F_{Bal}	平衡力	ton
$\nu_{V\,max}$	阀油口理论饱和流速	m/s	M	等效运动质量(折算到液压缸杆) $M = M_h + M_m$	kg

续附表 A-1

条目	定义	单位	条目	定义	单位
M_m	机械(运动部分)质量	kg	F_r	摩擦力	ton
a	运移动加/减速度	m/s^2	M_h	液压缸(运动部分)质量	kg
K_h	液压刚度	N/m	F_M	重力 $F_M = Mg = 9.81M/10\,000$	ton
K_m	机械结构刚度	N/m	F_a	惯性力 $F_a = Ma/10\,000$	ton
α_b	固有频率	Hz	$K_{h\,min}$	最小液压刚度	N/m
F_W	负载力	ton	B_m	机械结构阻尼	

附录 B：引用标准规范资料清单

附表 B-1　引用标准规范资料清单

序号	标准规范资料名称	标准规范资料编号
1	《生产过程安全卫生要求总则》	GB/T 12801—2008
2	《生产设备安全卫生设计总则》	GB 5083—1999
3	《钢铁冶金企业设计防火标准》	GB 50414—2018
4	《工业企业噪声控制设计规范》	GB/T 50087—2013
5	《钢铁企业通风除尘设计规范》	YB 4359—2013
6	《炼钢安全规程》	AQ 2001—2018
7	《炼铁安全规程》	AQ 2002—2018
8	《轧钢安全规程》	AQ 2003—2018
9	《焦化安全规程》	GB 12710—2008
10	《机械安全　防止上肢触及危险区的安全距离》	GB 12265.1—1997
11	《机械安全　防止下肢触及危险区的安全距离》	GB 12265.2—2000
12	《机械安全　防止人体部位挤压的最小间距》	GB/T 12265—2021
13	《建筑采光设计标准》	GB/T 50033—2013
14	《建筑设计防火规范》	GB 50016—2014（2018 年版）
15	《建筑防火封堵应用技术规程》	CECS 154—2003
16	《工业管路的基本识别色、识别符号和安全标识》	GB 7231—2003
17	《流体传动系统及元件　词汇》	GB/T 17446—2012
18	《流体传动系统及元件　图形符号和回路图　第 1 部分：图形符号》	GB/T 786.1—2021
19	《流体传动系统及元件　图形符号和回路图　第 2 部分：回路图》	GB/T 786.2—2018
20	《流体传动系统及元件　图形符号和回路图　第 3 部分：回路图中的图形模块和连接符号》	GB/T 786.3—2021
21	《Fluid power systems and components-Graphical symbols and circuit diagrams-Part1：Graphical sysmbols for conventional use and data-processing applications》	ISO 1219-1—2012
22	《管道元件　公称尺寸的定义和选用》	GB/T 1047—2019
23	《无缝钢管尺寸、外形、重量及允许偏差》	GB/T 17395—2008
24	《对焊钢制管法兰》	JB/T 82—2015
25	《分体式高压法兰》	JB/ZQ 4187—2006
26	《活接头（PN10）》	JB/ZQ 4416—2006
27	《钢制对焊管件　类型与参数》	GB/T 12459—2017
28	《锻制承插焊和螺纹管件》	GB/T 14383—2021
29	《技术制图　管路系统的图形符号》	GB/T 6567.1~4—2008
30	《机械制图　图样画法　图线》	GB/T 4457.4—2002
31	《技术制图图线》	GB/T 17450—1998

续附表 B-1

序号	标准规范资料名称	标准规范资料编号
32	《Hydraulic fluid power-Fluids-Method for coding the level of contamination by solid particles》	ISO 4406—2017
33	《Hydraulic fluid power-Filters-Muliti-pass method for evaluating filtration performance of a filter element》	ISO 16889—2008
34	《液压传动过滤器评定滤芯过滤性能的多次通过方法》	GB/T 18853—2015
35	《液压传动 液体自动颗粒计数器的校准》	GB/T 18854—2015
36	《液压传动 液体污染 采用称重法测定颗粒污染度》	GB/T 27613—2011
37	《污染度等级标准》	NAS 1638
38	《液压传动 油液 固体颗粒污染等级代号》	GB/T 14039—2002
39	《润滑剂、工业用油和相关产品(L类)的分类 第2部分:H组(液压系统)》	GB/T 7631.2—2003
40	《工业液体润滑剂 ISO 粘度分类》	GB/T 3141—1994
41	《液体石油产品粘度温度计算图》	GB/T 8023—1987
42	《石油产品粘度指数计算法》	GB/T 1995—1998
43	HYDAC 过滤器选型计算软件	
44	《重型机械液压系统 通用技术条件》	JB/T 6996—2007
45	《气动对系统及其元件的一般规则和安全要求》	GB/T 7932—2017
46	《软管敷设规范》	JB/ZQ 4398—2006
47	《流体输送用不锈钢无缝钢管》	GB/T 14976—2012
48	《流体输送用无缝钢管》	GB/T 8163—2018
49	《稀油润滑装置(0.63 MPa)》	JB/ZQ 4586—2006
50	《管道沟槽及管子固定》	JB/ZQ 4396—2006
51	《塑料管夹》	JB/ZQ 4008—2006
52	《管子用支架(可拆型)》	JB/ZQ 4517—2006
53	《管子托架》	JB/ZQ 4518—2006
54	《管子卡箍》	JB/ZQ 4519—2006
55	《工业金属管道设计规范》	GB 50316—2000(2008 年版)
56	《工业金属管道工程施工规范》	GB 50235—2010
57	《现场设备、工业管道焊接工程施工规范》	GB 50236—2011
58	《冶金机械液压、润滑和气动设备工程安装验收规范》	GB/T 50387—2017
59	《冶金机械液压、润滑和气动设备工程施工规范》	GB 50730—2011
60	《冶金机械设备安装工程施工及验收规范 液压、气动和润滑系统》	YBJ 207—1985
61	《重型机械通用技术条件 第11部分 配管》	GB/T 37400.11—2019
62	《Flanges and their joints-Dimensions of gaskets for PN-designated flanges-Part 1: Non-metallic flat gaskets with or without inserts》	DIN EN 1514-1—1997
63	《Steel flanges: Technical terms of delivery》	DIN 2519

续附表 B-1

序号	标准规范资料名称	标准规范资料编号
64	《Blind flanges：nominal pressures 6 to 100》	DIN 2527
65	《Steel butt-welding pipe fittings-Part 1：Elbows and bends with reduced pressure factor》	DIN 2605-1—1991
66	《Steel butt-welding pipe fittings-Part 2：Elbows and bends for use at full service pressure》	DIN 2605-2—1995
67	《Steel butt-welding pipe fittings：Technical delivery conditions》	DIN 2609—1991
68	《Steel butt-welding pipe fittings-Part 1：Tees with reduced pressure factor》	DIN 2615-1—1992
69	《Steel butt-welding pipe fittings-Part 2：Tees for use at full service pressure》	DIN 2615-2—1992
70	《Steel butt-welding pipe fittings-Part 2：Reducers for use at full service pressure》	DIN 2616-2—1991
71	《Welding neck flanges：nominal pressure 16》	DIN 2633—1975
72	《Clamps in block form-part 2：Heavy Series》	DIN 3015-2—1999
73	《Steel Strap for Tubes of DN20 to 500》	DIN 3570—1968
74	《Fluid power systems-O-rings-Part 1：Inside diameters，cross-sections，tolerances and designation codes》	DIN ISO 3601-1—2012
75	《Hexagon head bolts-Product grades A and B》	DIN EN ISO 4014—2011
76	《Hexagon head screws-Product grades A and B》	DIN EN ISO 4017—2001
77	《Hexagon nuts，style 1-Product grades A and B》	DIN EN ISO 4032—2001
78	《Hexagon socket head cap screws》	DIN EN ISO 4762—2004
79	《Seamless steel tubes for pressure purposes-Technical delivery conditions-Part 1：Non-alloy steel tubes with specified room temperature properties》	DIN EN 10216-1—2004
80	《Seamless steel tubes for pressure purposes-Technical delivery conditions-Part 5：Stainless steel tubes》	DIN EN 10216-5—2021
81	《机械制图　机构运动简图符号》	GB/T 4460—2013
82	《电气简图用图形符号》第 1 部分至第 5 部分	GB/T 4728.1~5—2018
83	《电气简图用图形符号》第 6 部分至第 13 部分	GB/T 4728.6~13—2022
84	《液压缸》	JB/T 10205—2010
85	《液压传动系统及元件　缸径及活塞杆直径》	GB/T 2348—2018
86	《液压气动系统及元件　缸活塞行程系列》	GB/T 2349—1980
87	《流体传动系统及元件　活塞杆螺纹型式和尺寸系列》	GB/T 2350—2020
88	《液压缸试验方法》	GB/T 15622—2005
89	《液压传动　比例/伺服控制液压缸的试验方法》	GB/T 32216—2015
90	《液压传动　系统及其元件的通用规则和安全要求》	GB/T 3766—2015